U0295164

21世纪新能源·新型太阳能电池译丛

# 太阳能电池的硅晶体生长

## Crystal Growth of Silicon for Solar Cells

【日】中岛一雄
宇佐美德隆 编
高扬 译

**内容提要**

本书主要介绍了应用于太阳能电池的各类硅晶体生长机理、模拟、工艺及特性。本书首先论述了制备硅原料的冶金级硅方法、西门子法和冶金法，然后讨论了生产单晶硅棒的切克劳斯基法和区熔法、生长多晶硅铸锭的定向凝固法、铸造单晶硅技术以及多晶硅铸锭的亚晶界问题，再论述了可以替代硅片的带硅和球形硅技术，解释了制备晶体硅薄膜太阳能电池的液相外延法、气相外延法、闪光灯退火、铝诱导层交换，最后提供了制备太阳能级硅所需的热化学和动力学数据库。本书可以作为物理、材料、化学、光学、电子工程、动力与能源专业或其他相关专业的本科生、研究生和教师学习研究太阳能硅晶体生长技术的参考书。本书也可以作为太阳能研究机构科学家或太阳能企业工程师的参考资料，为研究、开发、生产各种硅晶体提供帮助。



**图书在版编目(CIP)数据**

太阳能电池的硅晶体生长／(日)中岛一雄，(日)宇佐美德隆编；高扬译．—上海：上海交通大学出版社，2018
ISBN 978－7－313－19048－2

Ⅰ．①太…　Ⅱ．①中…　②宇…　③高…　Ⅲ．①硅太阳能电池—研究　Ⅳ．①TM914.4

中国版本图书馆 CIP 数据核字(2018)第 037676 号

**太阳能电池的硅晶体生长**

编　　者：[日]中岛一雄　[日]宇佐美德隆
译　　者：高　扬
出版发行：上海交通大学出版社　　地　　址：上海市番禺路 951 号
邮政编码：200030　　电　　话：021－64071208
出 版 人：谈　毅
印　　制：上海春秋印刷厂　　经　　销：全国新华书店
开　　本：787 mm×1092 mm　1/16　　印　　张：19
字　　数：452 千字
版　　次：2018 年 4 月第 1 版　　印　　次：2018 年 4 月第 1 次印刷
书　　号：ISBN 978－7－313－19048－2/TM
定　　价：88.00 元

# 前　言

21世纪的人类不但要面对日益严重的全球气候变暖，还要试图解决石化资源的逐渐耗竭问题。在未来一个世纪中，大多数自然资源将被耗尽，特别是石油、天然气和铀矿将出现不可避免的短缺。如今，人们认识到应该加快研究开发可再生能源技术，并且大规模发展新能源产业。

太阳能是一种终极自然资源。虽然30%的太阳能被地球反射，我们还可以充分地利用70%的太阳能。2000年全世界能源需求量约9 000百万吨石油当量(Million Tonnes Oil Equivalent，MTOE)，而可使用的太阳能是其数千倍。即使在2050年，用太阳能只供应全世界能源需求的10%，我们也必须连续40年每年生产40 GW的太阳能电池，这要求每年有400 000吨硅原料。我们相信这是一个可以实现的目标，因为这相当于将全世界2005年的硅原料产量增加12倍。为了实现在2050年太阳能占全球能源使用量10%这个目标，我们需要发展数种关键材料，考虑到各种材料的生命周期，需要建立清洁能源循环。在数种关键材料中，Si无疑是最重要的，因为现在90%的太阳能电池都基于Si，而其发展趋势将是大规模的。

为了推动高转换效率晶体硅太阳能电池的发展，日本东北大学(Tohoku University)的材料研究学院(Institute for Materials Research，IMR)分别在2004年和2005年组织了两次国内研讨会，从材料科学的角度探讨太阳能电池的硅晶体生长。随后，IMR和日本学术振兴会(Japan Society for the Promotion of Science，JSPS)的“晶体生长科学技术”(Science and Technology of Crystal Growth)第161号委员会在2006年10月共同组织了第1届晶体硅太阳能电池科学技术国际研讨会(International Workshop on Science and Technology of Crystalline Si Solar Cells，CSSC)。这个国际研讨会作为一个论坛，为大学、研究机构和产业界的科学家和工程师提供了一个相聚的机会，他们可以从材料科学的角度共同探讨晶体硅太阳能电池发展的最新成果和挑战。CSSC-2于2007年12月在中国的厦门举行，而CSSC-3于2009年6月在挪威的特隆赫姆(Trondheim)举行。而且，IMR和JSPS第161号委员会于2008年5月在日本的仙台(Sendai)的第4届亚洲晶体生长和晶体技术会议($4^{th}$ Asian Conference on Crystal Growth and Crystal Technology，CGCT-4)上组织了“太阳能电池和清洁能源技术”(Solar Cells and Clean Energy Technology)专题讨论会。本书的多数章节是基于这些会议和论坛的学术讨论文献。编者衷心感谢 CSSC 和 CGCT - 4 所有参与者对本书的贡献。

现在有数本介绍太阳能电池总体方面的著作,但是其重点是器件物理学,而晶体生长技术方面的描述较少。甚至可能存在一些误解,认为太阳能电池的晶体生长没有进一步的改进空间。但是,这样的观点有欠妥当。即使对于多晶硅硅片(multicrystalline Si wafer),其宏观特性也可以在晶体生长过程中,通过控制其微观结构加以改变。本书提供的基础知识应该可以为太阳能电池材料的新型晶体生长技术的未来发展做出贡献。

中岛一雄

宇佐美德隆

日本　仙台

2009 年 7 月

# 目 录

# 名词缩写表

| 缩写 | 英文全称 | 中文全称 |
| --- | --- | --- |
| AgILE | silver-induced layer exchange | 银诱导层交换 |
| AIC | aluminum-induced crystallization | 铝诱导结晶 |
| ALILE | aluminum-induced layer exchange | 铝诱导层交换 |
| ANU | Australian National University | 澳大利亚国立大学 |
| APCVD | atmospheric pressure chemical vapor deposition | 常压化学气相沉积 |
| ARC | antireflection coating | 减反膜 |
| a-Si | amorphous Si | 非晶硅 |
| a-Si:H | hydrogenated amorphous Si | 氢化非晶硅 |
| bcc | body-centered cubic | 体心立方 |
| BSF | back surface field | 背表面场 |
| $B_{TO}$ | boron bound transverse optical phonon | 硼约束横向光学声子 |
| Cat-CVD | catalytic chemical vapor deposition | 催化剂化学气相沉积 |
| CDS | crystallisation on dipped substrate | 浸泡衬底结晶 |
| CGCT-4 | 4th Asian Conference on Crystal Growth and Crystal Technology | 第4届亚洲晶体生长和晶体技术会议 |
| CMP | chemical mechanical polishing | 化学机械抛光 |
| CoCVD | convection assisted chemical vapor deposition | 对流辅助化学气相沉积 |
| ConCVD | continuous chemical vapor deposition | 连续化学气相沉积 |
| c-Si | crystalline Si | 晶体硅 |
| CSL | coincidence site lattice | 重合位置点阵 |

| | | |
|---|---|---|
| CSSC | International Workshop on Science and Technology of Crystalline Si Solar Cells | 晶体硅太阳能电池科学技术国际研讨会 |
| CVD | chemical vapor deposition | 化学气相沉积 |
| DARC | double layer antireflection coating | 双层减反膜 |
| DLTS | deep level transient spectroscopy | 深能级瞬态谱 |
| DZW | denuded zone width | 洁净区宽度 |
| EBIC | electron beam induced current | 电子束诱导电流 |
| EBSD | electron backscatter diffraction | 电子背散射衍射 |
| EBSP | electron back scattering diffraction pattern | 电子背散射衍射图样 |
| EC | explosive crystallization | 爆炸结晶 |
| ECN | Energy research Centre of the Netherlands | 荷兰能源研究中心 |
| EFG | edge-defined film-fed growth | 边缘限制薄膜生长 |
| EG - Si | electronic grade Si | 电子级硅 |
| EL | electroluminescence | 电致发光 |
| ELA | excimer laser annealing | 准分子激光退火 |
| ELO | epitaxial lateral overgrowth | 外延横向过度生长 |
| ELPE | explosive liquid-phase epitaxy | 爆炸液相外延 |
| ELPN | explosive liquid-phase nucleation | 爆炸液相成核 |
| EMCC | electromagnetic continuous casting | 电磁连铸 |
| EMCP | electromagnetic continuous pulling | 电磁连续拉晶法 |
| EML | electro-magnetic levitator | 电磁悬浮器 |
| ESPE | explosive solid-phase epitaxy | 爆炸固相外延 |
| ESPN | explosive solid-phase nucleation | 爆炸固相成核 |
| $Fe_i$ | interstitial Fe, | Fe 间隙 |
| FhG - ISE | Fraunhofer Institute for Solar Energy Systems | 弗劳恩霍夫太阳能系统研究所（德国） |
| FLA | flash lamp annealing | 闪光灯退火 |
| FWHM | full width at half maximum | 半高全宽 |
| g | gas phase | 气相 |

| | | |
|---|---|---|
| HEM | heat exchanger method | 热交换法 |
| HPD | high-performance design | 高性能设计 |
| HSV | high-speed video camera | 高速视频相机 |
| IMEC | Interuniversity Microelectronics Centre | 校际微电子研究中心(比利时) |
| IMR | Institute for Materials Research | 材料研究学院(日本东北大学) |
| INL | Institut des Nanotechnologies de Lyon | 里昂纳米技术研究所(法国里昂国立应用科学学院) |
| INSA | Institut National des Sciences Appliquées de Lyon | 里昂国立应用科学学院(法国) |
| ITO | indium tin oxide | 氧化铟锡 |
| JAIST | Japan Advanced Institute of Science and Technology | 北陆先端科学技术大学院大学(日本) |
| JAXA | Japan Aerospace Exploration Agency | 日本宇宙航空研究开发机构 |
| JSPS | Japan Society for the Promotion of Science | 日本学术振兴会 |
| l | liquid phase | 液相 |
| LC | laser crystallization | 激光结晶 |
| LPCVD | low pressure chemical vapor deposition | 低压化学气相沉积 |
| LPE | liquid phase epitaxy | 液相外延法 |
| M | matrix | 基质 |
| mc - Si | multicrystalline silicon | 多晶硅 |
| MG - Si | metallurgical grade silicon, | 冶金级硅 |
| MIC | metal-induced crystallization | 金属诱导结晶 |
| MTOE | million tonnes oil equivalent | 百万吨石油当量 |
| NEEA | Northwest Energy Efficiency Alliance | 西北能源效率联盟(美国) |
| NIST | National Institute of Standard and Technology | 国家标准与技术研究院(美国) |
| NREL | National Renewable Energy Laboratory | 可再生能源实验室(美国) |
| NTNU | Norwegian University of Science and Technology | 挪威科技大学 |
| PECVD | plasma-enhanced chemical vapour deposition | 等离子体增强化学气相沉积 |

| | | |
|---|---|---|
| PHASE | PHysics and Applications of SEmiconductors laboratory | 半导体物理和应用实验室(法国) |
| PL | photoluminescence | 光致发光 |
| PPH | production per hour | 每小时产量 |
| PVD | physical vapor deposition | 物理气相沉积 |
| RGS | ribbon growth on substrate | 衬底带硅生长 |
| RRV | radial resistance variation | 径向电阻变化 |
| RST | ribbon on a sacrificial template | 牺牲模板带硅 |
| RTA | rapid thermal annealing | 快速热退火 |
| RTCVD | rapid thermal chemical vapor deposition | 快速热化学气相沉积 |
| RTP | rapid thermal processing | 快速热处理 |
| s | solid phase | 固相 |
| SEM | scanning electron microscopy | 扫描电子显微镜 |
| SIMS | secondary ion mass spectrometry | 二次离子质谱 |
| SINTEF | The Foundation for Scientific and Industrial Research | 科技工业研究院(挪威) |
| SoG - Si | solar grade silicon | 太阳能级硅 |
| SOI | silicon on insulator | 绝缘体上硅 |
| SOLSILC | solar grade silicon at low cost | 低成本太阳能级硅 |
| SPC | solid-phase crystallization | 固相结晶 |
| SPE | solid phase epitaxy | 固相外延 |
| SR | string ribbon | 线带 |
| SSI | Siemens Solar Industries | 西门子太阳能公司(德国) |
| STC | silicontetrachloride | 四氯化硅 |
| STD | standard design | 标准设计 |
| TCO | transparent conductive oxide | 透明导电氧化物 |
| TCS | trichlorosilane | 三氯氢硅 |
| TDM | temperature difference method | 温度差法 |
| TEM | transmission electron microscopy | 透射电子显微镜 |

| | | |
|---|---|---|
| UMG－Si | upgraded metallurgical grade silicon | 高纯冶金级硅 |
| UNSW | University of New South Wales | 新南威尔士大学(澳大利亚) |
| VPE | vapor phase epitaxy | 气相外延法 |
| XRD | X－ray diffraction | X射线衍射 |
| ZnO：Al | Al－doped zinc oxide | 掺铝氧化锌 |
| μc－Si：H | hydrogenated microcrystalline Si | 氢化微晶硅 |

# 参数符号表

| 符号 | 中文名称 | 英文名称 |
| --- | --- | --- |
| $A$ | 反应腔底部面积 | area of the bottom of the reactor |
| $A_i$ | 元素 i 的摩尔表面面积 | molar surface area of element i |
| $A_s$ | 熔渣有效质量转移面积 | effective mass transfer area in slag |
| $A_{total}$ | 总面积 | total area |
| $a$ | 液相和固相热扩散率的比例 | ratio of liquid to solid heat diffusivity |
| $a$ | 比例系数 | coefficient of proportionality |
| $a_B$ | B 的活性系数 | activity of B |
| $a_{BO_{1.5}}$ | $BO_{1.5}$的活性系数 | activity of $BO_{1.5}$ |
| $a_{epi}$ | 外延层晶格常数 | lattice constant of epitaxial layer |
| $a_{Si}$ | Si 的活性系数 | activity of Si |
| $a_{SiO_2}$ | $SiO_2$的活性系数 | activity of $SiO_2$ |
| $a_{sub}$ | 衬底晶格常数 | lattice constant of substrate |
| $b$ | 伯氏矢量 | Burgers vector |
| $b$ | 液相和固相热导率的比例 | ratio of liquid to solid heat conductivity |
| $C$ | 给定时间液相中杂质浓度 | concentration of impurities in liquid at a given time |
| $C$ | 给定时间颗粒浓度 | concentration of particles at a given time |
| $C$ | 溶质浓度 | solute concentration |
| $C_C$ | C 浓度 | concentration of C |
| $C_{evp}$ | 比蒸发常数 | specific evaporation constant |
| $C_g$ | 气体中 Si 浓度 | concentration of Si in gas |

| | | |
|---|---|---|
| $C_i$ | 初始 O 浓度 | initial oxygen concentration |
| $C_{in}$ | 初始液相中杂质浓度 | initial concentration of impurities in liquid |
| $C_L$ | 溶解度极限 | solubility limit |
| $C_l$ | 液相中杂质浓度 | concentration of impurities in liquid |
| $C_P^L$ | 液相热容量 | heat capacity of liquid phase |
| $C_{Si}^L$ | 液相中 Si 浓度 | concentration of Si in liquid |
| $C_{max}$ | 最大浓度 | maximum concentration |
| $C_O$ | 间隙 O 浓度 | interstitial oxygen concentration |
| $C_s$ | 固相中杂质浓度 | concentration of impurities in solid |
| $C_s$ | 衬底上 Si 浓度 | concentration of Si on substrate |
| $C_s$ | 饱和浓度 | saturation concentration |
| $C_s$ | O 溶解度 | oxygen solubility |
| $\bar{C}_s$ | 平均相对固体杂质含量 | mean relative impurity content of the solid |
| $C_{s,a}$ | 冷却前饱和浓度 | saturation concentration before cool down |
| $C_{s,b}$ | 冷却后饱和浓度 | saturation concentration after cool down |
| $C_{Si}$ | Si 浓度 | Si concentration |
| $C_{SiC}$ | SiC 颗粒浓度 | concentration of SiC particles |
| $C_{Si}^S$ | 固相中 Si 浓度 | concentration of Si in solid |
| $C_0$ | 初始颗粒浓度 | initial concentration of particles |
| $C_0$ | 初始 C 浓度 | initial concentration of C |
| $C_0$ | 初始溶质浓度 | initial solute concentration |
| $C^*$ | 临界浓度 | critical concentration |
| $C_a^*$ | 冷却前临界浓度 | critical concentration before cool down |
| $C_b^*$ | 冷却后临界浓度 | critical concentration after cool down |
| $c$ | 比热容 | specific heat capacity |
| $c_{sp}$ | 固相比热容 | specific heat capacity of the solid phase |
| $D$ | 相邻位错距离 | distance between adjacent dislocations |

| | | |
|---|---|---|
| $D$ | 扩散系数 | diffusion coefficient |
| $D_g$ | 气体扩散率 | diffusivity of gas |
| $D_i$ | 杂质扩散率 | impurity diffusivity |
| $D_l$ | 液相杂质扩散常数 | diffusion constant of impurity in liquid |
| $D_O$ | O 扩散率 | oxygen diffusivity |
| $D_{Si}$ | Si 的扩散系数 | diffusion coefficient of Si |
| $D_s$ | 固相杂质扩散常数 | diffusion constant of impurity in solid |
| $D_{th}$ | 热扩散系数 | thermal diffusion coefficient |
| $D_0$ | 杂质扩散率前指数因子 | impurity diffusivity preexponential factor |
| $d$ | 带硅厚度 | ribbon thickness |
| $d$ | 平均晶粒尺寸 | average grain size |
| $d_{Si}^{liq}$ | 液相 Si 密度 | density of liquid Si |
| $d_{Si}^{sol}$ | 固相 Si 密度 | density of solid Si |
| $E_A$ | 激活能 | activation energy |
| erf | 误差函数 | error function |
| $F_d$ | 阻力 | drag |
| $F_g$ | 相对重力 | relative gravity |
| $F_g$ | 气体中气流 | gas flow in gas |
| $F_s$ | 衬底上气流 | gas flow on substrate |
| $f$ | 液相剩余比例 | faction remaining in liquid |
| $f_B$ | 熔体相中 B 的活度系数 | activity coefficient of B in metal phase |
| $f_s$ | 固相比例 | solid fraction |
| $f_x$ | 熔体相中成分 $x$ 的活度系数 | activity coefficient of component x in metal phase |
| $G_C$ | C 形成速率 | formation rate of C |
| ${}^{Ex}G_i^{\phi}$ | 过剩吉布斯能 | excess Gibbs energy |
| $G_L$ | 液相热梯度 | thermal gradient in the liquid |
| $G_S$ | 固相热梯度 | thermal gradient in the solid |

| | | |
|---|---|---|
| $G_{SiC}$ | SiC 颗粒形成速率 | formation rate of SiC particles |
| $G^0_{A_pB_q}$ | 化学计量化合物 $A_pB_q$的吉布斯能 | Gibbs energy of stoichiometric compound $A_pB_q$ |
| $^0G_i^\phi$ | 元素 i 的吉布斯能 | Gibbs energy of element i |
| $g$ | 重力加速度 | gravitational acceleration |
| $h$ | 单位质量的焓 | enthalpy per unit weight |
| $h_{eff}$ | 有效传热系数 | effective coefficient of heat transfer |
| $h_g$ | 质量输运系数 | mass transport coefficient |
| $h_{sf}$ | 凝固热 | solidification heat |
| $i$ | 深度步长 | depth step |
| $K$ | 平衡常数 | equilibrium constant |
| $K_m$ | 熔点的晶体热传导率 | thermal conductivity of crystal at melting point |
| $k$ | 偏析系数 | segregation coefficient |
| $k_B$ | 玻尔兹曼常数 | Boltzmann constant |
| $k_{eff}$ | 有效偏析系数 | effective segregation coefficient |
| $k_i^{eq}$ | 平衡分配系数 | equilibrium distribution coefficient |
| $k_i$ | 杂质偏析系数 | segregation coefficient of impurity |
| $k_L$ | 液相热导率 | thermal conductivity of the liquid |
| $k_m$ | 熔体中质量转移系数 | mass transfer coefficient in metal |
| $k_S$ | 固相热导率 | thermal conductivity of the solid |
| $k_s$ | 熔渣中质量转移系数 | mass transfer coefficient in slag |
| $k_s$ | 表面动力系数 | surface kinetic coefficient |
| $k_t$ | 总质量转移系数 | total mass transfer coefficient |
| $k_{x\to\%}$ | 摩尔分数质量百分比系数 | efficient for molar fraction to the mass percentage |
| $^2k_0^i$ | i 在 Si－i 二元系统中的分配系数 | distribution coefficient of i in Si－i binary system |
| $^3k_0^i$ | i 在 Si－i－j 三元系统中的分配系数 | distribution coefficient of i in Si－i－j ternary system |
| $L$ | 熔化潜热 | latent heat of fusion |
| $L$ | 反应腔几何特征 | geometrical characteristics of the reactor |

| | | |
|---|---|---|
| $L$ | 耗尽区宽度 | depletion region width |
| $L_B$ | B分配系数 | distribution coefficient of B |
| $L_{max}$ | 熔化区域高度 | molten zone height |
| $L_T$ | 热扩散长度 | thermal diffusion length |
| $M$ | 迁移率系数 | mobility coefficient |
| $M_g$ | 气体摩尔质量 | molar mass of gas |
| $M_0$ | 迁移率系数前指数因子 | mobility coefficient preexponential factor |
| $M_s$ | 熔渣中成分 $x$ 的摩尔质量 | molar mass of component x in slag |
| $M_x$ | 熔体中成分 $x$ 的摩尔质量 | molar mass of component x in metal |
| $m_{Si}$ | 液相线曲线的斜率 | slope of liquidus curve |
| $N$ | 单位体积晶体内的 Si 原子数 | number of Si atoms per unit volume in crystal |
| $N_d$ | 单位体积晶体内掺杂剂数量 | number of dopant atoms per unit volume in crystal |
| $N_\infty$ | 最终晶粒数量 | final number of grains |
| $n$ | 峰值数 | number of peaks |
| $n$ | 单位体积内气体分子数 | number of gas molecules in unit volume |
| $n$ | 时间步长 | time step |
| $P$ | 气体压强 | gas pressure |
| $P_d$ | 掺杂剂气体分压 | partial pressure of dopant gas |
| $P_{O_2}$ | $O_2$分压 | partial pressure of $O_2$ |
| $P_{Si}$ | Si 前驱物气体分压 | partial pressure of Si precursor gas |
| $Q_A$ | 焦耳单位激活能 | activation energy in Joule |
| $Q_{ht}$ | 加热器功率 | heater power |
| $R$ | 气体常数 | gas constant |
| $R_c$ | 冷却速率 | cooling rate |
| $R_{(100)}$ | (100)择优取向百分比 | percentage for preferential (100) orientation |
| $R_{(110)}$ | (110)择优取向百分比 | percentage for preferential (110) orientation |
| $R_{(111)}$ | (111)择优取向百分比 | percentage for preferential (111) orientation |
| $Re$ | 雷诺数 | Reynolds number |

| | | |
|---|---|---|
| $r_g$ | 晶粒半径 | grain radius |
| $r_p$ | 颗粒半径 | particle radius |
| $S$ | 光源项 | light source term |
| $S$ | 过饱和 | supersaturation |
| $S^*$ | 临界过饱和 | critical supersaturation |
| $s$ | 液相-固相界面长度 | length of the liquid-solid interface |
| $T_A$ | 液相线温度 | liquidus temperature |
| $T_a$ | 退火温度 | anealling temperature |
| $T_E$ | 最终温度 | end temperature |
| $T_{eu}$ | 共晶温度 | eutectic temperature |
| $T_l$ | 液相温度 | liquid temperature |
| $T_m$ | 熔点 | melting point |
| $T_{max}$ | 最大退缩性温度 | maximum retrograde temperature |
| $T_n$ | 成核温度 | nucleation temperature |
| $T_s$ | 表面温度 | surface temperature |
| $T_0$ | 界面表面温度 | temperature of boundary surface |
| $T_0$ | 边界温度 | boundary temperature |
| $t$ | 时间 | time |
| $t$ | 持续时间 | duration |
| $t_a$ | 退火时间 | annealing time |
| $t_g$ | 生长时间 | growth time |
| $t_n$ | 成核时间 | nucleation time |
| $\mathbf{V}_m$ | 熔体流动速度 | velocity of melt flow |
| $V_p$ | 颗粒体积 | volume of the particle |
| $V_r$ | 反应腔体积 | volume of the reactor |
| $v_g$ | 气体速度 | gas velocity |
| $v_g$ | 晶粒生长速度 | grain growth velocity |
| $v_i$ | 单元距离比例 | ratio of distance between elements |

| | | |
|---|---|---|
| $v_{\mathrm{m}}$ | 熔体速度 | melt velocity |
| $v_{\mathrm{m}}$ | 最大拉晶速度 | maximum pulling velocity |
| $v_{\mathrm{p}}$ | 拉晶速度 | pulling speed |
| $v_{\mathrm{s}}$ | 沉淀速度 | settling velocity |
| $W$ | 带硅宽度 | ribbon width |
| $x$ | 基座上的位置 | position on the susceptor |
| $x_{\mathrm{i}}^{\mathrm{L}}$ | 液相中杂质摩尔分数 | molar fraction of impurity in liquid phase |
| $x_{\mathrm{i}}^{\mathrm{l}}$ | 液相线摩尔比例 | liquidus mole fraction |
| $x_{\mathrm{i}}^{\mathrm{S}}$ | 固相中杂质摩尔分数 | molar fraction of impurity in solid phase |
| $x_{\mathrm{i}}^{\mathrm{s}}$ | 固相线摩尔比例 | solidus mole fraction |
| $x_{i}^{\phi}$ | 元素 i 的摩尔比例 | mole fraction of element i |
| $x_{\mathrm{Si}}^{\phi}$ | Si 的摩尔比例 | mole fraction of Si |
| $y$ | 生长方向坐标 | coordinate in growth direction |
| $\alpha$ | 化学反应相关因子 | correlation factor of chemical reaction |
| $\alpha_{\mathrm{s}}$ | 固相热扩散率 | thermal diffusivity of the solid phase |
| $\beta_{\mathrm{I}}$ | 偏析比例 | segregation ratio |
| $\gamma$ | 表面张力 | surface tension |
| $\gamma_{\mathrm{BO_{1.5}}}$ | 熔渣相中 $BO_{1.5}$的活度系数 | activity coefficient of $BO_{1.5}$ in slag phase |
| $\gamma_{\mathrm{i}}^{\mathrm{L}}$ | 液相中杂质活度系数 | activity coefficient of impurity in liquid phase |
| $\gamma_{\mathrm{i}}^{\mathrm{S}}$ | 固相中杂质活度系数 | activity coefficient of impurity in solid phase |
| $\gamma_{x}$ | 熔渣相中成分 $x$ 的活度系数 | activity coefficient of component x in slag phase |
| $\gamma_{i}^{\phi}$ | 杂质 i 活度系数 | activity coefficient of impurity i |
| $\delta$ | 边界层厚度 | boundary layer thickness |
| $\delta e$ | 外延层厚度 | thickness of the epitaxial layer |
| $\Delta G_{I}^{E}$ | 界面偏析过剩摩尔吉布斯能 | excess molar Gibbs energy of interfacial segregation |
| $\Delta G^{0}$ | 吉布斯能变化 | Gibbs energy difference |
| $\Delta_{\mathrm{f}} G_{\mathrm{A_p B_q}}^{0}$ | 形成化合物的吉布斯能 | Gibbs energy of formation of the compound |
| $\Delta G_{\mathrm{I}}^{0}$ | 标准偏析摩尔吉布斯能 | standard molar Gibbs energy of segregation |

| | | |
|---|---|---|
| $\Delta G_i^0$ | 杂质混合吉布斯能变化 | Gibbs energy difference of impurity fusion |
| $\Delta^0 G_i^{fus}$ | 杂质 i 混合吉布斯能 | Gibbs energy of fusion of impurty i |
| $\Delta G^*$ | 成核激活能 | activation energy for nucleation |
| $\Delta H$ | 熔化热 | heat of fusion |
| $\Delta H_f$ | 熔化焓 | enthalpy of fusion |
| $\Delta H_i^{s,l}$ | 固溶体混合焓 | solid solution enthalpy of mixing |
| $\Delta H_I^0$ | 偏析焓 | enthalpy of segregation |
| $\Delta S_I^0$ | 偏析熵 | entropy of segregation |
| $\Delta T$ | 温度梯度 | temperature gradient |
| $\Delta T$ | 过冷度 | degree of undercooling |
| $\Delta T_{hyp}$ | 超冷极限 | hypercooling limit |
| $\Delta x$ | 电池宽度 | cell width |
| $\Delta\theta$ | 取向差 | misorientation |
| $\Delta\theta_{max}$ | 最大取向差 | maximum misorientation |
| $\Delta\rho$ | 密度差 | difference in density |
| $\varepsilon$ | 晶体的发射率 | emissivity of the crystal |
| $\theta_0$ | 实验确定的常数 | experimentally determined constant |
| $\kappa$ | 热导率 | thermal conductivity |
| $\mu$ | 动态黏滞度 | dynamic viscosity |
| $\mu_A$ | 虚构成分 A 的化学势 | chemical potential of the fictitious component A |
| $\mu_i^B$ | 体相化学势 | chemical potential in bulk phase |
| $\mu_i^S$ | 表面相化学势 | chemical potential in surface phase |
| $\nu$ | 运动黏滞度 | kinematic viscosity |
| $\nu$ | 生长速率 | growth rate |
| $\rho$ | 密度 | density |
| $\rho_g$ | 气体密度 | gas density |
| $\rho_m$ | 熔点的晶体密度 | density of the crystal at melting point |
| $\rho_{melt}$ | 熔体密度 | melt density |

| | | |
|---|---|---|
| $\rho_S$ | 晶体的固相密度 | density of the solid |
| $\Sigma$ | 西格玛值 | sigma value |
| $\sigma$ | 斯特藩-玻尔兹曼常数 | Stefan - Boltzmann constant |
| $\sigma_i$ | 元素 i 的表面张力 | surface tension of element i |
| $\omega$ | 工作频率 | working frequency |
| $\omega$ | 入射角 | incident angle |
| $2\theta$ | 衍射角 | diffraction angle |
| $(\%B)$ | 熔渣中 B 浓度 | concentration of B in the slag |
| $(\%X)_b$ | 体熔渣相中杂质浓度 | bulk slag phase concentration of impurities |
| $(\%X)_i$ | 熔渣中间相中杂质浓度 | slag interphase concentration of impurities |
| $(\%X)_\delta$ | 熔渣边界层中杂质浓度 | slag boundary layer concentration of impurities |
| $[\%B]$ | 熔体中 B 浓度 | concentration of B in the metal |
| $[\%X]_b$ | 体熔体相中杂质浓度 | bulk metallic phase concentration of impurities |
| $[\%X]_i$ | 熔体中间相中杂质浓度 | metal interphase concentration of impurities |
| $[\%X]_\delta$ | 熔体边界层中杂质浓度 | metal boundary layer concentration of impurities |
| $[\%x]_e$ | 平衡态熔体浓度 | concentration of the metal in equilibrium |
| $[\%x]_{in}$ | 熔体中成分 $x$ 初始浓度 | initial concentration of component x in metal |
| $[\%x]_\infty$ | 熔体中成分 $x$ 最终浓度 | final concentration of component x in metal |

# 第1章　硅　原　料

Eivind J. Øvrelid 和 Kai Tang
挪威科技工业研究院(The Foundation for Scientific and Industrial Research, SINTEF)
Thorvald Engh 和 Merete Tangstad
挪威科技大学(Norwegian University of Science and Technology,NTNU)

本章将先简单地介绍人们熟知的生产冶金级硅 MG-Si 的工艺和西门子法生产太阳能级硅 SoG-Si 的工艺。在生产 SoG-Si 的各种新型方法中,高纯冶金级硅 UMG-Si 最有希望替代西门子法制备的硅原料。很多新颖的冶金法都包括数个步骤,而本章将描述最常见的冶金法提纯工艺。本章的目的是给出对重要新型方法的总体认识,从而推动生产 SoG-Si 冶金法的发展。

## 1.1　概论

我们看到,全世界的能源需求正在逐年大幅增加,能源价格攀升和公众对全球气候变暖问题的关注已经为太阳能电池打开了广阔的市场。目前,基于 Si 的晶体硅太阳能电池仍然是光伏产业(PV industry)的主流,并且有关专家预测,基于其他材料的光伏技术(PV technology)要与晶体硅太阳能电池竞争,至少还需要 10 年。太阳能级硅(solar grade silicon,SoG-Si)是满足光伏应用(PV application)对化学杂质要求的 Si,光伏产业的超常规发展已经形成了 SoG-Si 的严重短缺,从而引起了 SoG-Si 价格的大幅上涨。目前,缺少低成本 SoG-Si 已经成为阻碍光伏产业继续发展的主要因素。而在生产 SoG-Si 的各种新型方法中,冶金法制备的高纯冶金级硅(Upgraded Metallurgical Grade Silicon,UMG-Si)最有希望替代西门子法制备的硅原料。

### 1.1.1　主要技术路线

在光伏产业早期的发展阶段,生产晶体硅太阳能电池硅原料的主要技术路线是利用半导体产业的废料,即被报废的次等材料。由于市场的快速发展,废料供不应求,从而目前主要获取的硅原料的技术路线为运用传统西门子法(Siemens process)故意生产次等多晶硅(polysilicon),并且降低经济参数。例如:更快的生产速率、更低的能量消耗和更高的杂质水平。新型方法也有不同的技术路线,可以是改善太阳能级硅 SoG-Si 的化学制备方法,或提纯冶金级硅(Metallurgical Grade Silicon，MG－Si)。

### 1.1.2 杂质

随着太阳能电池的发展和对各元素影响的更深入理解，生产太阳能电池工艺能够允许的杂质水平已经变得越来越宽松。杂质可以被分为3个主要类别：

(1) 影响Si：P或Si：B电阻率的掺杂剂(dopant)：As、Sb、Al。

(2) 如O、C和N这样的轻元素将形成超过溶解度极限(solubility limit)的夹杂(inclusion)，在硅原料中作为$SiO_2$、SiC和$Si_3N_4$被发现。这些杂质将在凝固过程中和硅片工艺中引起一定的问题。其结果可能是为直拉单晶工艺带来结构损失，也可能是为多晶硅铸锭工艺带来不稳定性问题。

(3) 金属杂质Fe、Ti、Cu、Cr、Ti和Al会降低太阳能电池的寿命和转换效率。如果杂质水平太高，金属杂质也会给凝固工艺带来问题。

## 1.2 冶金级硅

制备冶金级硅MG－Si的方法是在电弧炉中用C还原石英。使用的电极为石墨(graphite)，会在生产过程中消耗，为反应提供必要的能量。总体反应的理想形式可以表达为

$$SiO_2(s) + 2C(s) + 能量 = Si(l) + 2CO(g) \tag{1.1}$$

式中，s、l、g分别代表了固相(solid phase)、液相(liquid phase)和气相(gas phase)。

但是，实际情况可能更加复杂。这个过程可以被看作是半连续逆流过程(semicontinuous counter current process)。在冷却后打开熔炉，可以帮助理解这一过程。图1.1显示了在加料前电弧炉的内部区域。

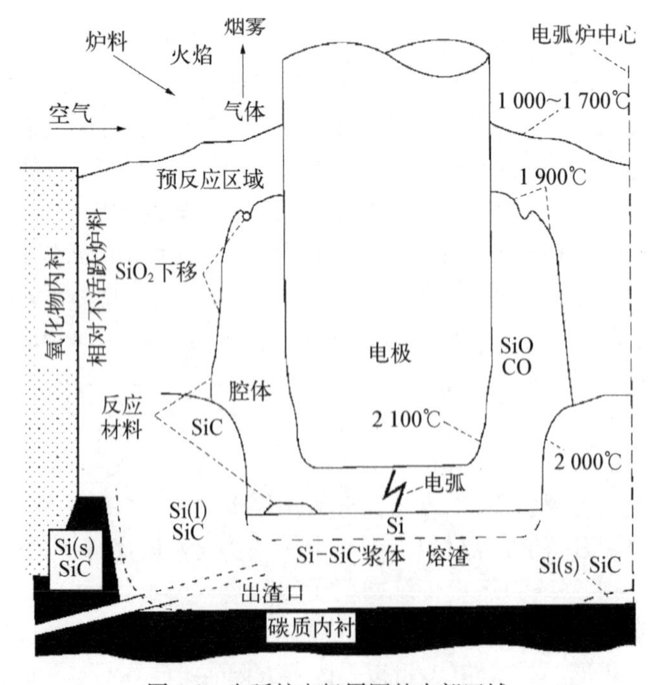


图1.1 电弧炉电极周围的内部区域

将炉料的混合从熔炉顶部加入，炉料向下移动通过炉体。炉体不同区域形成的气体将向熔炉顶部流动。在电极附近的区域，温度很高，形成 SiO(g)和 CO(g)，并且向熔炉顶部运动。SiO 会与送入熔炉顶部的 C 反应，在预反应区域产生 SiC。

$$SiO(g) + 2C(s) = SiC(s) + CO(g) \tag{1.2}$$

石英和 SiC 都会下降到反应区域，即电极周围的腔体(cavity)内。在这里，将由两个反应产生 SiO：

$$SiO_2(l) + Si(l) = 2SiO(g) \tag{1.3}$$

$$SiC(s) + 2SiO_2 = 3SiO(g) + CO(g) \tag{1.4}$$

以下反应将产生熔体(metal)：

$$SiC(s) + SiO(g) = 2Si(l) + CO(g) \tag{1.5}$$

Schei 等的书籍[1]可以作为进一步了解碳热还原过程的参考。对实际过程描述最好的是 Andresen 给出的[2]，将热力学和动力学理论与熔炉操作联系起来。Tuset 也给出了碳热还原 $SiO_2$ 的热力学分析[3]。

对于光伏技术，杂质控制和可替代原材料具有重大意义。在常规的 MG - Si 生产熔炉中，$SiO_2$ 以石英块的形式作为炉料投入熔炉。而含碳材料可以是多种形式，如焦炭(charcoal coke)、煤(coal)或木片(wood chip)。选择合适的原材料，仔细地安排炉料，从而尽可能地获得 Si 的最佳产额，同时避免不需要的杂质。另外，耐火材料和电极耗材都是杂质源。电弧炉生产的 Si 将在高温下与 C 发生饱和，而当熔体温度下降时，SiC 颗粒将发生下沉。

## 1.3　西门子法

光伏应用或电子应用要求的高纯度 Si 制备方法是，将冶金级硅 MG - Si 转换为三氯氢硅(trichlorosilane，TCS)，即 $SiHCl_3$，或者硅烷，即 $SiH_4$，再经过蒸馏，分解为纯净的 Si。图 1.2 给出了生产多晶硅最常用化学方法的总体描述[4]。

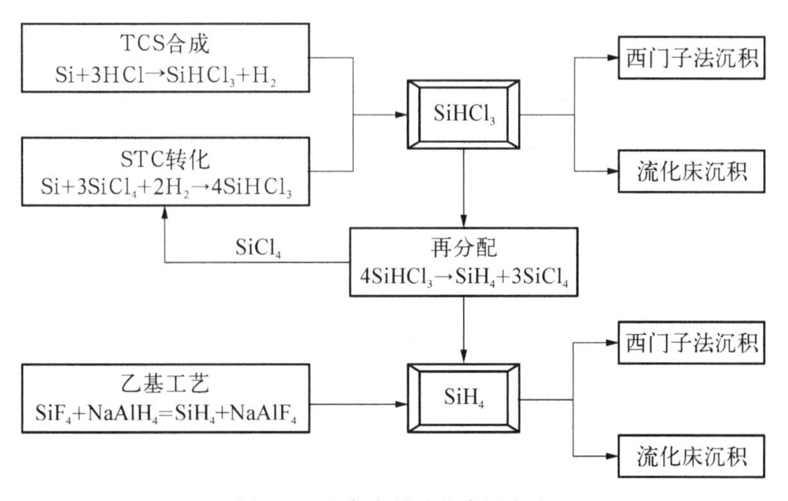


图 1.2　生产多晶硅的常用方法

目前,大多数多晶硅由 TCS 或 $SiH_4$ 得到。在 TCS 合成过程中,40 $\mu m$ 范围的 Si 粉末在流化床反应腔(fluidized bed reactor)中与 HCl 进行反应。然后,TCS 通过分馏提纯,可以把包括 B 和 P 的电活性元素降低到 1 ppm*[5]。四氯化硅(silicontetrachloride, STC),即 $SiCl_4$,是西门子法产生的副产品,可以经过氢化(hydrogenation)再生成 TCS。乙基工艺是生产 $SiH_4$ 的可替代方法,基于生产化肥的副产品 $SiF_4$:

$$SiF_4 + AlMH_4 = SiH_4 + AlMF_4 \tag{1.6}$$

式中,M 可以是 Na 或 Li。

最常规的 Si 沉积方式是西门子法沉积,在钟罩(bell jar)反应腔中 Si 灯丝(filament)上进行 Si 沉积。如果由 TCS 沉积 Si,一般籽晶棒(seed rod)的温度为 1 100℃。在 $H_2$ 的气氛中,进行沉积,反应为

$$H_2 + HSiCl_3 = Si + 3HCl \tag{1.7}$$

由于反应腔中较大的温度梯度,也会发生其他反应。STC 是一种主要的副产品,相应的反应为

$$HCl + HSiCl_3 = SiCl_4 + H_2 \tag{1.8}$$

其分解过程会受到各参数影响,例如:温度、气体流量、TCS/$H_2$ 比例。更详细的介绍可以参见 Mazumder 的书籍[6]。

对于从 $SiH_4$ 沉积 Si 的硅烷法,反应为

$$SiH_4(g) = Si(g) + 2H_2(g) \tag{1.9}$$

人们还在探索其他数种可替代的 $SiH_4$ 分解工艺,以生产纯净的多晶硅。例如:挪威海德鲁公司(Norsk Hydro)使用 $SiCl_4$ 和 Zn 反应的 Hycore 工艺,或日本德山公司(Tokuyama corporation)的气相到液相提取。

## 1.4 冶金法

如果我们不用西门子法,而将冶金级硅 MG - Si 直接制备太阳能级硅 SoG - Si,就需要一些提纯工艺,以去除特定的杂质,这样的技术称为冶金法(metallurgical routine)或物理法(physical routine)。我们有数条冶金法的技术路线,每条含有多个步骤的工艺,每一个步骤能够除去一种杂质,或者将总体杂质浓度降低到更低的水平。在本节中,我们将总结最常用的冶金法去除杂质提纯工艺。

### 1.4.1 氧化去除硼

B 是冶金级硅 MG - Si 中最常见的杂质之一。因为 B 很难通过定向凝固或者蒸发去除,所以经常使用氧化提纯工艺从液相 Si 中去除 B。

氧化提纯工艺中提纯反应需要的 O 可以由以下方式引入:

(1) 以空气或水蒸气的形式作为气相出现在熔体表面,或者通过提纯容器底部的喷枪

---

* 注:1 ppm 为 $10^{-6}$,下同。

(lance)、喷嘴(nozzle)、龙头(plug)进行吹气;

(2) 在熔渣(slag)或者 O-F 混合中以 $SiO_2$ 的形式作为氧化剂。

吹气通常要结合一些类型的熔渣形成添加剂。例如:CaO、MgO 或氟化物(fluoride),这些熔渣形成的添加剂也可以起到氧化剂的作用。用水蒸气作为等离子体(steam-added plasma)从熔体中去除 B,也被认为是一种氧化提纯工艺。

图 1.3 的埃林厄姆图(Ellingham diagram)表明氧化物形成过程中,吉布斯能变化(Gibbs energy difference,$\Delta G^0$)随温度的变化关系,说明了一种元素与 1 mol 的 $O_2$ 在 1 bar* 的气压下形成氧化物的吉布斯能变化对温度的依赖关系。吉布斯能最低的反应最稳定。从平衡观点看,Si 氧化的趋势超过了 B 的氧化。SiO 将在高温转化为气相,会使情况更加复杂。

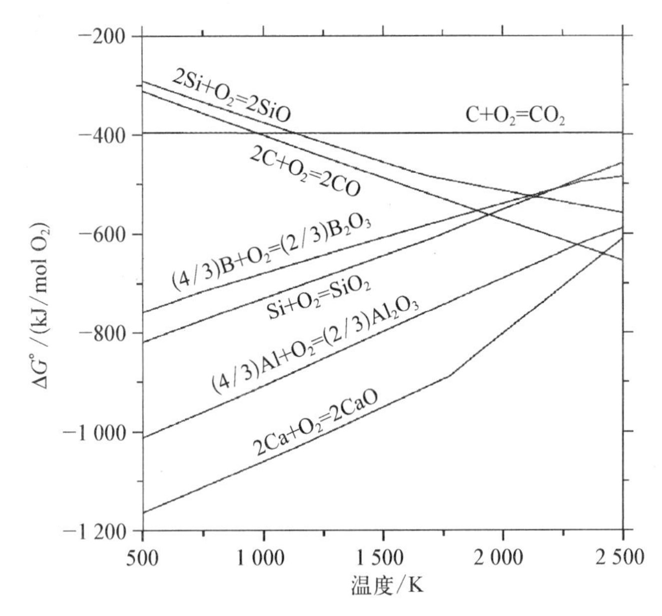


图 1.3 埃林厄姆图,氧化物形成过程中吉布斯能变化随温度的变化关系

在提纯太阳能级硅 SoG-Si 的过程中,溶解的元素将在 ppb** 水平。所以,杂质从熔体向反应表面或界面的输运将是一个限制提纯速率的问题。当 O 与 Si 接触,氧化物薄膜的边界层(boundary layer)在熔体界面形成,这是 O 和 Si 反应的结果。熔体相的氧势可以由以下反应定义:

$$\frac{1}{2}(SiO_2)=\frac{1}{2}Si+\underline{O} \tag{1.10}$$

从 Si 中去除 B 的反应可以表达为

$$\underline{B}+\frac{3}{4}(SiO_2)=\frac{3}{4}Si+(BO_{1.5}) \tag{1.11}$$

* 注:1 bar=$10^5$ Pa,下同。

** 注:1 ppb=$10^{-9}$,下同。

在液相 Si 中溶解的 B 与熔渣中的 $SiO_2$ 发生反应。B 被氧化，进入熔渣，而 $SiO_2$ 被还原，进入熔体。如果我们用[%B]表示熔体中 B 浓度，而用(%B)表示熔渣中 B 浓度，我们得到平衡常数：

$$K=\frac{a_{Si}^{3/4}a_{BO_{1.5}}}{a_{SiO_2}^{3/4}a_B}=k_{x\to\%}\frac{(\%B)\gamma_{BO_{1.5}}}{[\%B]f_B}\left(\frac{a_{Si}}{a_{SiO_2}}\right)^{3/4}\tag{1.12}$$

式中，$a_{Si}$是 Si 的活性系数；$a_{BO_{1.5}}$ 是 $BO_{1.5}$ 的活性系数；$a_{SiO_2}$ 是 $SiO_2$ 的活性系数；$a_B$是 B 的活性系数；$\gamma_{BO_{1.5}}$ 是熔渣相中 $BO_{1.5}$ 的活度系数；$f_B$是熔体相中 B 的活度系数；$k_{x\to\%}$ 是摩尔分数质量百分比系数。

B 分配系数 $L_B$是熔渣中 B 浓度(%B)和熔体中 B 浓度[%B]的比例：

$$L_B=\frac{(\%B)}{[\%B]}=\frac{Kf_B}{\gamma_{BO_{1.5}}k_{x\to\%}}\left(\frac{a_{SiO_2}}{a_{Si}}\right)^{3/4}\tag{1.13}$$

式中，B 分配系数 $L_B$表达了从 Si 中分离 B 的可能性。所以，对于一定温度的给定熔渣，B 分配系数 $L_B$是常数。

Suzuki 等[7]在不同温度下和不同气压下测试了一系列不同熔渣系统的 B 去除情况。他们发现，B 分配系数 $L_B$的最优值出现在不同的通量(flux)，如图 1.4 所示，并且见表1.1。Suzuki 等获得 1 500℃时最大值约 1.7。实验的条件为初始 B 含量 30～90 ppm，时间变化在 1.8～10.8 ks 内。Si 的活度系数被设定为 1。实验在 CO 气氛下，1 500℃下进行。Tanahashi[8]也进行了相似的实验，见表 1.1。

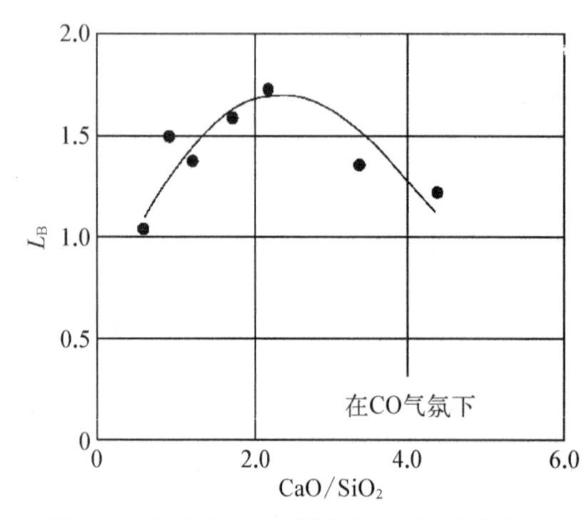


图 1.4 对于 $CaO-30\%CaF_2-SiO_2$ 通量，$L_B$和 $CaO/SiO_2$ 比例的关系由实验确定[7]

**表 1.1 在 1 500℃下，不同系统的 $L_B$数值**

| 系统 | $CaO/SiO_2$ | $L_B$ | 参考文献 |
|---|---|---|---|
| $CaO-10\%MgO-SiO_2(-CaF_2)$ | ～0.9 | 1.7 | Suzuki[7] |
| $Ca-10\%BaO-SiO_2(-CaF_2)$ | ～1 | 1.7 | Suzuki[7] |
| $CaO-30\%CaF_2-SiO_2$ | ～2.2 | 1.7 | Suzuki[7] |
| $6\%NaO_{0.5}-22\%CaO-72\%SiO_2$ | ～3.3 | 3.5 | Tanahashi[8] |

经过数值模拟，得到了在 1 823 K 下 $SiO_2-CaO-Al_2O_3$或 $SiO_2-CaO-Na_2O$ 熔渣和液相熔体之间的平衡态 B 分配系数 $L_B$。数值模拟使用了最新估定的热化学数据库(参见第 13 章)，以及 FACT 氧化物热力学数据库[9]。图 1.5 给出了计算结果。$SiO_2-CaO-Al_2O_3$熔渣的结果似乎比 $SiO_2-CaO-Na_2O$ 熔渣更好。计算得到的 $L_B$数值大约比实验数值高 2 倍，这表明反应动力学势垒可能对提纯工艺具有重要作用。下文将对这一问题作更详细的讨论。

#### 1.4.1.1 铸桶提纯熔渣

当用铸桶(ladle)进行熔渣处理提纯被溶解的元素，如图1.6所示，要进行以下5个步骤：

(1) $[\%X]_b \rightarrow [\%X]_\delta$：杂质元素从体熔体相(bulk metallic phase)转移到熔体边界层；

(2) $[\%X]_\delta \rightarrow [\%X]_i$：杂质元素扩散通过熔体边界层；

(3) $[\%X]_i \rightarrow (\%X)_i$：杂质元素在熔体和熔渣的中间相(interphase)发生氧化；

(4) $(\%X)_i \rightarrow (\%X)_\delta$：杂质元素扩散通过熔渣边界层(slag boundary layer)；

(5) $(\%X)_\delta \rightarrow (\%X)_b$：杂质元素从熔渣边界层转移到体熔渣相(bulk slag phase)。

其中，$[\%X]_b$是体熔体相中杂质浓度；$[\%X]_\delta$是熔体边界层中杂质浓度；$[\%X]_i$是熔体中间相中杂质浓度；$(\%X)_i$是熔渣中间相中杂质浓度；$(\%X)_\delta$是熔渣边界层中杂质浓度；$(\%X)_b$是体熔渣相中杂质浓度。

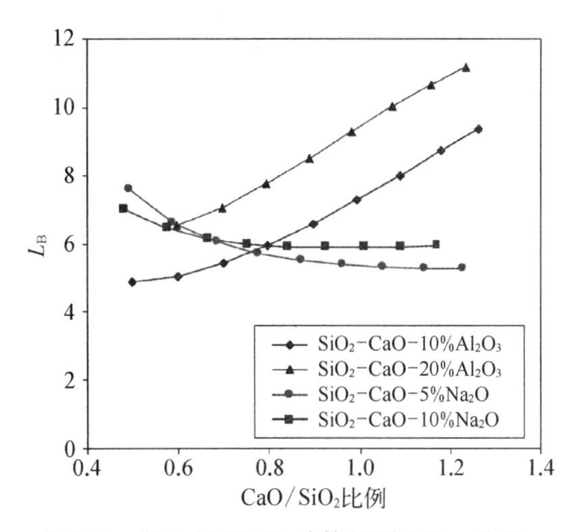


图1.5 在1 550℃下，计算得到$SiO_2$-CaO-$Al_2O_3$或$SiO_2$-CaO-$Na_2O$熔渣和熔体之间平衡态下B分配系数$L_B$

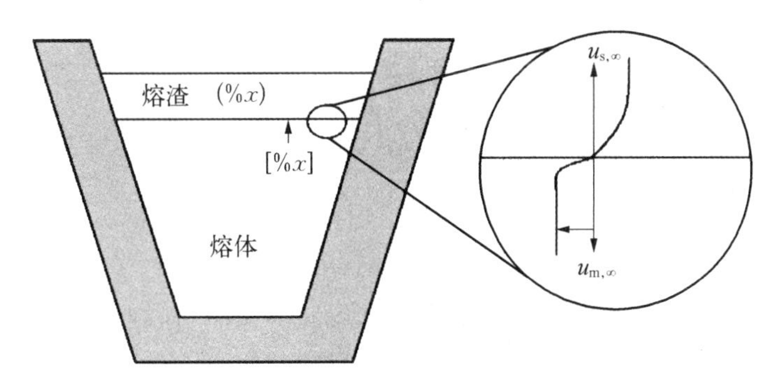


图1.6 在铸桶中，熔体和熔渣中杂质分布的图解

步骤(1)和步骤(5)依赖于熔体和熔渣的搅拌和混合。搅拌通常通过冒气泡或者机械器件(mechanical device)，以增加体相(bulk phase)的质量转移。所以，黏滞度这样的熔渣特性比较重要。高黏滞度将降低熔渣的速度，减缓杂质元素的质量转移。同时，高黏滞度还会降低杂质元素的扩散率。

步骤(2)和步骤(4)分别依赖于熔体中质量转移系数$k_m$和熔渣中质量转移系数$k_s$。如果假设步骤(1)、步骤(5)和步骤(3)比步骤(2)更快，可以计算出最终的浓度。

通过向熔渣相(slag phase)提取杂质元素，以提纯熔体的一个重大困难在于熔渣相混合的问题。通常，熔渣相的黏滞度相对较高，在熔渣中混合杂质元素较困难。但是，我们在这里假设熔渣相也是"完全混合"的。更加细致的描述可以参阅Engh的书籍[10]。

在熔渣中$x$的累积率=熔化边界层的去除速率：

$$-M_x \frac{d(\%x)}{dt} = k_t \rho A_s([\%x] - [\%x]_e) \tag{1.14}$$

式中，$M_x$是熔体中成分 $x$ 的摩尔质量；$k_t$是总质量转移系数；$\rho$ 是密度；$A_s$是熔渣有效质量转移面积；平衡态熔体浓度$[\%x]_e$ 是相对于真实熔渣浓度($\%x$)相平衡的假想浓度，所以$[\%x]-[\%x]_e$是驱动力。

$$[\%x]_e=\frac{\gamma_x(\%x)}{Kf_x} \tag{1.15}$$

式中，$K$ 是平衡常数；$\gamma_x$是熔渣相中成分 $x$ 的活度系数(activity coefficient of component x in slag phase)；$f_x$是熔体相中成分 $x$ 的活度系数(activity coefficient of component x in metal phase)。

为了对式(1.14)在时间上积分，$[\%x]_e$必须用$[\%x]$的函数替换。如果我们认为所有离开熔体的成分 $x$ 都进入熔渣，$[\%x]_e$可以由$[\%x]$获得：

$$M([\%x]_{in}-[\%x])=M_s(\%x) \tag{1.16}$$

式中，$M$ 是熔体摩尔质量；$M_s$是熔渣中成分 $x$ 的摩尔质量；$[\%x]_{in}$是熔体中成分 $x$ 初始浓度。这里，我们假设熔渣初始不包含任何成分 $x$。所以，式(1.16)结合式(1.15)给出：

$$[\%x]_e=\frac{\gamma_x}{Kf_x}\frac{M}{M_s}([\%x]_{in}-[\%x]) \tag{1.17}$$

式(1.14)中的驱动力成为：

$$[\%x]-[\%x]_e=[\%x]\left(1+\frac{\gamma_x M}{Kf_x M_s}\right)-\frac{\gamma_x M}{Kf_x M_s}[\%x]_{in} \tag{1.18}$$

当式(1.17)给出的驱动力成为 0，可以获得$[\%x]$的最低值。

$$[\%x]=[\%x]_\infty=\frac{M[\%x]_{in}}{M+Kf_x M_s/\gamma_x} \tag{1.19}$$

式中，$[\%x]_\infty$是当熔渣和熔体最终达到平衡态时，即 $t\to\infty$时，达到的熔体中成分 $x$ 最终浓度。根据$[\%x]_\infty$，我们又可以将驱动力写成：

$$[\%x]-[\%x]_e=\left(1+\frac{\gamma_x M}{Kf_x M_s}\right)([\%x]-[\%x]_\infty) \tag{1.20}$$

将式(1.20)引入式(1.14)，得到：

$$\int_{[\%x]_{in}}^{[\%x]}\frac{d[\%x]}{[\%x]-[\%x]_\infty}=-\int_0^t\frac{k_t\rho A_s}{M}\left(1+\frac{\gamma_x M}{Kf_x M_s}\right)dt \tag{1.21}$$

假设 $k_t$、$\gamma_x$、$f_x$等参数不随时间变化，对式(1.21)积分，得到：

$$\frac{[\%x]-[\%x]_\infty}{[\%x]_{in}-[\%x]_\infty}=\exp\left[-\frac{k_t\rho A_s}{M}\left(1+\frac{\gamma_x M}{Kf_x M_s}\right)t\right] \tag{1.22}$$

在图 1.7 中，我们看到$[\%x]$以指数函数形式下降到数值$[\%x]_\infty$，达到 $x$ 在熔体和熔渣间平衡的状态。

这里，我们假设熔体边界层存在阻尼。但是，也可以考虑熔渣边界层的阻尼。那么，总质量转移系数 $k_t$需要包括两种阻尼。

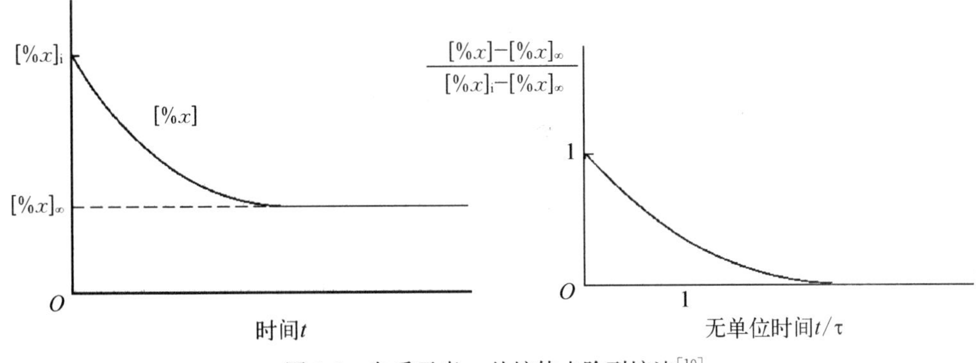


图 1.7 杂质元素 $x$ 从熔体去除到熔渣[10]

1.4.1.2 熔渣特性

通过熔渣提纯的方法与数个参数相关，例如：反应动力学、杂质扩散、配分比例等。同时，这些参数由熔渣类型、热物理特性和热化学特性决定。黏滞度、密度和界面特性也会影响熔渣从熔体中的分离以及熔渣提纯的时间。

## 1.4.2 与水蒸气反应去除硼

B的挥发性不如 Si，但是 B 可以与 O 和 H 在高温下发生反应，形成易挥发的物质 BHO、BO 和 $BH_2$。为了增加液体表面的温度，实验中使用等离子体加热(plasma heating)。Alemany 等[11]给出了由热力学数据计算得到的反应物质，如图 1.8 所示。产生的问题是 Si 也将被水蒸气氧化，损失部分的 Si，生成 SiO 和 $SiO_2$。

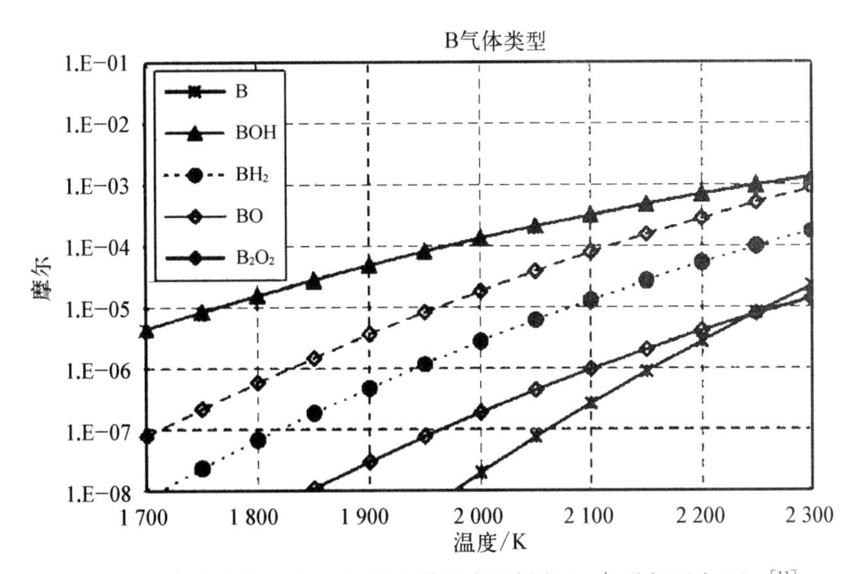


图 1.8 B 与水蒸气反应，B/Si 的初始浓度比例为 $10^{-4}$，总气压为 1 bar[11]

## 1.4.3 真空处理去除磷

当 Si 被熔化，P 将开始从 Si 熔体的自由表面蒸发。P 蒸发的热力学表明，对于高 P 浓度水平，$P_2(g)$是主要的蒸发物质，但是在低P浓度，P(g)是主要的蒸发物质。在气相中，$P_3(g)$和$P_4(g)$通常浓度很低，以至于可以忽略不计[12]。图1.9描述了依赖于P浓度的分压。

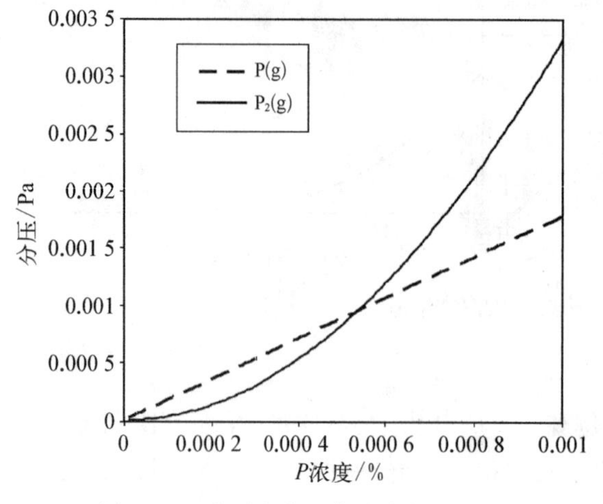


图1.9 P物质的分压作为浓度的函数

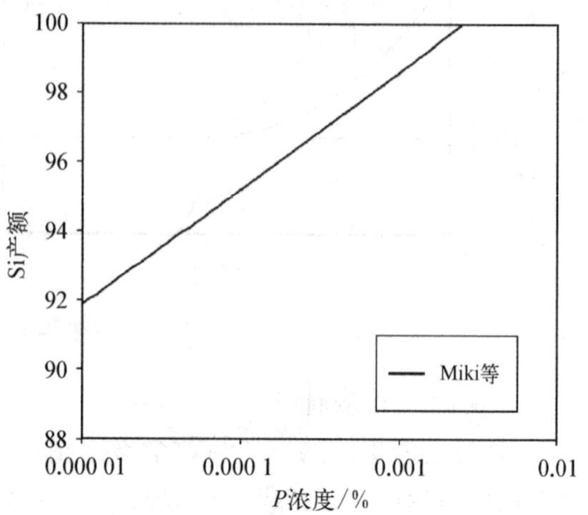


图1.10 Si产额和P浓度的平衡关系，使用在1 823 K的真空处理

Miki等[12]给出了Si产额和P浓度的关系。实验条件为真空处理，温度在1 823 K，如图1.10所示。这样的结果基于两个假设：

(1) 熔体边界层没有阻尼；

(2) 能够维持完全真空。

如果忽略$P_2(g)$，P的蒸发也可以用速率方程描述：

$$\frac{dX_P}{dt}=-\frac{A}{V}C_{evp}X_P^0 \tag{1.23}$$

经过积分，得到：

$$\frac{X_P}{X_P^0}=\exp\left(-\frac{A}{V}C_{evp}t\right) \tag{1.24}$$

式中，$C_{evp}$是所谓的比蒸发常数。对于在Si液态中的P，有报道称，在接近Si熔点的温度下，$k=1\times10^{-4}$ cm/s。使用Suzuki等[7]报道的实验数据，我们可以估算$Ak/V$的数值。以下公式考虑了温度，能够用于确定真空处理Si熔体中的P含量：

$$X_P=X_P^0\exp[(-1.53\times10^{-4}-3\times10^{-7}T)t] \tag{1.25}$$

计算得到在不同温度下，P的去除速率作为蒸发时间的函数，如图1.11所示。图中包括了Suzuki等[7]的实验结果以供比较。

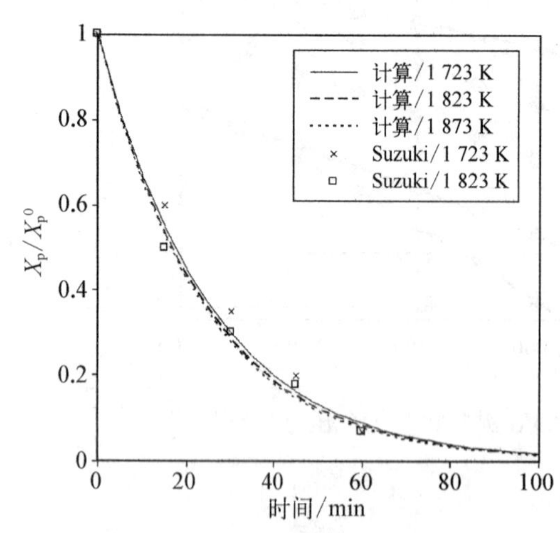


图1.11 在不同温度下，P去除速率为蒸发时间的函数

### 1.4.4 凝固提纯

作为太阳能级硅 SoG - Si 生产的一部分，有必要在提纯后对材料进行铸造。如果在凝固的过程中保持平面前沿(planar front)，能够获得根本性的提纯作用。很多杂质在液相 Si 中的溶解度要高于固相 Si。在具有平面前沿的定向凝固法中，可以观察到固相 Si 和液相 Si 之间分辨清晰的界面。

在固相/液相界面，固相 Si 中的杂质浓度与熔体中的杂质浓度达到平衡。两种浓度的比例可以由偏析系数(segregation coefficient，$k$)定义：

$$k = \frac{C_s}{C_l} \tag{1.26}$$

式中，$C_s$是固相中杂质浓度；$C_l$是液相中杂质浓度。当偏析系数 $k$ 的数值小于 1 时，将出现提纯作用。图 1.12 描述了凝固提纯的原理。

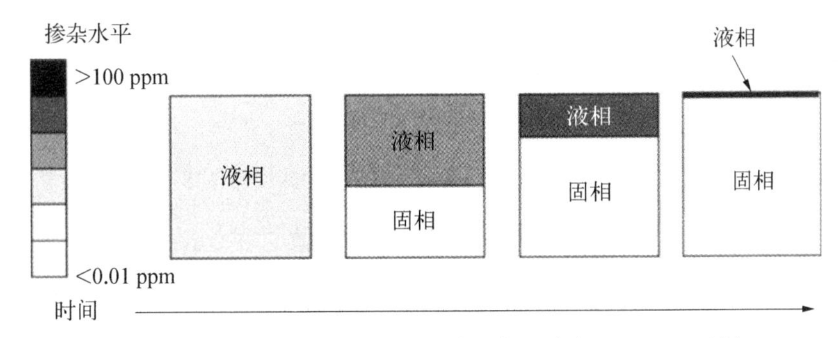


图 1.12 对 $k \ll 1$ 时定向凝固的提纯，暗色表示掺杂水平，白色<0.01 ppm，黑色>100 ppm

假设固相/液相界面存在热力学平衡，固相中没有杂质扩散，液相中则充分扩散，我们能够对于较小偏析系数 $k$ 的数值($k \ll 1$)推导出一个简单的表达式，将浓度表达为固相比例的函数。

如果液相从 1 ppm 开始，在 50%凝固后，浓度 $x$ 翻倍；而在 75%凝固后，浓度 $x$ 再次翻倍，以此类推。其原因是固相中比液相中有相对更低的溶解度，所以液相中的溶质总量实际上维持为一个常数，而液相体积随凝固过程减小。

从表 1.2，我们能够容易地推导出：

$$\frac{C}{C_{in}} = \frac{1}{1 - f_s} \tag{1.27}$$

式中，$f_s$是固相比例；$C$ 是当前时间液相中杂质浓度(concentration of impurities in liquid at present)；$C_{in}$是凝固刚开始的初始液相中杂质浓度。注意到，在一定假设下，式(1.27)给出的偏析模式(segregation pattern)独立于 $k$。

**表 1.2 当 $k \ll 1$ 时 Si 中杂质的偏析(segregation)**

| $C/C_0$ | 1 | 2 | 4 | 8 | 16 |
|---|---|---|---|---|---|
| $f_s$ | 0 | 0.5 | 0.75 | 0.875 | 0.937 5 |
| $1-f_s$ | 1 | 0.5 | 0.25 | 0.125 | 0.062 5 |

更加一般的公式即为著名的夏尔公式(Scheil equation)：

$$\frac{C}{C_{\text{in}}}=(1-f_{\text{s}})^{k-1} \tag{1.28}$$

显然，当固相比例 $f_{\text{s}}$达到 1 时，液相中杂质浓度 $C$ 非常大，夏尔公式预测溶质浓度为无穷大，就不成立，剩下的液相会通过共晶反应(eutectic reaction)凝固。

在实际生产工艺中，我们会切除高浓度区域，而使用剩下的区域。相对于一定的切除部分，剩余材料的平均浓度由夏尔公式的积分给出。将固相比例 $f_{\text{s}}$替换为液相剩余比例(faction remaining in liquid, $f$)，并且将给定时间液相中杂质浓度 $C$ 替换为固相中杂质浓度 $C_{\text{s}}$：

$$\frac{C_{\text{s}}}{C_{\text{in}}}=kf^{k-1} \tag{1.29}$$

将式(1.27)对液相剩余比例 $f$ 在 $1\sim f$ 范围积分，给出提纯比例：

$$\frac{\overline{C_{\text{s}}}}{C_{\text{in}}}=\frac{k}{1-f}\int_{1}^{f}f^{k-1}\,\mathrm{d}f=\frac{1-f^{k}}{1-f} \tag{1.30}$$

式中，$\overline{C}_{\text{s}}$ 是平均相对固体杂质含量；$C_{\text{in}}$是被提纯熔体的初始液相中杂质浓度。

对于二次凝固(double solidification)，切除部分(cut-off fraction)的平均相对杂质含量成为第二次凝固过程的初始浓度：

$$\frac{\overline{C_{\text{s2}}}}{C_{\text{in}}}=\frac{\overline{C_{\text{s1}}}}{C_{\text{in}}}\frac{\overline{C_{\text{s2}}}}{\overline{C_{\text{s1}}}}=\left(\frac{1-f^{k}}{1-f}\right)^{2} \tag{1.31}$$

Al 在切克劳斯基法的偏析系数数值被报道为 $k_{\text{Al}}=0.002$。我们需要确认是否这个数值对我们 12 kg 实验室尺寸熔炉(lab-scale furnace)有效。一个铸锭的 Al 含量为 8 ppm，这个浓度是由电阻率(resistivity)确定的，结果如图 1.13 所示。计算表明，$k_{\text{Al}}=0.003$ 的数值能够最好地拟合测量值。

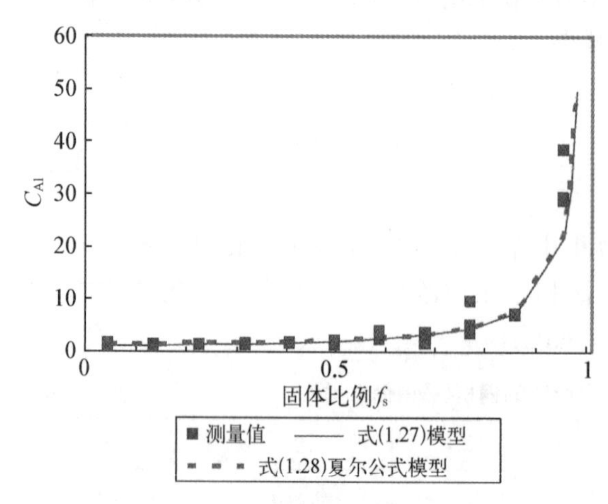


图 1.13　12 kg 铸锭的偏析模式，初始液相中杂质浓度 $C_{\text{in}}=8$

使用式(1.31)，对于 $f_{\text{s}}=0.9$ 的第一次定向凝固后切除剩余，我们看到，偏析系数 $k=0.002$ 和 $k=0.003$，提纯比例分别为 $\frac{\overline{C_{\text{s}}}}{C_{\text{in}}}=0.04$ 和 $\frac{\overline{C_{\text{s}}}}{C_{\text{in}}}=0.06$。对于第一次定向凝固和第二次定向凝固的 Al 提纯比例，如图 1.14 所示。

根据相关的数据，我们认为，对于只有 1 种杂质元素的实验室尺寸熔炉，偏析接近于理想状况。在切克劳斯基法硅材料中，理想情况是进行了较好的搅拌，从而溶质从界面处输运得充分，而作为现实情况，我们铸造熔炉的熔体速度(melt velocity, $v_{\text{m}}$)相对较低，根据Meese等[13]研究，$v_m = 1.5 \sim 2$ mm/s。理想情况和现实情况的差别的原因是：

(1) 杂质在凝固过程中的累积；

(2) 溶质从界面向体内输运；

(3) 熔体中的回流区。

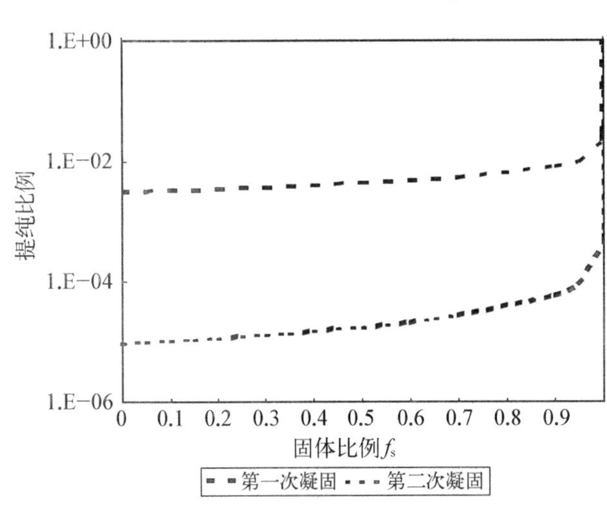


图1.14 假设偏析系数$k=0.002$，10%切除，分别经过两次定向凝固后Al的提纯比例

图1.15 多晶硅中凝固前沿破坏的图示

回流区将作为熔炉的独立区域，具有较小的热交换和杂质交换，形成宏观偏析(macrosegregation)，并且可能发生凝固前沿破坏(breakdown of solidification front)。对于更大的熔炉，情况将更加复杂。

另一个高杂质水平产生的问题是可能的凝固前沿破坏。图1.15显示了12 kg铸锭的横截面，Si包含的Al和Fe总合处在100 ppm范围内。这个铸锭图示表明，在发生凝固前沿破坏后，能够在晶界上发现AlFeSi小颗粒。通过化学方法分析材料表明，凝固前沿破坏后的成分与初始成分$C_{in}$在相同范围内。

### 1.4.5 溶剂提纯

通过凝固Al-Si熔体，首先沉淀的是固相Si。大多数杂质元素在液相合金中相比固相Si中具有更高的溶解度，所以能够通过溶剂提纯的方法被有效去除。Si将一定会与Al发生饱和，之后阶段需要去除这些Al。

杂质偏析系数$k_i$可以表达为：

$$k_i = \frac{x_i^S}{x_i^L} = \frac{\gamma_i^L}{\gamma_i^S}\exp\left(\frac{-\Delta G_i^0}{RT}\right) \tag{1.32}$$

式中，$x_i^S$是固相中杂质摩尔分数；$x_i^L$是液相中杂质摩尔分数；$\gamma_i^S$是固相中杂质活度系数；$\gamma_i^L$是液相中杂质活度系数；$\Delta G_i^0$是杂质混合吉布斯能变化。选择溶剂的原则是增加固相中杂

质活度系数 $\gamma_i^S$，并且减小液相中杂质活度系数 $\gamma_i^L$。溶剂的选择也很大地依赖于最终溶解度，这决定于对平衡相图(phase equilibrium diagram)固溶相线(solvus line)的仔细考察。并且，希望溶质倒退沉淀。

在过去数十年中，数篇文献报道了用熔化 Al 作为溶剂进行 Si 提纯[14~17]。Yoshikawa 和 Morita[18]已经估算了在固体 Si 和 Si－Al 熔体之间数种元素的偏析系数(见表 1.3)。

**表 1.3　固体 Si 和 Si－Al 熔体之间的偏析系数**

| 元素 | 固体 Si 和 Si－Al 熔体之间的偏析系数 | | | $k_{Eq}=x_s/x_l$ |
|---|---|---|---|---|
| 温度 | 1 073 K | 1 273 K | 1 473 K | |
| Fe | 1.7 E－11 | 5.9 E 9 | 3.0 E 7 | 6.4 E－6 |
| Ti | 3.8 E－9 | 1.6 E－7 | 9.6 E－7 | 2.0 E－6 |
| Cr | 4.9 E－10 | 2.5 E－8 | 2.5 E－7 | 1.1 E－5 |
| Mn | 3.4 E－10 | 4.5 E－8 | 9.9 E－7 | 1.3 E－5 |
| Ni | 1.3 E－9 | 1.6 E－7 | 4.5 E－6 | 1.3 E－4 |
| Cu | 9.2 E－8 | 4.4 E－6 | 2.5 E－5 | 4.0 E－4 |
| Zn | 2.2 E－9 | 1.2 E－7 | 2.1 E－6 | 1.0 E－5 |
| Ga | 2.1 E－4 | 8.9 E－4 | 2.4 E－3 | 8.0 E－3 |
| In | 1.1 E－5 | 4.9 E－5 | 1.5 E－4 | 4.0 E－4 |
| Sb | 3.4 E－3 | 3.7 E－3 | 8.2 E－3 | 2.3 E－2 |
| Pb | 9.7 E－5 | 2.9 E－4 | 1.0 E－3 | 2.0 E－13 |
| Bi | 1.3 E－6 | 2.1 E－5 | 1.7 E－4 | 7.0 E－4 |

我们还可以使用最新估定的热力学数据库(参见第 13 章)，来评估可能的溶剂，从而在 Si 中提纯 B。图 1.16 表明 Si－Al 熔体中计算得到的 B 和 P 偏析系数接近实验数值。这个模型还预测了用 Si－Zn 熔体去除 B 的效果优于 Si－Al 熔体。

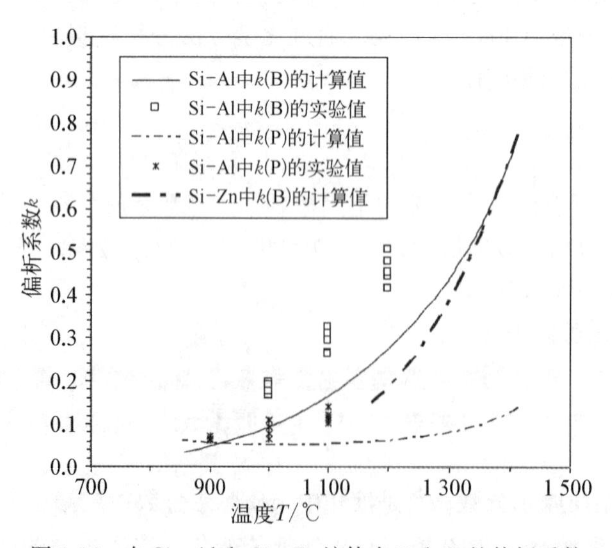


图 1.16　在 Si－Al 和 Si－Zn 熔体中 B 和 P 的偏析系数

### 1.4.6 浸出去除杂质

浸出是用溶剂选择性地溶解固体中某组分的工艺过程。矿物原料浸出的任务是选择适当的溶剂，使矿物原料中的有用组分或有害杂质选择性地溶解，使其转入溶液中，达到有用组分与有害杂质或与有用组分相分离的目的。浸出去除杂质的条件为，被固化的冶金级硅 MG - Si 包含相对纯净的 Si 和作为晶体中外加相存在的杂质。这些杂质能够通过粉碎(crushing)和随后的蚀刻(etching)去除，得到的 Si 晶粒尺寸大约为 2 mm。如果在 Si 熔体中加入 5%的 Ca，将发现杂质作为小晶粒出现在 $CaSi_2$ 相中。如果 5%的 Ca 在铸造前加入合金，杂质将沉淀为 $CaSi_2$ 相，形成于 Si 晶粒之间，如图 1.17 所示。

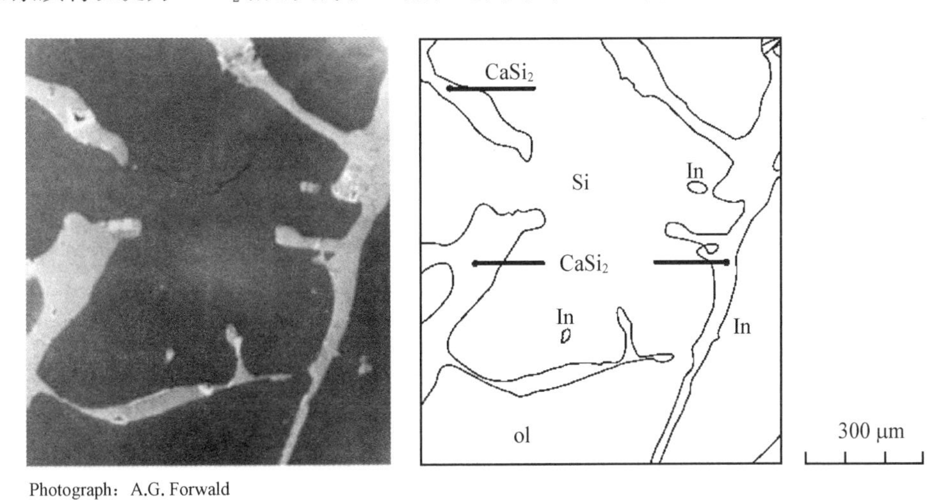


图 1.17 电子显微镜(electron microscope)观察到的浸出合金(leaching alloy)[19]

### 1.4.7 电解/电化学纯化

电解/电化学纯化(electrolysis/electrochemical purification)的技术路线只在实验室尺寸下被研究[20,21]。但是，电解/电化学纯化从长期而言是一种可行的实现低成本和低能量消耗的工艺。图 1.18 描述了在熔融氧化物中三层电解提纯(three-layer electrorefining)的原

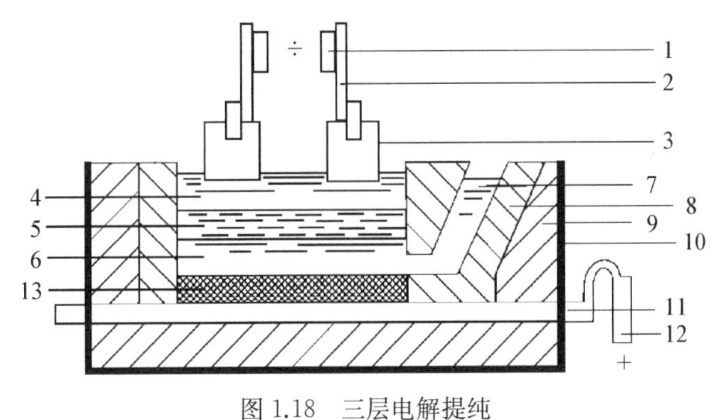


图 1.18 三层电解提纯

1 -阴极母线；2 -阴极吊架；3 -石墨阴极；4 -被提纯熔体；5 -电解质；6 -阳极合金；7 -前井；8 - MgO 耐火内衬；9 -烧磨土耐火内衬；10 -钢壳；11 -阳极连接；12 -阳极母线；13 - C 底层

理。阳极(anode)为 Cu 和 Si 的合金,Cu 能够使电极的密度更大。而电解质是氧化物混合,比合金密度更低。阴极为纯净的 Si。

### 1.4.8 沉淀去除夹杂

斯托克斯定律(Stokes' law)为夹杂的沉淀建立了较好的模型,夹杂颗粒同时受到沉淀速度(settling velocity, $v_s$)决定的阻力(drag, $F_d$)和相对重力(relative gravity, $F_g$)的作用,如图 1.19 所示。相对重力 $F_g$ 和阻力 $F_d$ 都依赖于 SiC 和 Si 的密度差(difference in density, $\Delta\rho$)。而相对重力为重力和浮力的差:

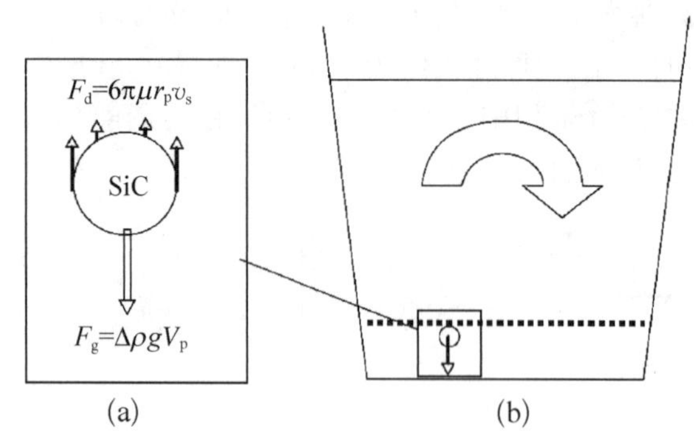


图 1.19 沉淀去除夹杂

(a) 颗粒受到的作用力;(b) 沉淀反应腔的图解

$$F_g=\Delta\rho g V_p \tag{1.33}$$

式中,$\Delta\rho$ 是密度差,对于 Si 和 SiC,$\Delta\rho=770\ \text{kg}\cdot\text{m}^{-3}$;$g$ 是重力加速度;$V_p$是颗粒体积。

斯托克斯定律给出的阻力表达式为:

$$F_d=6\pi\mu r_p v_s \tag{1.34}$$

式中,$r_p$是颗粒半径(particle radius);$v_s$是沉淀速度;$\mu$ 是动态黏滞度,是 Si 熔体的密度 $\rho$ 和运动黏滞度(kinematic viscosity, $\nu$)的乘积:

$$\mu=\rho v \tag{1.35}$$

根据斯托克斯定律,如果阻力 $F_d$和相对重力 $F_g$发生平衡,沉淀速度为:

$$v_s=\frac{2\Delta\rho g r_p^2}{9\rho v} \tag{1.36}$$

使用沉淀速度 $v_s$作为质量转移系数,并且假设反应腔中熔体完全混合,球形颗粒的提纯效率为:

$$\frac{C}{C_0}=\exp\left(-\frac{Av_s}{V_r}t\right) \tag{1.37}$$

式中,$A$ 是反应腔底部面积;$V_r$是反应腔体积;$C_0$是初始颗粒浓度;$C$ 是给定时间颗粒浓度。这里,我们已经使用了假设,认为反应腔底部的沉淀速度 $v_s$与熔体体内的一样。图 1.20 描述了不同沉淀时间后的提纯效率是关于颗粒尺寸的函数。我们能够从图中看到,在 1 h以后,10 $\mu$m 尺寸的颗粒减少到初始浓度 $C_0$的 15%以下,而 20 $\mu$m 尺寸的

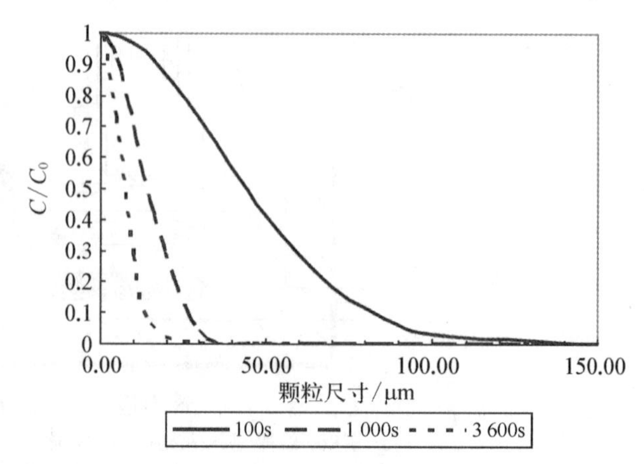


图 1.20 Si 中 SiC 的理论沉淀曲线,比例 $A/V=1.8\ \text{m}^{-1}$

颗粒被完全去除。这些数据被用来设计中试规模反应腔。实验采用低成本太阳能级硅(solar grade silicon at low cost,SOLSILC),初始颗粒浓度 $C_0$ 为 700 ppm。经过沉淀过程,液相 Si 中的给定时间颗粒浓度 $C$ 小于 50 ppm[22]。

### 1.4.9 过滤去除夹杂

夹杂可以用沉淀去除,也可以用过滤去除。去除 N、O 和 C 杂质的最低水平要达到与过滤温度下溶解的元素和要去除的对应夹杂 $Si_3N_4$、$SiO_2$ 和 SiC 的水平相平衡[23]。通常使用的石墨过滤器具有小于 100%的过滤效率,这意味着一些颗粒将从过滤器中逃逸。相应的理论和原则也适用于其他熔体,但是需要特别注意寻找的过滤器材料不会污染 Si。图 1.21 显示了颗粒黏附于过滤器侧壁的情况。

(a)

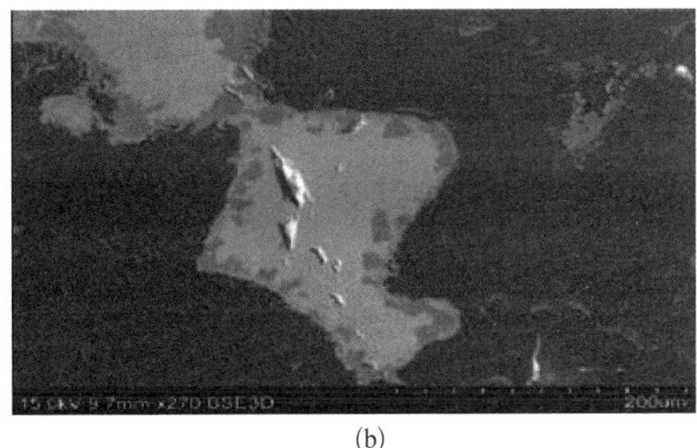

(b)

图 1.21 过滤后石墨过滤器的横截面,灰色颗粒为 SiC

(a) 电子显微镜下形态;(b) 光学显微镜下形态

## 参考文献


[1] A. Schei, J. Tuset, H. Tveit. Production of High Silicon Alloys [M]. Trondheim, Norway: Tapir Akademisk Forlag, 1998.

[2] B. Andresen. The Silicon Process [C]. Ed. by H.A. Oye et al. Silicon for the Chemical Industry Ⅷ, Norwegian University of Science and Technology, Trondheim, Norway, June 12-15, 2006: 35.

[3] J.K. Tuseth. Thermodynamics of the Carbothermic Silicon Process [C]. Ed. by H.A. Oye et al. Silicon for the Chemical Industry Ⅷ, Norwegian University of Science and Technology, Trondheim, Norway, June 12-15, 2006: 23.

[4] K. Hesse, D. Pätzold. Survey over the TCS process [C]. Ed. by H. A. Oye et al. Silicon for the Chemical Industry Ⅷ, Norwegian University of Science and Technology, Trondheim, Norway, June 12-15, 2006: 157.

[5] W.C. O'Mara, R. B. Herring, L. P. Hunt. Handbook of Semiconductor Silicon Technology [M]. Norwich: William Andrew, 1990.

[6] B. Mazumder. Silicon and Its Compounds [M]. Enfield: Science Publishers, 2000.

[7] K. Suzuki, T. Kumaga, N. Sano [J]. ISIJ International, 1992, 32: 630.

[8] M. Tanahashi et al [J]. Journal of the Mining and Materials Processing Institute of Japan, 2002, 118: 497.

[ 9 ] C. Bale et al [J]. Calphad, 2002, 26: 189.
[10] T.A. Engh, Christian J. Simensen, O. Wijk. Principles of Metal Refining [M]. Oxford: Oxford Science, 2002.
[11] C. Alemany et al [J]. Solar Energy Materials and Solar Cells, 2002, 72: 41.
[12] T. Miki, K. Morita, N. Sano [J]. Metallurgical and Materials Transactions B, 1996, 27: 937.
[13] E. A. Meese et al. High Accuracy Predictive Furnace Model For Directional Growth Of Multicrystalline Silicon [C]. Proceedings of the 22nd European photvotaic solar energy conference, Milan, Italy, September 3 - 7, 2007: 793.
[14] J.L. Gumaste et al [J]. Solar Energy Materials and Solar Cells, 1987, 16: 289.
[15] R.K. Dawless et al [J]. Journal of Crystal Growth, 1988, 89: 68.
[16] T. Yoshikawa, K. Morita [J]. Metallurgical and Materials Transactions B, 2005, 36: 731.
[17] T. Yoshikawa, K. Morita [J]. Science and Technology of Advanced Materials, 2003, 4: 531.
[18] T. Yoshikawa, K. Morita. Refining of silicon during its solidification from a Si - Al melt [C]. The 4th Asian Conference on Crystal Growth and Crytsal Technology, Sendai, Japan, 2008.
[19] T. Shimpo, T. Yoshikawa, K. Morita [J]. Metallurgical and Materials Transactions B, 2004, 35B: 277.
[20] K. Yasuda, et al [J]. Electrochimica Acta, 2007, 53: 106.
[21] G.M. Haarberg et al. Electrorefining of metallurgical silicon in molten chloride and fluoride electrolytes [C]. 3rd International Workshop on Science and Technology of Crystalline Si Solar Cells, Trondheim, Norway, June 3 - 5, 2009.
[22] E. Ovrelid et al [C]. Ed. by H. A. Oye et al. Silicon for the Chemical Industry Ⅷ, Norwegian University of Science and Technology, Trondheim, Norway, June 12 - 15, 2006.
[23] A. Ciftja et al. Removal of SiC and $Si_3N_4$ particles from silicon scrap by foam filters [C]. Recycling and Waste Processing, 2007 TMS Annual Meeting & Exhibition, Orlando, Florida, February 25 - March 1, 2007: 67.

# 第2章　切克劳斯基法

蓝崇文，台湾工业技术研究院(Industrial Technology Research Institute)太阳光电科技中心(Photovoltaics Technology Center)

谢兆宽和徐文庆，台湾中美硅晶制品股份有限公司(Sino-America Silicon Products Inc.)

快速发展的光伏市场主要基于晶体硅 c-Si，并且要求硅片制造商通过低成本高效率的工艺生产高质量的硅材料。由于单晶硅 sc-Si 的转换效率更高，切克劳斯基法仍然是光伏产业中的关键技术。切克劳斯基法又称为直拉法。但是，当与定向凝固生产的多晶硅 mc-Si 做比较，现有的切克劳斯基法仍然生产速率较低，能量消耗较大，从而成本较高。所以，为了保持 sc-Si 在光伏市场中的竞争力，需要进一步提高切克劳斯基法的效率。在本章中，我们将讨论切克劳斯基法生产 sc-Si 的一些重要问题。我们将特别关注热场设计和数次加料。应用这些概念已经引起了 6″和 8″直径太阳能级硅产品较大的成本降低和产额改善。我们也将对切克劳斯基法未来的发展方向作出一些评论。

## 2.1　概论

应用光伏技术的目的是将太阳能转换为电能。虽然研究开发光伏技术已经超过 50 年，但是光伏市场(PV market)的成长较慢，直到近年来日本和欧洲实行电价补贴政策。在过去 5 年中，市场的年平均成长超过了 35%，单单在 2007 年，全世界就生产了大约 4 $GW_p$的太阳能电池组件[1]。在这些太阳能电池中，大约 45%的 Si 用切克劳斯基法(Czochralski process)生产。切克劳斯基法又称为直拉法(vertical pulling method)，而切克劳斯基法也用于半导体产业生产 Si。但是，组件价格每年会下降 20%，而成本的 50%为硅片[2,3]。所以，如何降低生产成本，并且提高产额，而不牺牲质量，仍然是硅晶体生产从业人员面临的重要问题。同时，低成本高生产效率(productivity)的铸造生产多晶硅(multicrystalline silicon, mc-Si)由于更高的生产速率(throughput)和更低的能量消耗(energy consumption)，已经增加了市场份额。这也迫使切克劳斯基法生产商改进工艺，并且降低成本。

一方面，对于目前最先进的 GT450 定向凝固法熔炉，每小时产量(production per hour, PPH)约为 7 kg，生长周期(growth period)为 50 h，生长速率(growth rate)为 20 mm/h。另一方面，切克劳斯基法 100 kg 炉料的生产周期为 30 h，拉晶速度(pulling speed)为 50 mm/h，PPH 约 2 kg/h。定向凝固法熔炉能量消耗约 10 kWh/kg，但是切克劳斯基法要超过 30 kW・h/kg。至于能源回收期，切克劳斯基法要高出 5～10 倍，并且依赖于自动化水平。所以，为了保持切克劳斯基法生产单晶硅(single crystalline silicon，sc - Si)在光伏市场的竞争力，除了要显著地提高生产效率，更高的晶体生长质量也是很重要的。事实上，非常依赖于晶体质量的太阳能电池转换效率每提高 1%，电池生产成本就能够降低约 7%，所以 sc - Si 的生产成本可以由电池生产成本抵消。

改善切克劳斯基法硅晶体生长的方法主要有：热场设计(hot-zone design)[4～11]、数次加料(multiple charge)[12]、为更低成本和更长寿命的坩埚(crucible)而进行改造[13,14]，以及为减小氩气(argon gas)消耗和提高产额改善生长环境控制[7～11]。同时，炉料数量的增加以及硅棒直径、长度的增加也对生产速率和 PPH 非常有用。虽然使用连续铸造(continuous casting)对 PPH 特别有效，但是这方面的工作一直开展得不多，直到最近日本胜高(SUMCO Corporation)使用了电磁连铸(electromagnetic continuous casting，EMCC)。总体而言，切克劳斯基法的 PPH 典型值为 1.5 kg/h，而制备 mc - Si 的热交换法(heat exchanger method，HEM)PPH 约 3.5 kg/h，能量和材料成本更加低[15,16]。最近有报道炉料已达到 650 kg，但是市场上定向凝固熔炉的最大炉料量为 450 kg。所以，为了与 mc - Si 工艺竞争，切克劳斯基法生长特别需要重大的工艺改善，特别是高速拉晶和数次加料。德国西门子太阳能公司(Siemens Solar Industries，SSI)和美国西北能源效率联盟(Northwest Energy Efficiency Alliance，NEEA)的合作是一个成功的案例，将功率消耗(power consumption)降低了超过 40%[7]。通过数次加料，达到了最高 1.7 kg/h 的 PPH[12]。在 2001 年，我们也开始了一个类似高效率硅棒生长的项目，主要针对 5.5″直径硅棒[11]。项目在 2003 年结束，改善程度优于 SSI/NEEA 报道的结果。功率消耗和氩气消耗(argon consumption)的减小量分别为 65%和 53%。另外，拉晶速度增加了 44%，数次加料的产额增加了 31%。实现了初步的成功后，在 2003 年底，工作重点转向了 8″直径硅棒，使用了相同类型的熔炉。通过改善热场设计，单次加料(single charge)实现了 2 kg/h 的 PPH。在本章中，我们将简单地讨论高效率硅棒生长的典型方法，还会对未来的发展进行一定的展望。

## 2.2 热场设计

热场设计的主要工作专注于改善切克劳斯基法生产硅棒的质量[4～7,10]。但是，对于光伏应用，硅棒拉晶的成本是一个主要考虑的问题，而硅棒质量的具体规格要求非常宽松。所以，硅棒生长的有效热场设计更加专注于更低的能量消耗和更高的拉晶速度。通过有效的热场设计，石墨元件，即加热器(heater)和基座(susceptor)，以及氩气等耗材(consumable)的使用能够明显降低。计算机模拟(computer simulation)已经成为热场设计的有用工具，数种计算机软件都适合使用[17～19]。如果热特性足够精确，计算结果是可靠的[20]。我们使用了 STHAMAS[18] 作为模拟工具进行了热场设计，大幅缩短了反复实验、不断摸索的时间。STHAMAS 是基于有限体积模拟的软件包，适合轴对称生长系统，由德国 Muller 的团队开发。这个模型考虑了熔体和气体的对流，以及面对面辐射热转移。图 2.1 描述了我们研究

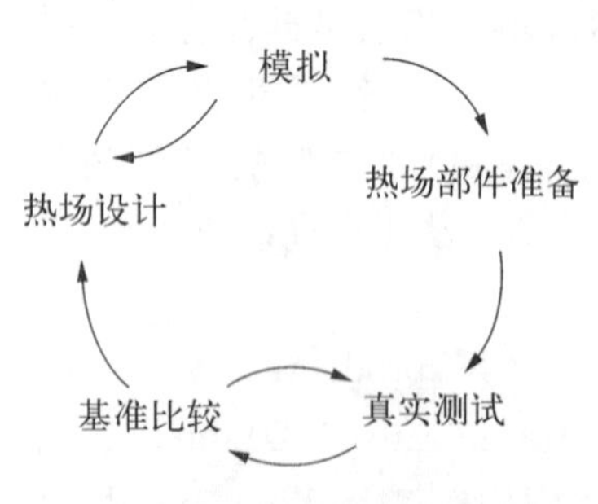


图 2.1 典型的热场设计方法(准备热场部件可能需要数个月)

项目使用的热场设计方法。为了保证模拟结果的可靠性，基准比较(benchmark comparison)很重要。如果发生不一致，需要特别仔细地研究，有时候不可避免要调节热数据，因为模拟设置了一些简化条件，特别是底部绝热。在真实情况中，由于有4个电极，并不完全满足轴对称。

图2.2(a)描述了Kayex CG6000直拉单晶炉(Czochralski puller)的结构，硅棒直径5.5″，石英坩埚(quartz crucible)直径16″。热系统主要分为6个部分：

(1) 辐射屏蔽(radiation shield)或圆锥(cone)；

(2) 顶部墙绝热(top-wall insulation)；

(3) 顶部侧绝热(top side insulation)；

(4) 额外侧绝热(additional side insulation)；

(5) 底部绝热(bottom insulation)；

(6) 氩气出口(argon venting)。

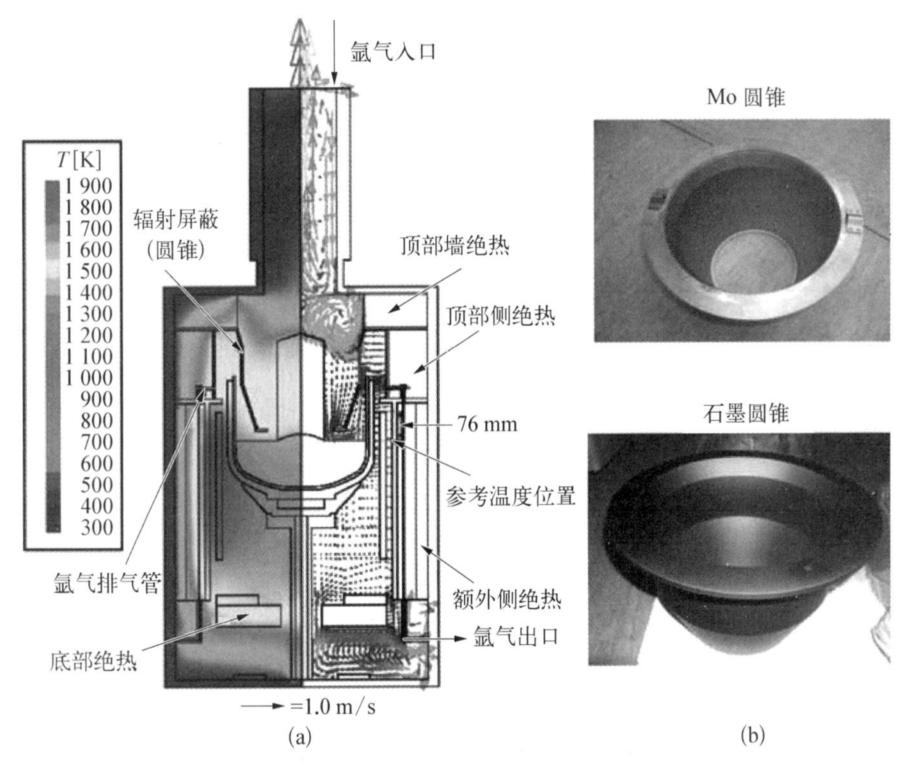


图2.2　KayexCG6000直拉单晶炉，16″坩埚

(a) 左边为热场分析，右边为氩气气流场；(b) 上图为Mo圆锥，下图为石墨圆锥

Kayex CG6000并没有包括圆锥和顶部墙绝热，底部绝缘和顶部侧绝热之间的空间仍然较大。STHAMAS计算的温度分布表示在图2.2(a)的左边，而氩气气流场(argon flow field)表示在图2.2(a)的右边。镀膜的Mo和石墨被考虑为圆锥材料，如图2.2(b)所示。两种圆锥的寿命都很长，但是Mo圆锥更加坚固，能够容易地用喷砂(sand blast)清洁。

### 2.2.1　功率和生长速率

使用圆锥的主要目的是阻止从熔体到晶体的热辐射，所以晶体能够更冷，拉晶速度能够更快。这样的概念可以简单地通过生长界面(growth interface)的能量平衡理解：

$$k_S G_S - k_L G_L = \rho_S \Delta H v_p \tag{2.1}$$

式中，$k_S$和$k_L$分别是晶体的固相热导率(thermal conductivity of the solid)和熔体的液相热导率(thermal conductivity of the liquid)；而$G_S$和$G_L$分别是晶体的固相热梯度(thermal gradient in the solid)和熔体的液相热梯度(thermal gradient in the liquid)；$\rho_S$是晶体的固相密度(density of the solid)；$\Delta H$是熔化热(heat of fusion)；$v_p$是拉晶速度。

显然，当晶体中的固相热梯度$G_S$增加，拉晶速度$v_p$也会增加。使用圆锥不但可以阻止热辐射(thermal radiation)，而且可以将热辐射反射回熔体。所以，圆锥材料需要有足够高的反射率，能够在高温下运作。Mo就是一种理想材料，而石墨因为具有更加低的成本，也经常使用。为了增加石墨圆锥的反射率，经常用SiC或热解炭(pyrolytic carbon)进行镀膜。图2.3描述了没有Mo圆锥和带有Mo圆锥两种情况下，生长5.5″直径硅棒功率消耗和拉晶速度的比较，其他方面的绝热条件没有变化。当带有Mo圆锥，功率消耗大幅减小，从105 kW下降到75 kW，而拉晶速度显著提高。生长速率，即拉晶速度的平均值超过50 mm/h。在晶体长度(crystal length)为200 mm处，生长速率达到76 mm/h。而且代表晶体质量的径向电阻变化(radial resistance variation, RRV)优于初始值。硅片的更好RRV是由于更小的界面凹面(interface concavity)。STHAMAS预测的功率消耗在两种情况下都与实验数据较吻合。除了辐射屏蔽的作用，圆锥也能够被设计为热绝缘体。在这种情况下，更希望使用合成材料制备的圆锥。

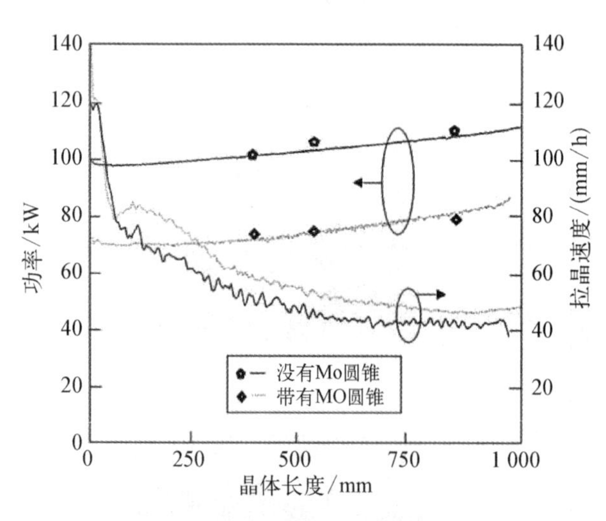


图2.3 在没有Mo圆锥和带有Mo圆锥情况下，功率消耗和生长速率的记录，包括了功率消耗的模拟数据(钻石形符号)进行比较

为了进一步降低功率消耗，有效的绝热是必要的。通过一些测试，我们发现，底部绝热具有关键作用。如果有较好的底部绝热，晶体生长过程中的功率消耗可以进一步减小到约50 kW。图2.4描述了数种热场设计对功率消耗和生长速率的改善。标准设计(standard design, STD)是指原始热场设计，而高性能设计(high-performance design, HPD)是指经过计算机模拟绝热优化的热场设计。数据表明，拉晶速率的平均值可以达到80 mm/h。而增加一个冷却环(cooling ring)能够进一步地冷却晶体，并且增加生长速率，同时减小界面凹面。

## 2.2.2 界面形状和热应力

除了更低的功率消耗和更快的拉晶速度，热场设计的另一个好处是更小的界面形变(interface deformation)。使用圆锥是一种减小界面凹面的有效方法。根据模拟，发现圆锥形状和圆锥材料是两个界面控制的主要因素。总体而言，圆锥边缘需要尽量接近熔体/晶

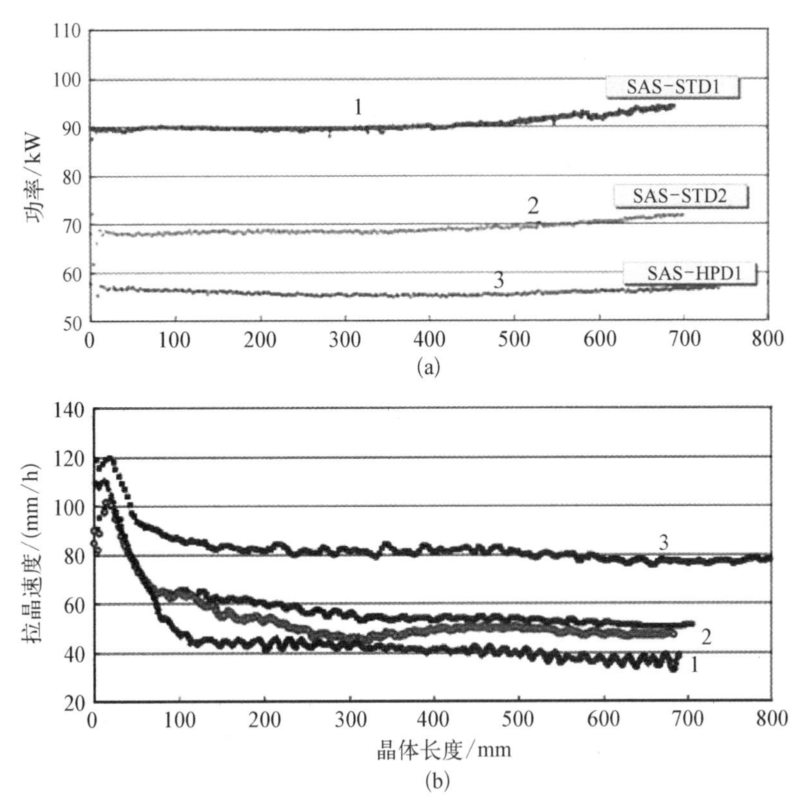


图 2.4　不同热场设计的功率消耗和拉晶速度记录

(a) 功率消耗；(b) 拉晶速度

体/气体相交线[11]。而且，降低圆锥位置会增加熔体飞溅的风险。模拟结果也表明，更小的界面凹面能够给出更小的冯米塞斯应力(von Mises stress)，而冯米塞斯应力往往集中在熔体/晶体/气体相交线处[11,21]。

除了拉晶阶段(pulling stage)，合适的热场设计也对熔化和冷却有用。例如，在熔化过程中，坩埚位置最低，径向加热(radial heating)能够产生明显的热梯度(thermal gradient)，从而在坩埚中形成热应力(thermal stress)，这就增加了坩埚破裂的风险。底部加热器是减小这种热梯度的最有效方法。但是，为了节约功率消耗，底部加热器通常要在拉晶阶段关闭。两个加热器的功率比例控制并不容易，但是计算机模拟能够再一次发挥作用，优化设置。根据我们的经验[11]，顶部墙绝热、顶部侧绝热和额外侧绝热的作用不是十分有效。因为石墨毡(graphite felt)并不便宜，所以使用有效的绝热对降低成本是必要的。

### 2.2.3　氩气消耗和石墨降解

在硅生长过程中，O 从坩埚溶解到熔体，形成 SiO。用氩气将 SiO 从熔体中带走在实际操作中非常重要，因为太多的 SiO 颗粒沉积到冷却表面，如炉壁(chamber wall)、坩埚内壁(crucible inner wall)和硅棒表面，会引起颗粒掉入熔体的问题。如果颗粒进入生长中的晶体，会出现位错(dislocation)，从而丧失结构完整性(structure integrity)，那么生长需要重新开始，每小时产量 PPH 或生长产额将受到重要影响。所以，氩气流量(argon flow rate)和其路径非常重要。另一方面，如果带有圆锥，能够观察到氩气消耗能够明显地减小。主要原因是圆锥和熔体之间的流动空间很小，氩气在熔体表面的流动更加快速。相应地，从熔体表面去除 SiO 更加有效。根据我们的研究，氩气流量能够从 60 slpm 减小到 15 slpm，这对应于从每 kg 的 Si 需要 93 $ft^3$ 氩气降低到每 kg 的 Si 需要 27 $ft^3$ 氩气。氩气流动路径用图 2.2(a)右边的矢量场(vector field)表示。通过圆锥，在熔体表面没有发现环流(flow circulation)，这被认为有利于减小 SiO 颗粒从上方冷却表面坠落。另一方面，圆锥的上部仍然具有相当的 SiO 沉积。通过顶部墙绝热或合成材料制备的圆锥，可以减小沉积，而且圆锥温度的增加能够使沉积位置更高。

除了氩气消耗问题，石墨降解(graphite degradation)是另一个 SiO 引起的问题，因为氩气原来的流动路径必须通过石墨加热器(graphite heater)，SiO 会与石墨发生反应，形成 SiC。这会使石墨降解，从而缩短加热器的寿命。同样的问题还会影响石墨基座(graphic susceptor)。但是，通过氩气向侧绝热的重定向(redirecting)，发现石墨加热器和石墨基座的寿命能够得到显著的提升。在项目过程中，石墨加热器的寿命从原来的 3 000 h 增加到 4 600 h，而石墨基座的寿命从 880 h 增加到 1 500 h，几乎翻倍。图 2.5 的照片比较了氩气排气管安装之前和安装之后的石墨加热器情况。当氩气向侧壁重定向后，晶体生长后 SiO 在加热器上的沉积明显减小。

(a)

(b)

图 2.5　生长后的石墨加热器

(a) 氩气气流重定向之前；(b) 氩气气流重定向之后

除了加热器更加清洁，圆锥和氩气气流重定向还可以使生长的晶体表面减少氧化，表面更加光亮。图 2.6 的照片分别是 5.5″和 8″直径的硅棒，图 2.6(a)左边两根硅棒的生长没有使用圆锥，能够清晰地看到彩色的氧化环(oxidation ring)。而且，带有圆锥后，坩埚中剩余的熔体能够显著地减小，接近生长结束时更少的辐射热损失使 Si 仍然保持熔化状态。结果，原材料的浪费得到了显著的降低。对于相同的炉料量，拉出的硅棒更长。

### 2.2.4　产额提升

无位错生长的产额是决定每小时产量 PPH 的最重要因素。除了成本降低和拉晶速度增加，保持结构完整性的无位错拉晶极为重要。如果晶体生长过程中产生位错，生长需要重

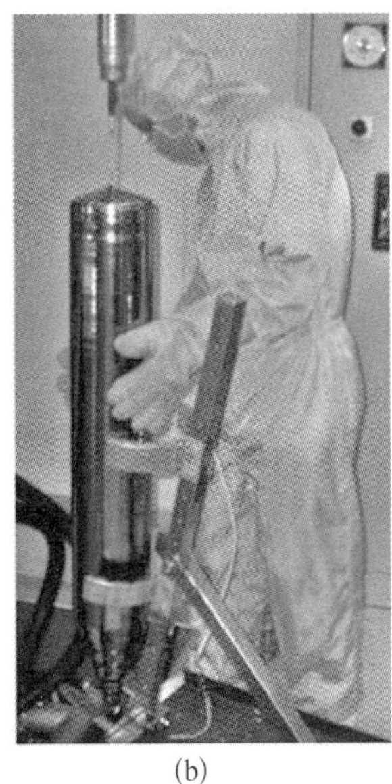

(a)　　(b)

图 2.6　切克劳斯基法生长得到的硅棒

(a) 5.5″直径,左边两根硅棒的热场没有使用辐射屏蔽,在表面能够清晰地观察到氧化环;(b) 8″直径

新开始,这将明显减小产额。我们相信颗粒是形成位错的主要原因。所以,除了多晶硅原材料的质量,还需要特别防止坩埚侵蚀和 Si 沉积从顶部表面剥落。镀膜坩埚和有效氩气排气设计都是有效的方法。减小氩气的流阻(flow resistance),并且防止回流(flow recirculation)也有一定的作用。而更低的加热功率和更低的坩埚温度也能够减小 $SiO_2$ 的腐蚀和颗粒的产生。

## 2.3　连续加料

### 2.3.1　数次加料

如前所述,对直径 6～8″硅棒生长的每小时产量 PPH 通常小于 2 kg/h,而热交换法 HEM 铸造多晶硅 mc - Si 的 PPH 可以容易地达到 3～4 kg/h。主要的原因是 HEM 每批炉料(batch charge)高达 240～300 kg,而生长 6～8″硅棒的典型的 Kayex CG6000 直拉单晶炉每批炉料少于 100 kg。所以,为了增加 PPH,需要使用更大的坩埚增加炉料,或者使用连续加料(continuous charge),因为传统的拉晶是分批工艺(batch process),装有晶体的腔体长度有限,所以连续加料比较困难。一种可替代的方法是数次加料。换而言之,在晶体被拉出并且移开之前,不等到冷却,送料机(feeder)就将新的原料加入。在西门子太阳能公司 SSI,使用了这种送料机,6″直径硅棒的 PPH 被提升到 1.7 kg/h[12],每一个石英坩埚能够拉出 10 根晶体。相似的设计也被用于半导体应用(semiconductor application)。图 2.7 描述的典型 Kayex 150 直拉单晶炉安装了送料机和补料箱(recharge tank)。送料机要求小块多晶硅或颗粒状硅(granular silicon)。这种数次加料能够节约冷却时间,从而改善 PPH。因为数根晶体能够被从一个坩埚拉出,每 kg 硅的坩埚成本大幅降低。对于半导体应用,1 个直径 22″坩埚可以拉出 5 根 100～150 kg 重的晶体。如果直拉单晶炉用做提拉太阳能硅棒,并且热场设计合适,拉晶速度较高,可以得到与 HEM 铸锭相似的 PPH。

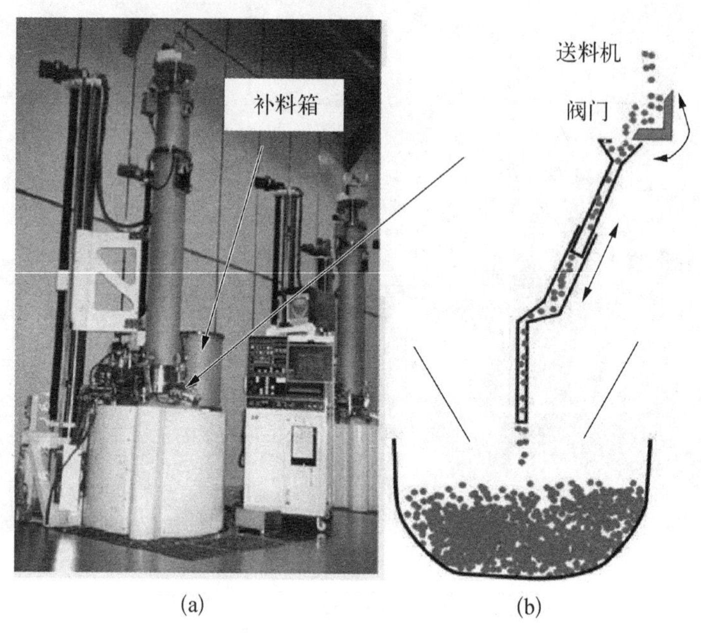


图 2.7 Kayex 150 直拉单晶炉的补料系统

(a) 直拉单晶炉的补料箱；(b) 送料机加入颗粒状硅

对于半导体应用，使用数次加料的主要问题是补料过程中的熔体污染和坩埚的杂质积累(impurity accumulation)。补料过程中的熔体污染问题能够通过送料机和使用材料的仔细设计解决。但是，杂质积累要求使用高纯的颗粒状多晶硅。幸运的是，对于光伏应用，这两个问题都得到缓解，因为对太阳能级硅 SoG - Si 的纯度要求较低。PPH 的改善能够进一步降低能量消耗的要求。在 SSI，使用数次加料，总体能量消耗节约超过 51%[7]。在台湾中美硅晶制品股份有限公司，在这个项目之前，能量消耗为 59.1 kW·h/kg。在热场设计优化和使用数次加料之后，制备 5.5″直径硅棒的能量消耗减小到只有 17.4 kW·h/kg。对于 8″直径硅棒，由于更高的 PPH，能量消耗甚至更低，生长过程中的功率消耗小于 65 kW。

### 2.3.2 镀膜坩埚

石英坩埚是切克劳斯基法生长单晶硅棒(single crystalline silicon ingot)的主要成本，因为光伏应用没有更加廉价的坩埚可以使用。石英坩埚的生产过程较冗长。石英坩埚的外层为所谓的气泡层(bubble layer)，需要达到较低的密度，使坩埚成为良好的绝缘体，而石英坩埚的内层是密度更大、更坚固的非晶结构。在高温的晶体生长过程中，$SiO_2$ 的反玻璃化(devitrification)形成白石英(crystobalite)，白石英经常会从坩埚表面脱落，在生长晶体中形成位错。在数次加料过程中，操作时间较长，情况甚至更加不理想。所以，有必要在坩埚内表面进行特殊的镀膜(coating)，密度较大的 $BaSi_2O_5$ 是典型的镀膜材料。在美国通用电气(General Electric)的专利[13]中，使用 BaO 作为较好的反玻璃化催化剂，帮助在晶体生长过程中在坩埚内表面形成一层均匀的分解层，从而降低颗粒的产生。还有其他方法可以改善坩埚的内表面，即减小侵蚀和颗粒产生[14]。当然，如果 $Si_3N_4$ 镀膜 C[22] 等其他材料能够被应用，或者坩埚能够被重新使用，可以进一步降低成本，而 C 杂质还会是一个重要的问题。

### 2.3.3　大尺寸和连续生长

由式(2.1)，晶体的固相热梯度 $G_S$增加能够增加拉晶速度 $v_p$。但是，固相热梯度 $G_S$需要在生长周期内，在整个界面上保持为一个常数，由于热应力的原因不能太高。另外，晶体质量通常随冷却速率(cooling rate)$G_S v_p$增加而变差。所以，对于切克劳斯基法生长单晶硅棒，最高的拉晶速度通常低于 100 mm/h。而对于热交换法 HEM 铸造多晶硅 mc - Si，生长速率约 30 mm/h。而且，由于较大的径向冷却(radial cooling)，热不稳定性(thermal instability)经常发生在界面边缘。所以，作为一条总体原则，为了保证热稳定性和平面界面，体积对表面的比例需要尽量大[23]。当然，需要在可承受的价格范围内使用体积尽量大的 $SiO_2$ 坩埚和熔炉，石墨加热器和其他石墨元件的成本也不能忽略。尽管大尺寸直拉单晶炉可以生产成本更低的单晶硅棒，但是更先进的设备需要高昂的资本投资(capital investment)。所以，像 Kayex 150 或更高型号的大尺寸直拉单晶炉还没有被用于光伏应用的单晶硅棒生产上。

但是，设备和部件的成本随着尺寸的增加而快速增加。所以，为了经济地生产硅棒而不增加设备直径，需要认真地考虑发展连续生长(continuous growth)工艺。事实上，在光伏应用中可使用的数种晶体生长技术中，切克劳斯基法和热交换法 HEM 是仅有的分批工艺，而边缘限制薄膜生长 EFG 是连续生长工艺。切克劳斯基法的数次加料作为半连续生长工艺，已经获得广泛的使用。最近，电磁连续拉晶法(electromagnetic continuous pulling，EMCP)工艺[24]结合冷坩埚熔化和连续铸造的优势应用于光伏产业，没有坩埚消耗，污染也很低。相似地，使用长方体铸模(square die)和连续送料(continuous feeding)的硅棒生长是可行的工艺。而区熔法技术也有一定的应用价值。事实上，丹麦 Topsil 公司的区熔法硅棒已经推向了市场，太阳能电池的转换效率能够轻松超过22%。由于区熔法较高的热梯度，而且不需要坩埚，每小时产量 PPH 能够很高。但是，用切克劳斯基法生长多晶硅也是一个有意义的方向，不需要籽晶(seed crystal)和结构完整性。另外，使用更长的坩埚是一个提高 PPH 的简单方法，这也适用于 HEM。而且，生产相同数量的硅棒使用更少的直拉单晶炉也可以有效地降低劳动力成本。

## 2.4　改善晶体质量

最后，因为晶体质量(crystal quality)直接与太阳能电池的转换效率相关，晶体质量会最终决定太阳能电池的成本。总体而言，单晶硅棒在<100>晶向(lattice direction)被提拉，需要使用碱性制绒(alkaline texturing)制备倒金字塔(inverted pyramid)结构。另外，因为(111)滑移面(slip plane)相对生长方向(growth direction)倾斜，产生的位错能够向外传播到晶体表面，从而形成没有位错的硅棒。这样的优势允许无位错硅棒以极高的拉晶速度被提拉。硅片的一个重要太阳能电池性能指标为少数载流子寿命(minority carrier lifetime)。人们发现，控制 O 和 C 的含量对改善少数载流子寿命很重要。特别地，对 n 型 Si，在氧化表面形成界面陷阱，O 沉淀通常会减小少数载流子寿命[25]。过渡金属(transition metal)也是有害的[26]。B 掺杂 p 型 Si 被发现具有严重的光致衰减(light-induced degradation)，B/O 配合物复合的活性很大，置换 B 原子和间隙 O 二元物发生反应[27]。虽然最近有人提出特殊的 200℃退火处理能够解决这个问题[28]，但是更加希望使用低 O 硅棒。晶体生长中的 O 含量受到很多因素影响。但是，坩埚温度被认为是最重要的影响因素。在更低的坩埚温度,溶解到熔体中的O很少。基于热场设计的模拟[11],我们观察到随着功率消耗的降低,与熔体接触的坩埚温度也降低。所以,节能设计有利于更低的O含量。在我们5.5″直径硅棒的热场设计中,头端的O含量减小到约17 ppma,尾端的O含量减小到约12 ppma,平均少数载流子寿命超过60 μs。

类似于O,C也是主要的有害杂质。在切克劳斯基法的硅晶体生长过程中,C的来源是石墨加热器和基座,以及多晶硅原材料。所以,控制氩气流动路径对降低C污染很重要。事实上,在氩气气流重定向之后,即使气体流量为15 slpm,我们的热场设计也能够将C含量控制在0.03 ppma以下。

除了O和C,过渡金属和A型、B型漩涡缺陷(swirl defect)也对少数载流子寿命产生负面影响[29]。所以,在较高的 $v_p/G$ 比例进行生长控制对于得到富空位(vacancy-rich)硅棒是有帮助的[30,31]。在接近晶体的肩部(shoulder),因为那里有更高的冷却速率,成为富空位仍然较困难,除非使用特别高的拉晶速度。相应地,经常在单晶硅棒接近肩部观察到氧化物诱导堆积缺陷环(oxidation-induced-stacking-fault ring,OISF ring),成为粗略分隔富空位区域(内部)和富自间隙(self-interstitial-rich)区域(外部)的可见边界。少数载流子寿命在那里也更加短。使用高性能的热场设计能够改善生长速率,生长的硅棒几乎是富空位的,富自填隙部分能够显著地减小,但是这是以生长速率为代价的。因为冷却速率 $G_S v_p$ 正比于拉晶速度,少数载流子寿命通常随冷却速率减小而增加[29],寻找最优化的 $v_p/G$ 比例对获得更好的晶体质量是必要的。

## 2.5 小结

自从2003年以来,光伏应用的单晶硅棒遇到巨大的市场需求,其价格随着多晶硅原料价格的飞涨而快速提高。我们相信,这样的需求还会持续至少2～3年。这将有力地促进单晶硅棒生产商将业务重点从半导体产业转向光伏产业。但是,太阳能电池价格持续下降也是一个必然的历史趋势,这意味着单晶硅棒的生产必须降低成本。从这个角度讲,我们认为热场设计极为有用。除了更快的生长速率和更低的功率消耗,氩气和石墨元件等耗材的成本也能够得到明显的降低。由于更低的O和C含量,在高生长速率的富空位生长中,晶体质量同样能够得到一定的改善。但是,热场设计改善的程度有一定的限度。所以,使用多次加料或连续加料对进一步优化生产是不可避免的。这包括更好的送料机设计,以降低污染,以及准备小块或颗粒状硅材料。另外,也需要长寿命的 $SiO_2$ 坩埚或其替代品,而能够实现坩埚的重复使用将是更好的方案。

同时,高生产效率定向凝固铸造多晶硅显然是切克劳斯基法的强大竞争对手。结果,光伏产业单晶硅sc-Si的市场份额不断地被多晶硅取代。sc-Si更高的机械强度被认为是一个明显优势,加上切割技术持续改善和产额不断地增长,这就非常有利于在未来实现小于100 μm甚至更薄的硅片。无位错生长的要求仍然是决定sc-Si产额的关键因素,尽管其凝固速度能够比定向凝固快数倍。如果使用级别更低的多晶硅材料,情况就更加严重了。所以,多晶硅的拉晶技术或者连续铸锭技术可能是切克劳斯基法生产商需要考虑的发展方向。就像定向凝固一样,晶粒尺寸、缺陷和污染控制仍然是切克劳斯基法生产多晶硅面临的巨大挑战,从而可以与sc-Si的太阳能电池转换效率相竞争。

## 参考文献


[ 1 ] P.D. Maycock. PV Energy Systems [J]. PV News, March, 2004.

[ 2 ] T. Surek [J]. Journal of Crystal Growth, 2005, 275: 292.

[ 3 ] K.E. Knapp, T.L. Jester [J]. Home Power. Dec. 2000/Jan. 2001: pp. 42 - 26.

[ 4 ] I. Yamashita, K. Shimizu, Y. Banba, Y. Shimanuki, A. Higuchi, H. Furuya [P]. US Patent 4,981, 549, Jan. 1, 1991.

[ 5 ] K. Takano, I. Fusegewa, H. Yamagishi [P]. US Patent 5,361,721, Nov. 8, 1994.

[ 6 ] T. Tsukada, M. Hozawa [J]. Journal of Chemical Engineering of Japan, 1991, 23: 164.

[ 7 ] G. Mihalik, B. Fickett. Energy efficiency opportunities in silicon ingot manufacturing [J]. Semiconductor Fabtech, 10th Edition. ICG Publishing, 1999: 191 - 195.

[ 8 ] P. Sabhapathy, M.E. Sacudean [J]. Journal of Crystal Growth, 1989, 97: 125.

[ 9 ] P. Sabhapathy. Computer simulation of flow and heat transfer in CG6000 during 144 mm diameter crystal growth with 16 - in hot zone [R]. Kayex Inc., July 1998.

[10] E. Dornberger, W.V. Ammon [J]. Journal of the Electrochemical Society, 1996, 143: 1648.

[11] L.Y. Huang, P.C. Lee, C.K. Hsieh, W.C. Chuck, C.W. Lan [J]. Journal of Crystal Growth, 2004, 261: 433.

[12] B. Fickelt, G. Mihalik [J]. Journal of Crystal Growth, 2000, 211: 372.

[13] R.L. Hansen, L.E. Drafall, R.M. McCutchan, J.D. Holder, L.A. Allen, R.D. Shelley [P]. US Patent No. 5,976,247, Nov. 1999.

[14] Y. Ohama, S. Mizuno [P]. US Patent No. 6,886,342, May 2005.

[15] C.P. Khattak, H. Schmid [C]. 26th IEEE PVSC Conference, Anaheim, CA, 1997.

[16] J.M. Kim, Y.K. Kim [J]. Solar Energy Materials and Solar Cells, 2004, 81: 217.

[17] T. Sinno, E. Dornberger, W. von Ammon, R. A. Brown, F. Dupret [J]. Materials Science and Engineering, 2000, 28: 149.

[18] J. Fainberg [D]. Ph.D. Thesis, University of Erlangen-Nürnberg, 1999.

[19] C.W. Lan [J]. Chemical Engineering Science, 2004, 59: 1437.

[20] E. Dornberger, E. Tomzig, A. Seidl, S. Schmitt, H.-J. Leister, Ch. Schmitt, G. Müller [J]. Journal of Crystal Growth, 1997, 180: 461.

[21] D. Bornside, T. Kinney, R.A. Brown, G. Kim [J]. International Journal for Numerical Methods in Engineering, 1990, 30: 133.

[22] T. Saito, A. Shimura, S. Ichikawa [J]. Solar Energy Materials, 1983, 9: 337.

[23] F. Ferrazza [J]. Solar Energy Materials and Solar Cells, 2002, 72: 77.

[24] F. Durand [J]. Solar Energy Materials and Solar Cells, 2002, 72: 125.

[25] J.R. Davis Jr., A. Rohatgi, R.H. Hopkins, P.D. Blais, P. Rai-Choudhury, J.R. McCormick, H.C. Mollenkopf [J]. IEEE Transactions on Electron Devices, 1980, ED - 27: 677.

[26] J.M. Hwang, D.K. Schroder [J]. Journal of Applied Physics, 1986, 59: 2487.

[27] J. Schmidt, K. Bothe [J]. Physical Review B, 2004, 69: 024107.

[28] B. Lim, S. Hermann, K. Bothe, J. Schmidt, R. Brendel [J]. Applied Physics Letters, 2008, 93: 162102.

[29] T.F. Ciszek, T.H. Wang [J]. Journal of Crystal Growth, 2002, 237 - 239: 1685.

[30] V.V. Voronkov [J]. Journal of Crystal Growth, 1982, 59: 625.

[31] L.I. Huang, P.C. Lee, C.K. Hsieh, W.C. Hsu, C.W. Lan [J]. Journal of Crystal Growth, 2004, 266: 132.

# 第3章 区 熔 法

Helge Riemann 和 Anke Luedge,德国布尼茨晶体生长研究所(Leibniz Institut für Kristallzuechtung)

本章将介绍另一种重要的单晶硅棒生长技术,这就是不需要坩埚的区熔法,又称悬浮区熔法,而前一章介绍的切克劳斯基法也经常用来与区熔法进行比较。区熔法生长单晶硅棒的主要优势是较高的纯度以及较高的电学和结构材料质量。虽然到目前为止区熔法的光伏应用仍然处于研发阶段,还没有投入大规模生产,但是区熔法在将来会有巨大的潜力,因为其更高的转换效率和更高的长期稳定性优于切克劳斯基法。

目前,区熔法的主要问题首先是较高的原材料价格,最近供不应求的原材料市场使这个问题更加严重,其次是有限的单晶硅棒横截面面积,不适合标准的电池尺寸。为了克服这些困难,人们提出了一些新颖的概念,如直接以需要的方形硅片横截面生长晶体,使用颗粒状硅这样的更廉价原材料,或高纯冶金级硅 UMG - Si 经过低级切克劳斯基法后用做拉晶原料棒并且通过偏析进一步纯化。

## 3.1 概论

一开始,发明区熔法(zone melting method)的目的是生长超高纯度的半导体,以及通过偏析效应(segregation effect)提纯其他晶体。待处理的原料棒(feed rod)放在水平的舟皿(boat)向前移动,通过狭窄的加热区域。相应地,舟皿中产生一个熔化区域(molten zone),而几乎所有的杂质都被收集,因为杂质在液相的溶解度更高。对于较低的结晶速率(crystallization rate),杂质浓度在熔体和晶体之间的比例是常数,等于平衡状态的偏析系数:

$$k = \frac{C_s}{C_l} \tag{3.1}$$

式中,$C_s$是杂质在固相晶体中的浓度;$C_l$是杂质在熔体液相中的浓度。对于多数杂质,偏析系数 $k$ 小于 1。如果熔化区域运动得更快,平衡状态被打破,有效偏析系数(effective segregation coefficient,$k_{eff}$)升高到接近 1。

这样,杂质根据其有效偏析系数 $k_{eff}$ 随着熔化区域移动到晶体棒的尾端。所以,之前结晶的晶体棒部分变得更加纯净。但是,从舟皿或环境中最新引入的杂质对纯净效果有抵消作用。而多个熔化区域能够将初始固化部分的纯净度(purity)提高到一定的理论极限。事实上,这个极限已经与舟皿或其他环境最新引入的杂质数量无关了。

如果在区熔过程的初始阶段引入籽晶,可以生长单晶硅。这种方法被广泛地应用于生长Ge,而Ge原来是第一种重要的半导体材料。Si在之后变得越来越重要,而这种方法并不适用于Si,因为Si熔体会与任何舟皿或坩埚材料发生反应,并且凝结的材料会与容器侧壁紧密地黏连,晶体和容器在冷却后都会破裂。

所以,不需要坩埚的悬浮区熔法(float zone process)很快发展起来[1],能够生长非常纯净的单晶硅,而熔化区域与外来材料没有接触。如果使用的原材料已经是非常纯净的Si,阻止杂质引入比区熔法的纯净作用更重要。最先进的西门子法提供的多晶硅原料棒具有很高的纯净度,所以外加的区熔法纯净过程成本太高,也显得不必要。

现代区熔法具有较大的生长腔体,如图3.6所示。区熔法的配置包括上方和下方的两根拉晶转轴(pulling spindle),分别在尾端携带多晶硅原料棒和较细的棒状籽晶。在两根拉晶转轴之间是扁平的射频线圈(RF coil)作为感应器(inductor),进行感应加热(inductive heating)。

在预热原料棒底端后,用2.5～3.5 MHz工作频率(working frequency)的射频电流(RF current)感应加热,直到形成的下垂的熔体液滴受到表明张力作用处于稳定状态,如图3.1(a)所示。然后,籽晶向上移动直到接触到熔体液滴。当略微熔化之后,籽晶向下移动,生长出较细的单晶硅颈部(neck),通过颈部表面移除所有位错[2,3]。当提高射频功率,降低拉晶速度,提高籽晶速率,生长出来的晶体的直径能够增加,形成圆锥状肩部,如图3.1(b)所示。而生长出来的单晶硅棒的直径进一步增大,可以得到需要的最终晶体直径,达到晶体生长的稳定阶段,如图3.1(c)所示。

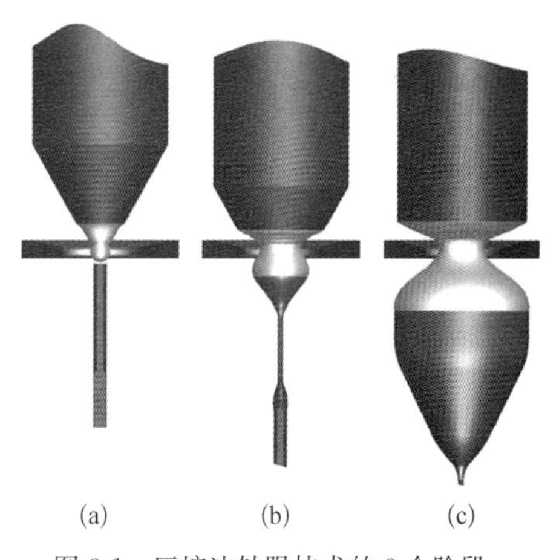


图3.1　区熔法针眼技术的3个阶段,直径>30 mm

(a) 下垂的液滴;(b) 圆锥状肩部;(c) 稳定生长

在晶体达到稳定生长之后,圆柱形晶体的直径稳定,各工艺参数几乎都是常数,直到原料棒被耗尽。这种所谓的针眼技术(needle-eye technique)允许生长大直径晶体,而不会增加受到有一定物理限制的熔化区域高度(molten zone height,$L_{max}$)[4]。

$$L_{max}=2.84\sqrt{\frac{\gamma}{\rho_{melt}g}} \tag{3.2}$$

式中,$\gamma$是表面张力(surface tension);$\rho_{melt}$是熔体密度(melt density);$g$是重力加速度。

虽然Si不是区熔法可以生长的仅有材料,但是Si的独特方面在于相对较低的熔体密度$\rho_{melt}$和较高的表面张力$\gamma$,从而相对其他半导体材料,熔化区域高度更高,晶体直径也更大[5]。半导体应用和光伏应用都需要直径较大的晶体,切克劳斯基法生长的Si晶体直径大于300 mm,而区熔法生长晶体直径最高200 mm[6]。虽然只有5%～10%的半导体应用Si晶体由区熔法生长,但是这些区熔法生长的晶体不会被主流的切克劳斯基法生长的晶体所取代,因为更高的纯度使各种材料参数达到理想值。

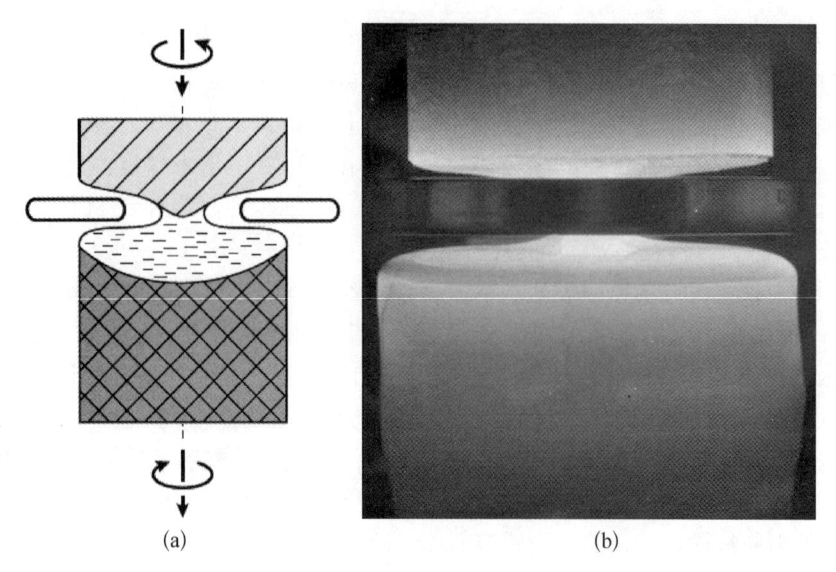


图 3.2　生长大尺寸单晶硅棒的针眼技术，下部为生长晶体，上部为熔化原料棒，中间为感应器加热的熔化区域，晶体直径 100 mm

(a) 横截面图解；(b) 实物照片

对于 Si，位错的产生能(generation energy)很高。如果晶体没有受到很强的干扰，结晶前沿没有从不纯原材料或生长环境沉淀其他相，晶体将保持这种无位错状态。但是，带有位错的单晶硅不可能生长到直径大于 40 mm，因为热机械应力(thermo-mechanical stress)驱动滑动过程，使位错增加的能量较低。

原则上，切克劳斯基法偏析的纯净作用更大，因为所有剩余的原料都被熔化，被偏析的杂质能够被稀释。相比之下，区熔法的熔化区域较小，只有固定的熔化体积，如图 3.3 所示。

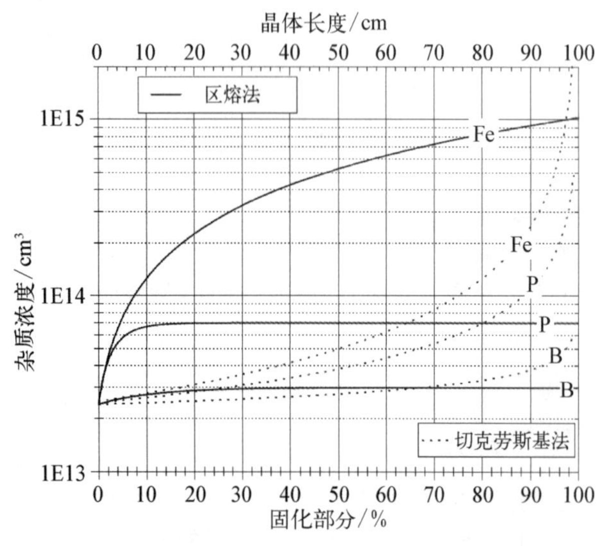


图 3.3　区熔法和切克劳斯基法中不同杂质的偏析

但是，Si 液相熔体会与包括 $SiO_2$ 在内的任何坩埚材料发生相当程度的反应，区熔法生长的晶体能够比切克劳斯基法得到的更加纯净约 100 倍。在区熔法中，没有坩埚中的 O，石墨加热器中的 C 或者成为载流子复合中心(recombination center)的过渡金属(Cu、Fe、Ni 等)。这样，区熔法的少数载流子扩散长度(minority carrier diffusion length)更长，使太阳能电池转换效率降级的光致产生 B/O 配合物变得可忽略。

除了节约坩埚成本外，区熔法的另一个成本有效(cost-effectiveness)方面是更快的最大生长速率[7]，如图 3.4 所示。对于区熔法，热量被更加有效地分配，因为只有熔化区域和接近固液界面的固相 Si 是较小的加热区域。结果，生长过程的能量消耗相对切克劳斯基法较小。

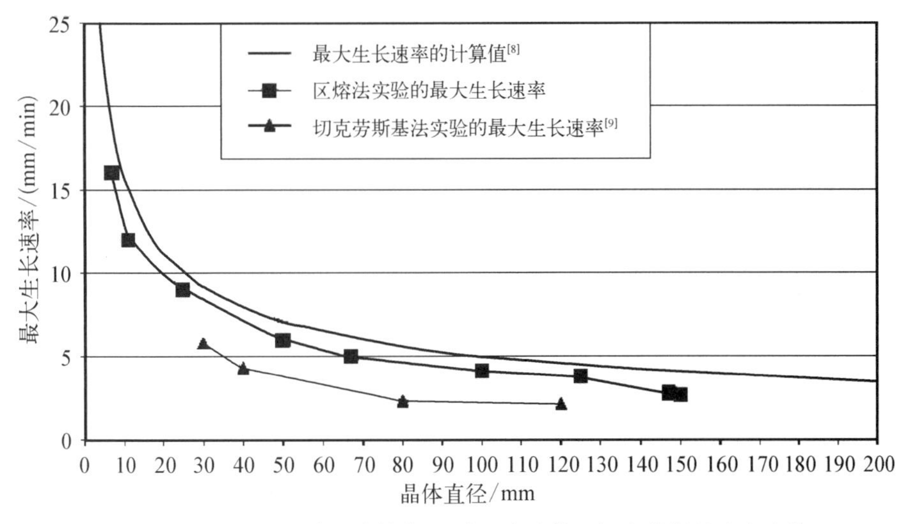


图 3.4 最大生长速率：计算值、区熔法实验值和切克劳斯基法实验值

但是，区熔法也有一些技术弱点。区熔法需要的多晶硅原料棒必须是较好的圆柱形，没有裂纹(crack)、孔隙(pore)和沉淀($SiO_x$，SiC，$Si_3N_4$)，并且具有较小的残余应力(residual stress)。区熔法需要的多晶硅原材料比那些压碎填满切克劳斯基法坩埚的多晶硅更加昂贵。与切克劳斯基法不同，区熔法要求的原料棒直径至少要达到生长晶体的80%～90%。

与切克劳斯基法不同，区熔法的升级(upscaling)受到一些物理因素的限制。氩气惰性生长气氛的射频阈值电压(RF threshold voltage)限制了最大晶体直径。为了提高直径，需要越来越高的射频功率，最终在射频感应线圈的裂缝中产生电弧放电(arcing)。

解决这一问题的一种方法是增加气压，因为根据帕邢定律(Paschen's law)，阈值电压正比于气压，但是更高的气压意味着气体更大的热容量(heat capacity)，这就大幅增加了热弹性应力(thermoelastic stress)。更大的晶体直径往往伴随着更大的热弹性应力，生长晶体往往会产生裂纹。射频电压也将随着更低的工作频率而减小，但是，在这种情况下，因为更大的趋肤深度(skin depth)，原料棒的熔体前沿变得越来越粗糙，形成的针状剩余物(needle-like relict)不能在感应下熔化，将在随后接触感应器形成电弧放电，如图 3.5 所示。这些不依赖于频率的刺突(spike)或“鼻子”(nose)是一个普遍的问题，带有孔隙或裂缝(fissure)的低结构质量原料棒也会引起“鼻子”的问题。

在氩气保护气体中加入数‰的氮气能够有效地降低电弧放电。氮气可以降低 Ar 原子的电离，由于较低水平的旋转能量，与哑铃状 $N_2$分子碰撞是非弹性的。但是，N 连续地进入熔化区域，当超过晶体中的最大溶解度 $5.4\times10^{15}$ $cm^{-3}$时，能够形成 $Si_3N_4$沉淀。所以，氩气中的 N 含量需要被限制在大约 1%以下。在区熔法单晶硅中的间隙溶解 N 也有积极的作用：A 型漩涡缺陷，即自间隙团(self-interstitial cluster)，以及 D 型缺陷，即空洞(void)、空位团(vacancy cluster)，甚至其他本征点缺陷(intrinsic point defect)都更小，但是浓度更高。另外，在高温工艺中的位错滑动(dislocation gliding)由于间隙溶解 $N_2$而明显增加。H 对电弧放电也有相似的作用，在过去也用做 Ar 的添加剂

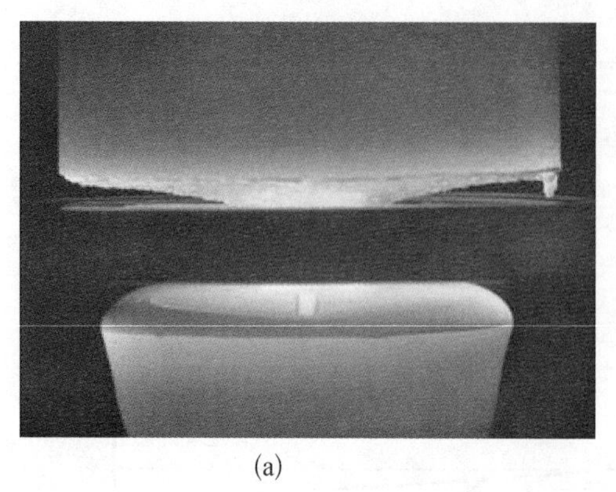

(a)

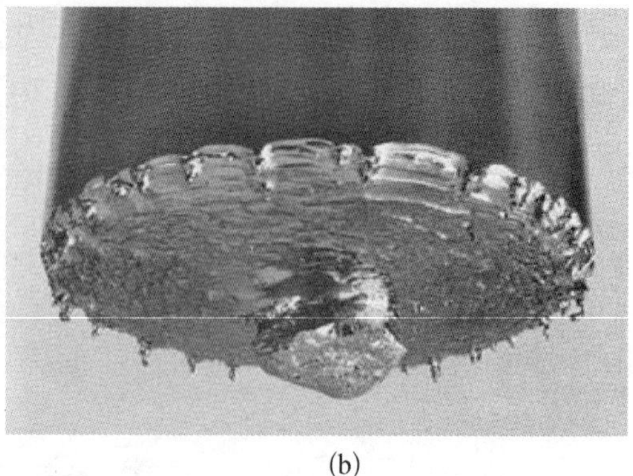

(b)

图 3.5 区熔法中原料棒的“鼻子”

(a) 照片的右边出现了一个具有相当风险的较大“鼻子”;(b) 区熔法结束后,原料棒四周出现很多“鼻子”

(additive),但是也会出现一些负面效应,会在晶体中形成危险的微裂纹(micro crack)和其他缺陷。

更加复杂的区熔法比切克劳斯基法的内在稳定性更弱,操作需要特别的技巧。熔化区域总是有溢出的危险。如果出现位错,溢出后的熔化区域就不能够还原,但是切克劳斯基法就不存在这样的问题。区熔法拉晶炉(floating zone puller)总是比相应的直拉单晶炉更加昂贵,因为要更加精密的机械构造和射频功率发生器(RF power generator)。从相当于最大晶体长度处,原料棒和生长晶体被刚性轴(rigid shaft)垂直移动。结果,区熔法拉晶炉必须至少比最大晶体长度长 4 倍,2 m 长的生长晶体需要大约 9 m 高的区熔法拉晶炉,如图 3.6 所示。只有很短的晶体能够在纤细的颈部上稳定放置,所以晶体需要由外加的精密设备支撑。

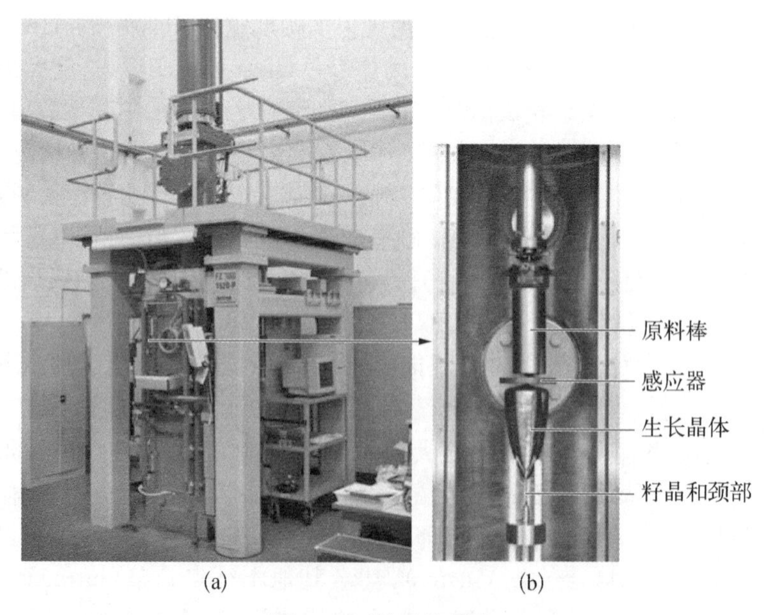


(a) (b)

图 3.6 区熔法拉晶炉

(a) 设备外观;(b) 工艺结束后的腔体

## 3.2 原料棒

### 3.2.1 西门子法和硅烷法

原则上，由西门子法生长的原料棒直径受到一定限制。$SiHCl_3$ 的吸热沉积(endothermic deposition)发生在>1 000℃的硅棒表面温度，并且出现轴向电流。作为最热的区域，硅棒的中心区域具有最高的电导率(conductivity)，会引起加热电流的自聚束(self-bunching)。如果硅棒直径超过 160～180 mm，硅棒中心区域温度可以达到 Si 的熔点温度。当 Si 熔化时，电导率会跳跃约 30 倍。所以，大多数电流会聚集在熔化的中心区域。如果熔体凝固，硅棒将因为有约 8%的体积膨胀而破裂。

区熔法的硅棒质量要求低速率沉积，不但需要降低电流自聚束，而且要达到密度更大的结构和更平滑的表面。沉积条件必须非常纯净，以防止 SiC、$SiO_2$ 和其他夹杂进入，这些夹杂不容易在区熔法中熔化，因为它们在熔化区域的停留时间(dwell time)太短，不同于切克劳斯基法，熔体能够在坩埚中过度加热相当长的时间晶体才进行生长。

如果用硅烷法生长硅棒，用 $SiH_4$ 取代 $SiHCl_3$，在约 850℃进行热解沉积(pyrolytic deposition)。原则上，更大的硅棒直径在硅烷法中是可能的。但是，$SiH_4$ 会自燃(self-igniting)，更加危险。世界上只有少数几家公司采用硅烷法。总体而言，这些硅棒具有较高的结构质量和纯度，非常适合区熔法生长单晶硅棒。

### 3.2.2 切克劳斯基法

另一种制备区熔法原料棒的方法是先使用切克劳斯基法提纯比太阳能级硅 SoG - Si 级别更低的廉价硅原料。将低级别的硅原料熔化在石英坩埚中，通过切克劳斯基法拉出相应直径的硅棒，而硅棒未必是单晶硅。大量杂质被偏析移除，而在随后的区熔法过程中，几乎所有的 O 和大多数其他杂质也能够被移除。虽然这种切克劳斯基法和区熔法结合的技术路线真实成本很高，但是这种技术路线可以克服西门子法直径限制的问题，仍然可以作为一种可能的选择。

### 3.2.3 颗粒状原料

通过在流化床反应腔中 $SiH_4$ 或 $SiHCl_3$ 的热解沉积，Si 晶体也可以沉积在游移的 Si 颗粒表面，生成颗粒状原料(granular feed stock)，纯度级别介于非常好的太阳能级硅和中等的半导体级硅之间。相比西门子法，沉积速率(deposition rate)较高，并且依赖于时间，因为游移颗粒的表面积总和为较大的常数。所以，生长颗粒状原料的成本得到降低。目前，颗粒状原料主要用于切克劳斯基法，因为坩埚能够容易地被原料自动填满，而直接应用与区熔法生长似乎较困难。但是，著名德国区熔法生产商提出了一种新颖的专利技术概念[10]。在这个专利技术中，两个感应器同时工作在两个水平。在上方的水平位置，颗粒状原料连续地送入一个特别的容器，并且通过感应熔化。熔体向下流到下方的水平位置形成熔区，第 2 个线圈建立了所要求的热条件，类似于区熔法生长晶体。

## 3.3 区熔法的掺杂

B 和 P 这两种主要的掺杂剂能够容易地分别通过氩气稀释 $B_2H_6$ 或 $PH_3$ 气流引入。

$B_2H_6$或$PH_3$在热熔体表面分解，成为B或P被快速吸收。因为B和P的偏析系数$k$相对较大，分别为0.8和0.36，熔体很快地出现平衡，生长晶体中出现几乎均匀的轴向电阻率分布。对于不常见的掺杂剂Ga、In、Al和Sb，偏析系数较小，在$10^{-4}$～$10^{-3}$范围。对于这些偏析系数较低的掺杂剂，轴向均匀度可以通过在熔化区域中引入小球掺杂(pill doping)实现，即在区熔法开始时，将掺杂剂小球放置于圆锥体部位径向钻孔的小洞中。

## 3.4 技术限制

区熔法拉晶炉是一种相对较重、较高，并且总体较复杂的设备，如图3.6所示。较大的重量是由于拉晶转轴需要达到相当的机械精密度和稳定度，从而要求整个设备相当的刚性。如前所述，区熔法拉晶炉的高度至少要达到生长晶体长度的4倍。其他关键部件包括高功率、低感应率(inductivity)的共轴射频馈通(feed-through)、高纯度保护和掺杂气体供应，以及水冷真空密闭感应线圈。感应线圈的材料是Cu或者更好的Ag，而感应线圈可以说是区熔法的"心脏"。为大直径晶体生产的线圈需要高度先进的材料机械加工(machining)、焊接(welding)和钎焊(soldering)技术。

射频功率发生器典型的工作频率$\omega$为2.6～3.2 MHz，功率为40～80 kW，并且依赖于需要的晶体直径。到目前为止，这样的射频功率发生器需要与三极管(triode)一起工作，三极管是坚固的，但是只有非常有限的总运行时间。自激发产生器的射频输出参数($\omega$, $U$, $I$)由振荡电路(tank circuit)定义。有必要抑制谐波(harmonics)和其他更高频率的射频，因为这些频率会使线圈裂缝中发生电弧放电。

## 3.5 二次区熔法

不同于切克劳斯基法，区熔法生长单晶硅棒不一定需要旋转。那么，温度场(temperature field)不再是旋转平均值，晶体未必需要是圆形横截面，也可以是正方形横截面，形成二次区熔法(quadratic float zone process)。感应线圈形成的温度场和表面张力共同决定了晶体的横截面[11]。

图3.7描述了不需要旋转的二次区熔法晶体生长。区熔法晶体生长先以通常的方式开始，直到形成晶体稳定的直径。随后，射频功率和原料棒速率略微降低，以减小熔化区域中熔体的体积，相应地生长出正方形横截面，然后停止晶体旋转。因为感应器的对角线方向有4条缝隙(slit)，无位错生长的晶体直到尾部都将是正方形横截面。

这样的感应器产生的温度场几乎是正方形对称的。形成电流回路(current loop)的感应器主要缝隙并不与其他3个缝隙相同，如图3.8(b)所示。而且，表面张力通过使熔体表面最小而环绕拐角，这是我们不希望看到的，因为二次区熔法的目的是能够从晶体直接切割出正方形硅片。另外，在平直面，横向曲率几乎是0，可能会提高晶体生长不稳定度。在光伏应用中，为了节约将圆形晶体切割为正方形的材料的损耗和成本，有必要得到稳定的尽量接近正方形的横截面。图3.9描述了二次区熔法得到的正方形横截面单晶硅棒。

数值模拟(numerical modeling)能够进一步支持工艺的开发，还能够确定特定对称横截面的可行性[12]。即使感应器相对简单，数值模拟也能够证明形成有用晶体形状的可能性，如图3.8所示。

图 3.7 二次区熔法生长的正方形横截面单晶硅棒，感应线圈上方的原料棒大部分被辐射屏蔽遮盖[5]

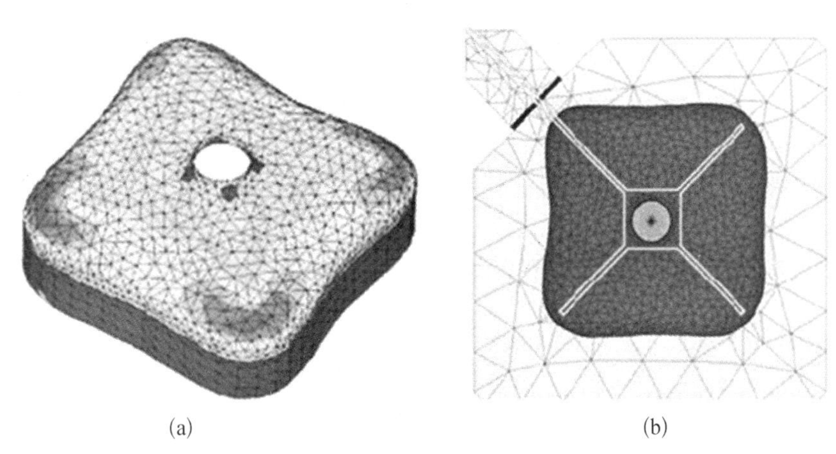

(a) (b)

图 3.8 二次区熔法的数值模拟[12]

(a) 熔化区域的数值模拟；(b) 计算得到的感应器和熔体横截面

## 3.6 区熔法的潜力

图 3.9 二次区熔法生长出几乎是正方形横截面单晶硅棒，横截面面积 100 mm×100 mm，可以看出正方形横截面各边具有较高的不稳定度

相比目前主流的切克劳斯基法生长单晶硅棒，区熔法生长的单晶硅棒纯度更高，过渡金属、O 和 C 杂质特别少。区熔法可以得到的更高的少数载流子寿命，并且几乎没有光致衰减，能够保证太阳能电池更高的长期转换效率。实验室已经演示了转换效率高于 25%的区熔法单晶硅太阳能电池(single crystalline silicon solar cell)，而切克劳斯基法的太阳能电池最高转换效率只有 22%，由于使用普通的 B 掺杂，暴露在光照下数天后，转换效率衰减到低于 20%。

至今，区熔法单晶硅还不能实现地面光伏

应用的商业化，这是因为较小的晶体尺寸(直径和长度)，以及需要昂贵的有限尺寸的高质量硅原料。现在，市场上最大的区熔法生长晶体直径为 200 mm，这样的单晶硅棒可以切割成尺寸为 150 mm×150 mm 的正方形硅片，但是生长这样的晶体仍然极端复杂并且昂贵。但是，区熔法未来的发展能够与切克劳斯基法竞争，甚至超过切克劳斯基法。

对于区熔法生产的太阳能电池，每 $W_p$ 使用的 Si 量是各种晶体硅太阳能电池中最低的。发展低成本的硅原料用于区熔法将对其未来的光伏应用起到关键作用。

## 3.7 小结

无坩埚区熔法技术能够生长最纯净的单晶硅棒。2008 年，区熔法生长的单晶硅棒最大直径为 200 mm。区熔法生长晶体的能耗较低，并且不需要坩埚，这都是巨大的经济优势。

区熔法生长需要的硅原料必须纯度较高、结构几乎完美，所以较为昂贵。发展低成本的原料棒对于区熔法的商业化陆地光伏应用很关键。

二次区熔法能够生长横截面为正方形的单晶硅棒，以减小原材料的浪费。更高的扩散长度和更低的 O 含量，使区熔法制备的单晶硅太阳能电池达到约 25%的实验室转换效率记录。

**参考文献**

[1] H.C. Theuerer. Method of processing semiconductive materials [P]. US Patent 3060123, Dec 17, 1952.
[2] W.C. Dash [J]. Journal of Applied Physics, 1958, 29: 705.
[3] W.C. Dash [J]. Journal of Applied Physics, 1960, 31: 736.
[4] W.Heywang [J]. Zeitschrift für Naturforschung, 1956, 11a: 238.
[5] A. Lüdge, H. Riemann, M.Wünscher, G. Behr, W. Löser, A. Cröll, A. Muiznieks. T. Duffar Ed. Crystal Growth Processes Based on Capillarity: Czochralski, floating zone, shaping and crucible techniques, Chapter 4 [M]. Chichester, England: John Wiley & Sons, 2010.
[6] W. von Ammon. Silicon Crystal Growth [M]. G. Müller, J-J. Meteois, P. Rudolph, Ed. Crystal Growth-From Fundamentals to Technology, Amsterdam: Elsevier, 2004.
[7] A. Lüdge, H. Riemann, B. Hallmann, H. Wawra, L. Jensen, T.L. Larsen, A. Nielsen [C]. High Purity Silicon Ⅶ. Electrochemical Society, New Jersey, 2002.
[8] E. Billig [J]. Proceedings of the Royal Society, 1955, A 229: 346.
[9] H.J. Oh, et al. Proceedings of the Electrochemical Society, 2000, 17: 44.
[10] W. von Ammon. Process and apparatus for producing a single crystal of semiconductor material [P]. US Patent 0145781A1, Aug. 7, 2003.
[11] A. Luedge, H. Riemann, B. Hallmann-Seiffert, A. Muiznieks, F. Schulze. ECS Transactions, 61, 3 (4): 317.
[12] A. Muiznieks, A. Rudevics, K. Lacis, H. Riemann, A. Lüdge, F.W. Schulze, B. Nacke. Square-like silicon crystal rod growth by FZ method with especially 3D shaped HF inductors [C]. International Scientific Colloquium Modelling for Material Processing, Riga, 2006.

# 第4章 定向凝固法

柿本浩一，日本九州大学(Kyushu University)应用力学研究所(Research Institute for Applied Mechanics)

本章将介绍生长多晶硅铸锭的定向凝固法。数值模拟将包括熔炉内对流传热、热传导和辐射传热。我们还会讨论杂质偏析的模型。最后再介绍一种新颖的三维总体模拟，来描述长方体坩埚单向凝固炉中的传热。

## 4.1 概论

近年来，光伏市场的迅速成长大幅提高了对多晶硅铸锭(multicrystalline silicon ingot)、也就是铸造多晶硅(cast multicrystalline silicon)的需求[1]。定向凝固法(directional solidification method)是大规模生产用于高转换效率太阳能电池多晶硅铸锭的关键技术。多晶硅太阳能电池(multicrystalline silicon solar cell)的转换效率最高达到18%，但是商业化多晶硅硅片生产的多晶硅太阳能电池转换效率约为16%。

为了达到较高的转换效率，需要解决数个问题。凝固过程会在铸造多晶硅中引入很多的位错和晶界。而且，多晶硅铸锭晶体在坩埚中生长，这一过程使生长的晶体附着在坩埚侧壁上，会降低晶体的纯度，引入的缺陷和杂质会减小多晶硅太阳能电池的转换效率。所以，我们要控制凝固过程中位错、晶界和杂质的分布。在最近的研究中，通过使用改进的定向凝固法，生长出晶粒尺寸(grain size)较大的铸造多晶硅，达到了准单晶硅的水平[2,3]。

定向凝固法具有不少优点。长方体多晶硅铸锭晶体能够用长方体坩埚(square crucible)生长。而切克劳斯基法生长的圆形晶体要制备方形太阳能电池，大量的硅原料将不可避免地被浪费。所以，定向凝固法能够使硅原料被更有效地利用。

## 4.2 控制结晶过程

控制铸造多晶硅的结晶，特别是冷却速率、熔体-晶体界面(melt-crystal interface)形状和杂质分布，对于获得高转换效率多晶硅太阳能电池是非常重要的。因为熔炉的传热系统高度非线性，故结晶过程相当复杂。现在由于计算机技术的发展，数值模拟已经成为优化定向凝固法的有效工具[4~12]。因为定向凝固熔炉具有非线性共轭热系统，总体模型(global model)的瞬态模拟(transient simulation)是改善定向凝固法从熔化到冷却凝固过程的基本工具。总体模型包括熔炉中的对流传热(convective heat transfer)、热传导(conductive heat transfer)、辐射传热(radiative heat transfer)以及质量转移过程。所以,我们能够定量估算熔炉中的温度分布、熔体的速度以及杂质分布情况。作者为总体模型开发建立了瞬态模拟代码,用于定向凝固法研究。通过使用这样的代码,作者能够计算出定向凝固法铸锭过程中的温度分布和 Fe、C、O、N 杂质分布[13~15]。

生产多晶硅铸锭小型单向凝固炉(unidirectional solidification furnace)的结构,如图 4.1 所示,右半部分描述了整个熔炉的计算网格(computation grid)。有限差分法(finite difference method)的数值模拟要求建立离散系统(discrete system),单向凝固炉的所有部件被细分为一系列模块(block)区域。在图 4.1 的左半部分,单向凝固炉被分割成 13 个模块。然后将每一模块用计算网格分解,如图 4.1 右半部分所示。熔炉的两个加热器分别被标记为 12 和 13。我们的有限差分法数值模拟基于以下假设:

(1) 熔炉的几何结构是轴对称的;

(2) 辐射传热的模型基于漫反射表面(diffuse surface);

(3) 坩埚中熔体的流动为不能压缩的层流(laminar flow);

(4) 熔炉中的气体流动可以忽略。

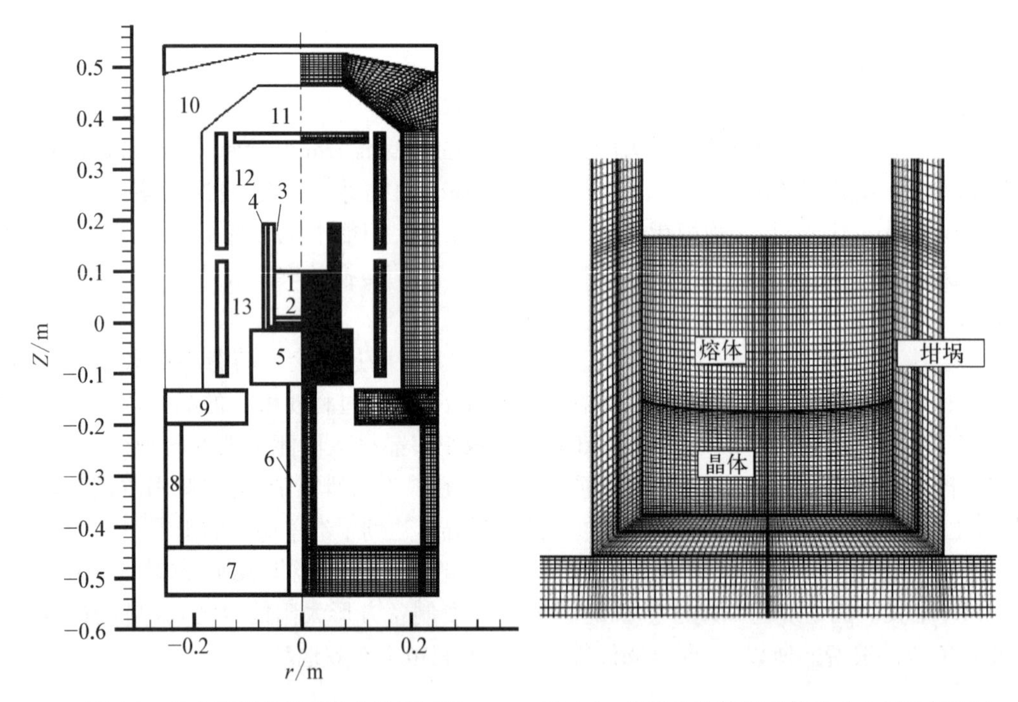


图 4.1 单向凝固炉的结构和计算网格

图 4.2 坩埚中熔体和晶体的动力学计算网格

当界面作为时间的函数向上移动时,坩埚中熔体和晶体动态计算网格的局域图,如图 4.2所示。为了拟合移动界面关于时间的函数,熔体和凝固铸锭(solidified ingot)的计算网格单元被拉伸,各网格点也向上移动。

所有固体部件的热传导、单向凝固炉中所有漫反射表面的辐射传热以及坩埚中熔体流动的纳维-斯托克斯方程(Navier - Stokes equations)互相耦合,然后以瞬态的方式反复迭代求解这些方程。在定向凝固法中,加热器功率(heater power,$Q_{ht}$)、凝固比例(solidification fraction)和生长速率的历史记录,如图4.3所示[16]。加热器功率 $Q_{ht}$ 关于时间函数的变化被认为是一个较重要的工艺参数。

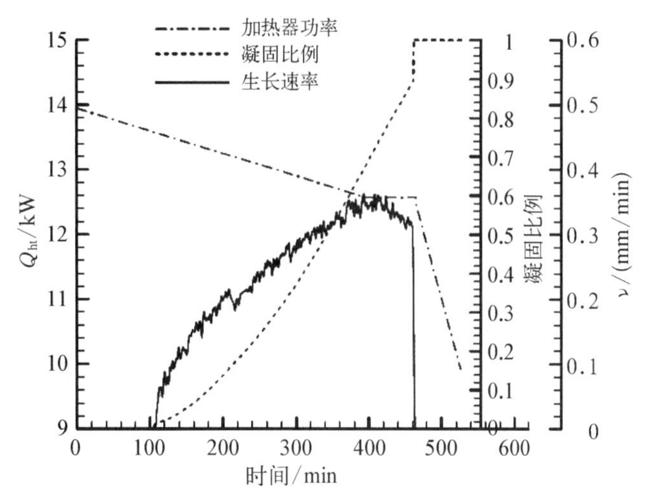


图4.3 在定向凝固法中,加热器功率、凝固部分和生长速率作为时间的函数

基于坩埚中温度场和熔体流动的函数关系,可以求解出Si熔体中和凝固铸锭中的杂质分布状态,还要考虑熔体-晶体界面的杂质偏析状况。通过动态边界跟踪法(dynamic interface tracking method),可以获得熔体-晶体界面的形状,反复迭代的计算过程由文献[16]描述。

考虑熔体-晶体界面的杂质偏析情况,杂质浓度可以表示为:

$$D_l \frac{\partial C_l}{\partial n} + \nu C_l(1-k_0) = D_s \frac{\partial C_s}{\partial n} \tag{4.1}$$

式中,$C_l$是液相中杂质浓度;$C_s$是固相中杂质浓度;$\nu$ 是生长速率;$D_l$是液相杂质扩散常数(diffusion constant of impurity in liquid);$D_s$是固相杂质扩散常数(diffusion constant of impurity in solid)。

熔炉的几何结构是轴对称的。坩埚内壁和凝固铸锭的高度都是100 mm。作者运用总体模型的瞬态模拟计算快速冷却凝固过程。在刚开始的1.8 h内冷却速率为0.42 $kWh^{-1}$,随后为0.084 $kWh^{-1}$。初始加热器功率为13.9 kW,凝固过程时间为8.1 h。平均凝固率(average solidification rate)约0.21 mm/min。

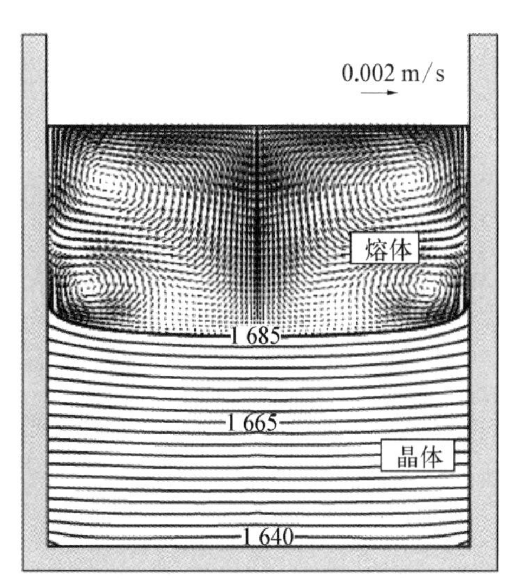


图4.4 定向凝固多晶硅铸锭过程中熔体的对流和温度分布

加热器功率持续降低,而在400~460 min维持为一个常数。然后,在凝固完成后的冷却过程中,施加较大的冷却速率,在这一过程的初始阶段,大约在108 min凝固开始,这对应于加热器功率开始降低的时刻。在加热器功率降低的阶段,生长速率不断地增加。当加热器功率维持在一个常数时,生长速率开始降低。加热器功率对生长速率施加影响的响应时间(response time)大约20 min。凝固比例逐渐增加,最终成为一个常数。整个过程在约6 h内完成。

当一半体积的熔体被凝固,熔体流动模式和凝固铸锭的温度分布如图4.4所示。熔体中形成两对较弱的涡流(vortex),熔体流动速度在数mm/s量级,这比切克劳斯基法晶体生长几乎小一个数量级。在这种情况下,熔体-晶体界面对晶体是凹面

(concave),因为坩埚的直径小于商业化使用的坩埚。现在的计算表明,固体中的温度梯度为 10 K/cm,是切克劳斯基法晶体生长系统的 1/4～1/3。定向凝固法的生长速率为切克劳斯基法生长系统的 1/5～1/3。所以,我们能够基于 Voronkov 的理论讨论单晶硅和多晶硅中的点缺陷分布,该理论使用生长速率和温度梯度的比例 $V/G$ 描述生长晶体[17]。

## 4.3 晶体中的杂质

铸造多晶硅的最重要杂质为 C、O、N 和 Fe。C 是硅原料的主要杂质之一。当 C 含量超过其在 Si 中的溶解度极限时,C 将以 SiC 颗粒的形式在定向凝固法中沉淀。在实验上已经证明,铸造多晶硅的位错密度(dislocation density)是 C 浓度的函数[18]。SiC 颗粒能够在太阳能电池中引起严重的欧姆分流(ohmic shunt)[5],在铸造多晶硅中形成新晶粒的成核。铸造多晶硅中的 C 和 SiC 沉淀会明显地降低太阳能电池的转换效率。但是,由于高质量硅原料的短缺和光伏产业降低成本的需求,冶金级硅 MG - Si 原料也可能成为生产高质量多晶硅铸锭的硅原料。因为 MG - Si 原料包含较高的杂质水平,研究 C 偏析和 SiC 颗粒沉淀是定向凝固法重要的研究方向。

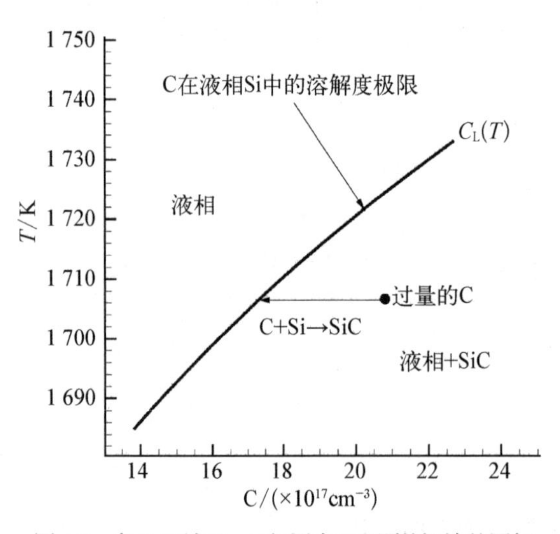


图 4.5 富 C 区域 Si - C 相图中 SiC 颗粒沉淀的图解

作者专注于模拟 SiC 颗粒在 Si 熔体中的沉淀以及其混入凝固铸锭[19]。因为固体中较小的扩散系数,固体中的 C 沉淀可以忽略。

图 4.5 描述了 Si 和 C 之间的相图(phase diagram)。相图表明 SiC 颗粒沉淀在 Si 熔体富 C 区域中的形成[20],C 在 Si 熔体中溶解度极限关于温度的函数 $C_L(T)$ 近似于多项式函数(polynomial function):

$$C_L(T) = 8.625\,0 \times 10^{-4} T^2 - 2.764\,3T + 2\,222.9 \tag{4.2}$$

式中,C 浓度的单位是 $10^{17}\ \mathrm{cm}^{-3}$;温度 $T$ 的单位为 K。

随着 Si 熔体被凝固,坩埚中的凝固界面向上移动。在凝固的过程中,熔体中的 C 浓度会增加,这是由于 C 在 Si 中较小的偏析系数。如果 C 浓度超过了局域溶解度极限,过量 C 出现沉淀,并且发生如下化学反应:

$$\mathrm{Si} + \mathrm{C} \rightarrow \mathrm{SiC} \tag{4.3}$$

所以,置换型杂质(substitutional impurity)C 将在熔体中转化为相同数量的 SiC 颗粒。SiC 颗粒的形成速率与置换型杂质 C 的消失速率相等,并且正比于置换型杂质 C 的过饱和程度以及化学反应速率(chemical reaction rate):

$$G_{\mathrm{SiC}} = -G_{\mathrm{C}} = \alpha[C_{\mathrm{C}} - C_L(T)],\text{当 } C_{\mathrm{C}} > C_L(T) \tag{4.4}$$

$$G_{\mathrm{SiC}} = -G_{\mathrm{C}} = 0,\text{当 } C_{\mathrm{C}} \leqslant C_L(T) \tag{4.5}$$

式中,$G_{SiC}$ 是 SiC 颗粒形成速率(formation rate of SiC particles);$G_C$ 是 C 形成速率(formation rate of C);带负号表示消失速率(destruction rate);$C_C$是 C 浓度(concentration of C);$\alpha$ 是化学反应相关因子(correlation factor of chemical reaction),将颗粒形成速率 $G_{SiC}$、$G_C$和化学反应速率 $C_C-C_L(T)$联系起来。

根据这些假设,熔体中置换型杂质 C 浓度 $C_C$ 和 SiC 颗粒浓度(concentration of SiC particles,$C_{SiC}$)的方程为:

$$\frac{\partial C_C}{\partial t}+\mathbf{V_m}\cdot\nabla C_C=\nabla\cdot(D_C\nabla C_C)+G_C \tag{4.6}$$

$$\frac{\partial C_{SiC}}{\partial t}+\mathbf{V_m}\cdot\nabla C_{SiC}=G_{SiC} \tag{4.7}$$

式中,$\mathbf{V_m}$ 是熔体流动速度(velocity of melt flow)。

熔体中两种杂质的初始条件为:

$$C_C=C_0 \tag{4.8}$$

$$C_{SiC}=0 \tag{4.9}$$

式中,$C_0$是硅原料中的初始 C 浓度(initial concentration of C)。对于两种杂质,质量通量(mass flux)为 0 的条件应用于坩埚侧壁和熔体顶部。在凝固的铸锭界面,置换型杂质 C 要考虑偏析效应,而 SiC 颗粒使用连续条件。Si 中 C 的偏析系数设定为 0.07。

图 4.6 表明置换型杂质 C 和 SiC 颗粒在凝固铸锭横截面的分布。从中可以发现,当凝固比例达到约 30%时,颗粒沉淀从中间部分开始。SiC 颗粒聚集在铸锭的中央顶部区域,这里置换型杂质 C 的浓度几乎是常数。分布模式决定于熔体-晶体界面形状,而凝固过程中熔体-晶体界面的形状为向晶体方向的凹面。

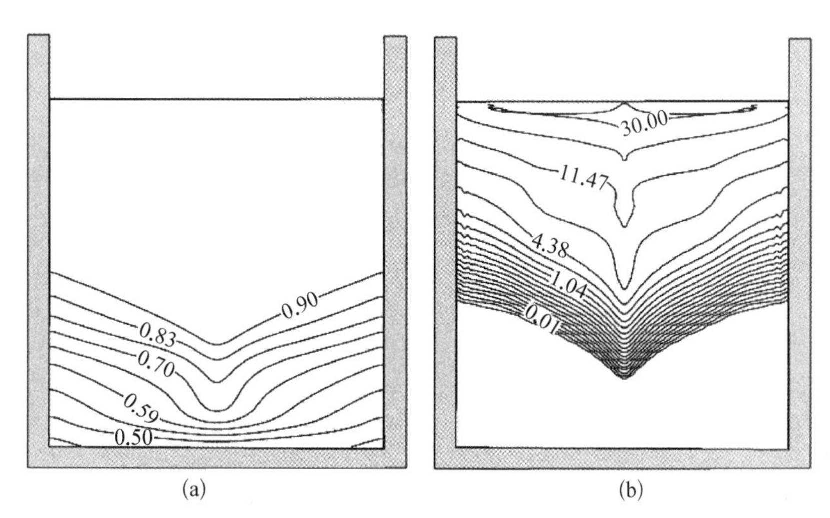


图 4.6 快速冷却过程中凝固铸锭横截面的置换型杂质 C 和 SiC 颗粒分布,初始 C 浓度 $C_0=6.3\times10^{17}\ cm^{-3}$,恒值线(contour line)以指数分布绘制,杂质浓度单位为 $10^{17}\ cm^{-3}$

(a) 置换型杂质 C;(b) SiC 颗粒

硅原料的杂质水平对多晶硅太阳能电池具有重大影响。作者运行了一系列运算，快速冷却凝固过程相同，但是硅原料中的初始 C 浓度 $C_0$不同。可以比较获得的置换型杂质 C 和 SiC 颗粒在凝固铸锭中轴的浓度分布，如图 4.7 所示[18]。硅原料中的初始 C 浓度 $C_0$由 $1.26\times10^{16}\ cm^{-3}$（相当于 0.1 ppmw）变化到 $6.30\times10^{17}\ cm^{-3}$（相当于 5.0 ppmw）。当初始 C 浓度 $C_0$为 $1.26\times10^{16}\ cm^{-3}$，没有 SiC 颗粒在铸锭中沉淀，只有在顶部才有很薄的一层为富含置换型杂质 C。当初始 C 浓度 $C_0$增加到超过 $1.26\times10^{17}\ cm^{-3}$，SiC 颗粒含量的数量级和凝固铸锭中的空间分布显著增加。所以，有必要将硅原料中的 C 浓度控制低于 $1.26\times10^{17}\ cm^{-3}$，相当于 1.0 ppmw。

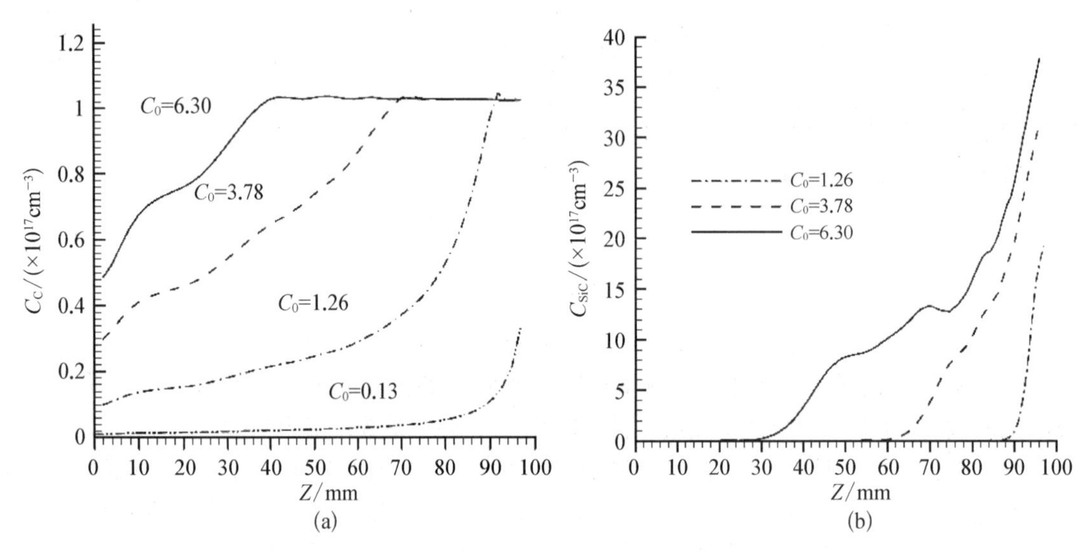


图 4.7　在快速冷却过程中，凝固铸锭中轴的置换型杂质 C 和 SiC 颗粒分布，硅原料的初始 C 浓度 $C_0$不同

(a) 置换型杂质 C；(b) SiC 颗粒

图 4.8[19]描述了分别在快速冷却（fast cooling）和缓慢冷却（slow cooling）过程中，置换型杂质 C 和 SiC 颗粒在凝固铸锭中轴的分布。两种过程中，硅原料的初始 C 浓度 $C_0$都是 $1.26\times10^{17}\ cm^{-3}$。值得注意的是，对于凝固铸锭中轴的置换型杂质 C 浓度和 SiC 颗粒浓度，缓慢冷却都比快速冷却要低。在缓慢冷却的凝固铸锭中，在上面部分具有 C 和 SiC 颗粒高浓度的区域也小得多。以下两个机理可以控制这种现象：首先，在凝固的缓慢冷却过程中，凝固速率较小。因为更长的扩散和对流混合期间，杂质在熔体中的非均匀度能够改善。这就有利于 SiC 颗粒在熔体中沉淀的延迟发生；其次，在快速冷却凝固过程中，熔体-晶体界面对于晶体是凹面，熔体沿着凝固前表面从周边流向中心。所以，熔体中的杂质以及界面产生的 SiC 颗粒被输运并且累积到中心区域。但是，在缓慢冷却的凝固过程中，在凝固比例达到 70%后，界面变为凸面（convex）。

如果熔体-晶体界面变为凸面，熔体会沿着凝固前表面从中心流向坩埚的周边。所以，熔体中的杂质和界面产生的 SiC 颗粒被输运并且累积到周边区域，这有利于使径向杂质分布均匀化，并且延迟 SiC 颗粒沉积在熔体中。结果，在凝固铸锭横截面获得的置换型杂质 C 和 SiC 颗粒分布如图 4.8 所示。置换型杂质 C 和 SiC 颗粒都聚集在铸锭较小的周边顶部区域。这表明，我们能够通过优化工艺条件或者熔炉结构，控制凝固铸锭中的杂质

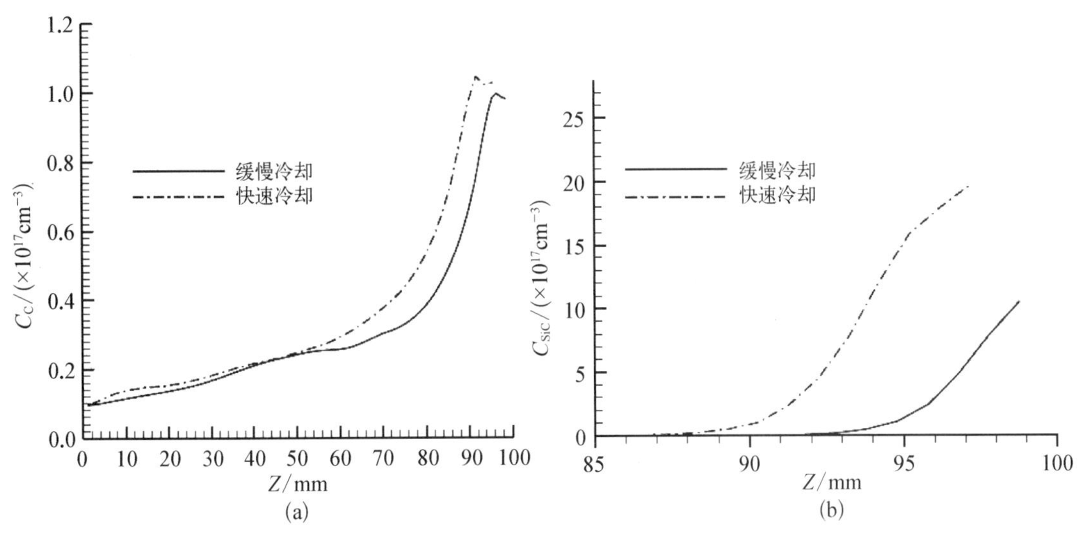


图 4.8　比较不同冷却速率两种凝固过程的铸锭中轴置换型杂质 C 和 SiC 颗粒分布，硅原料的初始 C 浓度 $C_0$ 为 $1.26\times10^{17}$ $cm^{-3}$

(a) 置换型杂质 C；(b) SiC 颗粒

分布。

Si 中的 Fe 是另一种重要的杂质，会引起太阳能电池转换效率的降低。图 4.9(a)描述了在凝固铸锭中 Fe 浓度的分布，铸锭已经被冷却了 1 h。而图 4.9(b)是沿着铸锭中轴 $z$ 方向的 Fe 浓度分布曲线。较高 Fe 浓度的面积形成在熔体的顶部。因为偏析现象，Fe 被从熔体偏析到晶体，所以这些具有较高 Fe 浓度的区域形成在凝固铸锭的边缘。而且，具有较高 Fe 浓度的面积形成在接近坩埚侧壁处。这些面积由扩散形成，发生在凝固过程中或凝固结束以后，这是由于在固体 Si 中 Fe 扩散的激活能(activation energy)较小。

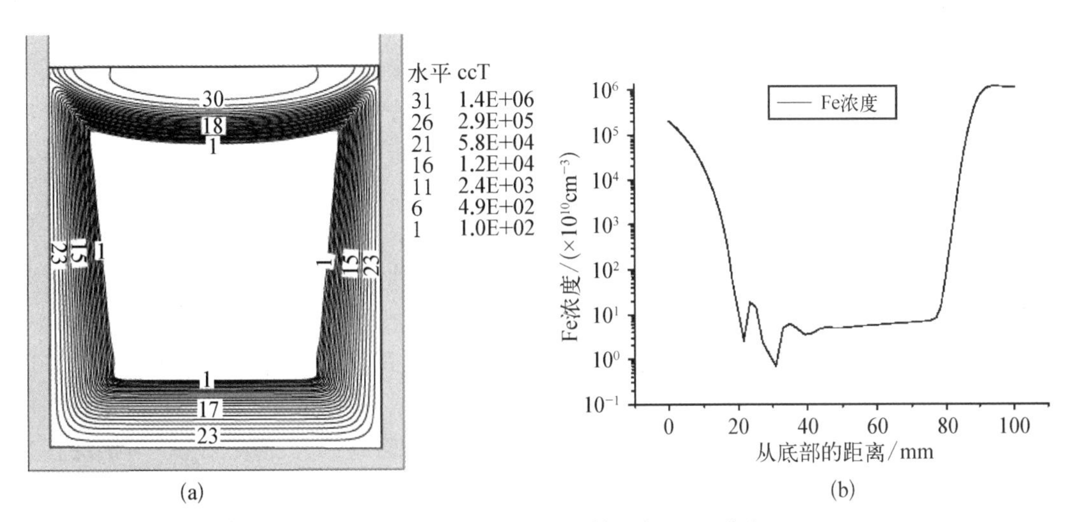


图 4.9　定向凝固法多晶硅铸锭中的 Fe 分布

(a) 凝固铸锭中 Fe 浓度的分布；(b) 沿着铸锭中轴 $z$ 方向的 Fe 浓度分布曲线

这样的分布曲线表明，Fe 浓度从坩埚底部到晶体内部范围快速地减小，然后逐渐地增大直到 80 mm 位置，这是由于在凝固过程中 Fe 的偏析效应。结果，Fe 浓度在接近晶体顶部区域又快速增加。生产高转换效率太阳能电池的关键要点是减小晶体中高 Fe 浓度的面积，因为 Fe 会严重地降低晶体中的少数载流子寿命。

## 4.4 凝固的三维效应

已经有很多文献讨论定向凝固法生长铸造多晶硅的数值模拟，而其中不少都将生长系统设定为轴对称。但是，真实的晶体形状是长方体，有必要以长方体为总体模型模拟晶体的凝固过程。当我们使用长方体坩埚，熔炉的结构为非对称，结果，熔炉中的传热（heat transfer）要在三维体系中研究。所以，三维总体模拟（three-dimensional global simulation）对于研究长方体坩埚的熔体-晶体界面形状是必要的[20]。

但是，几乎没有坩埚形状对熔体-晶体界面形状影响的总体模型研究。作者开发了描述使用圆柱形和长方体坩埚定向凝固法二维和三维总体模型的稳定代码，特别研究了圆柱形和长方体坩埚对熔体-晶体界面形状的影响。

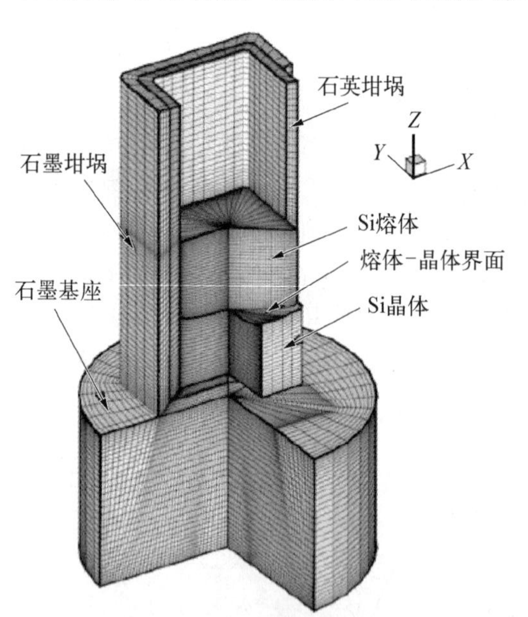


图 4.10 定向凝固法熔炉中心区域的局域三维计算网格

三维总体模拟分析长方体坩埚要求大量的计算资源（computational resource），因为三维模型的计算网格数量很大。为了解决这个困难，可以使用二维/三维混合离散方案（2D/3D mixed discretization scheme），以减小对计算资源的要求[11,12]。在熔炉的中心区域，熔炉结构和传热是非轴对称的，需要以三维的方式离散，如图 4.10 所示[21]。其他模块远离熔炉中心区域，熔炉结构和传热是轴对称的，可以离散为二维。其他熔炉模块区域的二维计算网格与图 4.1 所示的二维总体模型相同。三维总体模拟也使用有限差分法，需要的假设见 4.2 节给出的（2）、（3）、（4）。

图 4.11（a）[22]给出了三维总体模拟获得的熔体-晶体界面形状和从熔体到晶体的温度分布。在使用长方体坩埚的情况下，熔体-晶体界面形状对于熔体也是凹面。图 4.11（b）和（c）分别描述了 $X-0-Z$ 平面和 $D-0-Z$ 平面上熔体-晶体界面形状和从熔体到晶体的温度分布。熔体-晶体界面的变形幅度 $\Delta Z$ 被定义为中心部分和界面边缘的高度差。在 $X-0-Z$ 平面和 $D-0-Z$ 平面上，变形幅度 $\Delta Z$ 的数值分别是 3.5 mm 和 6.9 mm。熔体-晶体界面的最大变形出现在坩埚的拐角处（corner）。

图 4.12[22]表明，在使用长方体坩埚的情况下，熔体和晶体垂直侧壁的热通量（heat flux）分布。我们发现，坩埚拐角处附近的向外热通量比其他区域更大，因为拐角处两个相邻坩埚

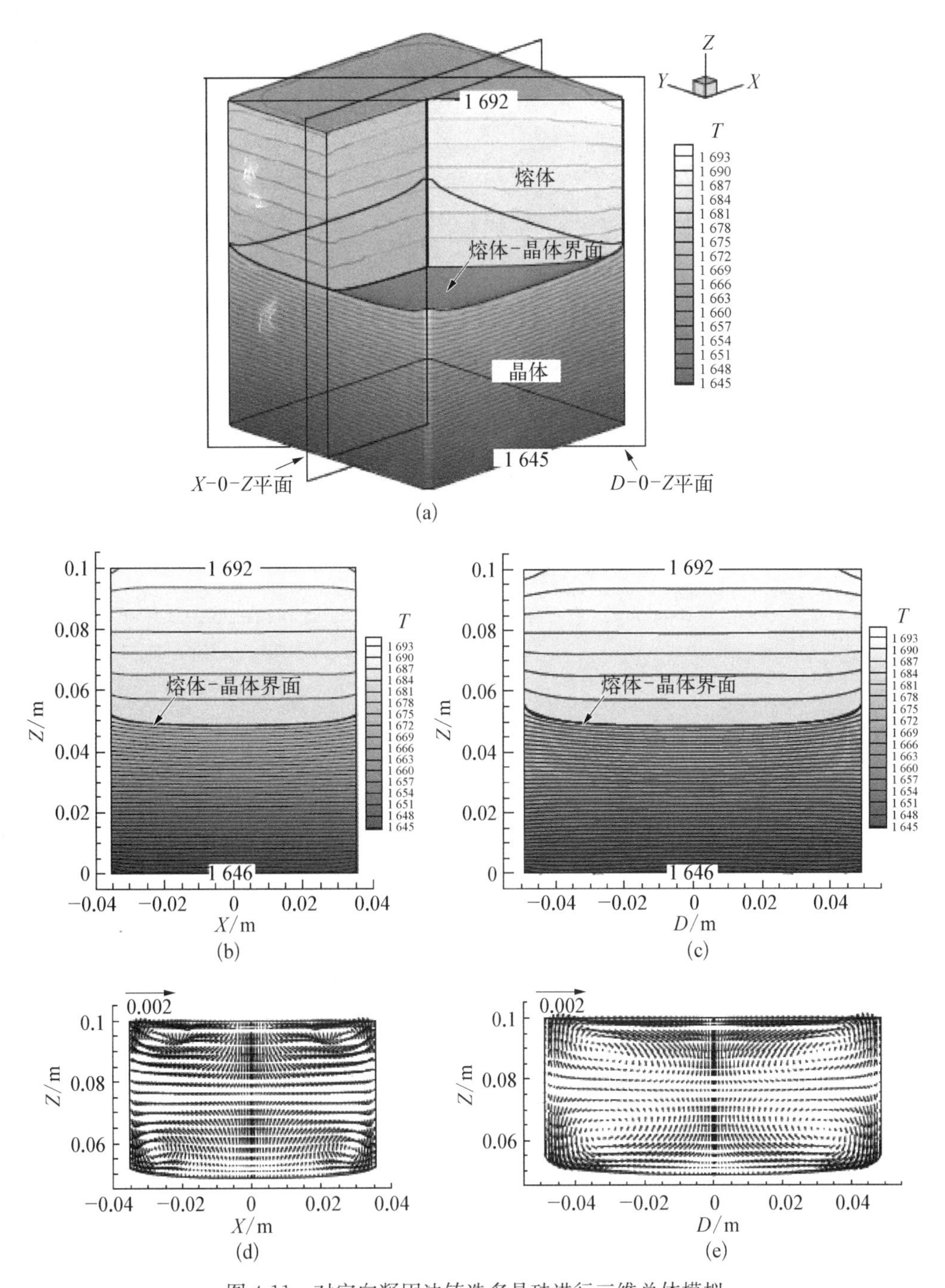


图 4.11 对定向凝固法铸造多晶硅进行三维总体模拟

(a) 从熔体到晶体的温度分布；(b) $X-0-Z$ 平面的温度分布；(c) $D-0-Z$ 平面的温度分布；(d) $X-0-Z$ 平面的熔体流动速度场；(e) $D-0-Z$ 平面的熔体流动速度场

侧壁能够增加附近熔体的冷却。另外，熔体-晶体界面的热通量倾斜角度随通过垂直侧壁向外热通量的增加而增加。结果，熔体-晶体界面在拐角处的形变更大。所以，三维的热通量形成了三维的熔体-晶体界面形变。

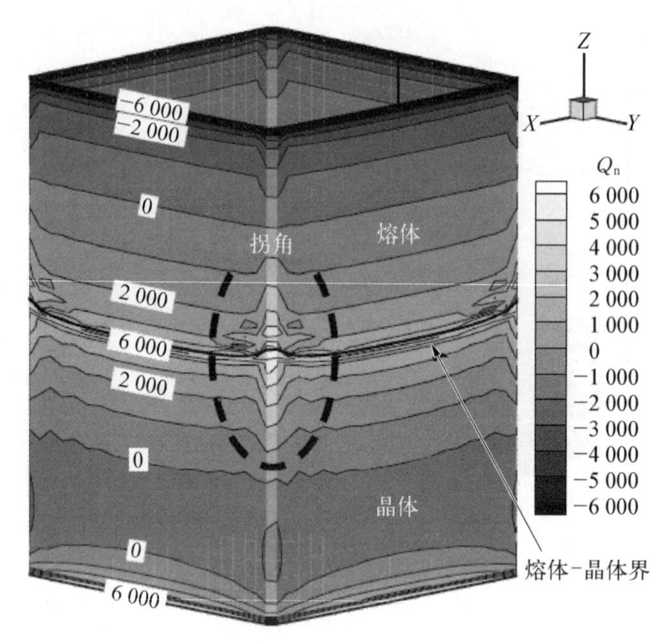


图 4.12　三维总体模拟获得的垂直侧壁热通量分布，单位为 $Wm^{-2}$

## 4.5　小结

定向凝固法有一定的优势，也有一定的劣势。控制工艺和杂质浓度是实现高转换效率太阳能电池铸造多晶硅的关键问题。数值模拟对于实现工艺优化是非常重要的。我们使用二维/三维混合离散方案，运用切实高效的算法，开发了三维总体模拟的稳定代码，以分析圆柱形和长方体坩埚的三维定向凝固法过程。通过我们的代码，能够通过普通的个人电脑，以中等要求的计算资源实现三维总体模拟。

**参考文献**

[1] D. Franke, T. Rettelbach, C. Habler, W. Koch, A. Müller [J]. Solar Energy Materials and Solar Cells, 2002, 72: 83.

[2] K. Fujiwara, W. Pan, N. Usami, K. Sawada, M. Tokairin, Y. Nose, A. Nomura, T. Shishido, K. Nakajima [J]. Acta Materialia, 2006, 54: 3191.

[3] N. Stoddard, B. Wu, L. Maisano, R. Russel, J. Creager, R. Clark, J. Manuel Ferrandez [C]. 18th Workshop on Crystalline Silicon Solar Cells and Modules: Materials and Processes, 2008: 7 - 14.

[4] M. Ghosh, J. Bahr, A. Müller [C]. Proceedings of the 19th European Photovoltaic Solar Energy Conference, Paris, 2004: 560.

[5] D. Vizman, S. Eichler, J. Friedrich, G. Müller [J]. Journal of Crystal Growth, 2004, 266: 396.

[6] A. Krauze, A. Muiznieks, A. Muhlbauer, Th. Wetzel, W.v. Ammon [J]. Journal of Crystal Growth, 2004, 262: 157.

[7] L.J. Liu, K. Kakimoto [J]. Crystal Research and Technology, 2005, 40: 347.

[8] K. Kakimoto, L.J. Liu [J]. Crystal Research and Technology, 2003, 38: 716.

[9] J.J. Derby, R.A. Brown [J]. Journal of Crystal Growth, 1986, 74, 605.
[10] F. Dupret, P. Nicodeme, Y. Ryckmans, P. Wouters, M.J. Crochet [J]. International Journal of Heat and Mass Transfer, 1990, 33: 1849.
[11] M. Li, Y. Li, N. Imaishi, T. Tsukada [J]. Journal of Crystal Growth, 2002, 234: 32.
[12] V.V. Kalaev, I.Yu. Evstratov, Yu.N. Makarov [J]. Journal of Crystal Growth, 2003, 249: 87.
[13] L.J. Liu, K. Kakimoto [J]. International Journal of Heat and Mass Transfer, 2005, 48: 4492.
[14] L.J. Liu, S. Nakano, K. Kakimoto [J]. Journal of Crystal Growth, 2005, 282: 49.
[15] L.J. Liu, K. Kakimoto [J]. International Journal of Heat and Mass Transfer, 2005, 48: 4481.
[16] L.J. Liu, S. Nakano, K. Kakimoto [J]. Journal of Crystal Growth, 2006, 292: 515.
[17] V. Voronkov [J]. Journal of Crystal Growth, 1982, 56: 625.
[18] K. Arafune, Y. Ohshita, M. Yamaguchi [J]. Physica B, 2006, 134: 236.
[19] L.J. Liu, S. Nakano, K. Kakimoto [J]. Journal of Crystal Growth, 2008, 310: 2192.
[20] H. Laux, Y. Ladam, K. Tang, E. A. Meese [C]. Proceedings of the 21st EUPVSEC, Dresden, Germany, 2006.
[21] H. Miyazawa, L. J. Liu, S. Hisamatsu, K. Kakimoto [J]. Journal of Crystal Growth, 2008, 310: 1034.
[22] H. Miyazawa, L. J. Liu, S. Hisamatsu, K. Kakimoto [J]. Journal of Crystal Growth, 2008, 310: 1142.

# 第5章 枝晶铸造法

藤原航三和中岛一雄，日本东北大学，材料研究学院 IMR

对于开发晶体生长技术的研究人员，Si 熔体的晶体生长特性具有相当的意义。由于多晶硅铸锭广泛地应用于太阳能电池的衬底，有必要进一步改善铸造多晶硅的晶体质量。小平面枝晶具有独特的结构特征，用于控制铸造多晶硅的晶体结构具有潜力，而小平面枝晶的生长特性也具有相当的意义。本章将讨论枝晶铸造法以及小平面枝晶的最新实验结果和生长机理。

## 5.1 概论

现在，没有人会怀疑铸造多晶硅是最重要的工业材料之一，尽管其他数种材料也在进行研究开发，但是直拉单晶硅和铸造多晶硅是太阳能电池最主要的衬底材料。目前，定向凝固法和热交换法 HEM 是生产多晶硅铸锭的最成熟的商业化技术。为了防止掺入金属杂质，需要改善硅原料、坩埚镀膜和熔炉设计。为了减小多晶硅铸锭的位错密度和热应力，需要控制结晶过程中和结晶之后的热经历。尽管采取了这些措施，多晶硅太阳能电池的性能仍然低于单晶硅太阳能电池。这样的事实表明，仍然有相当的空间可以改善多晶硅铸锭的晶体质量。所以，研究人员需要继续提高多晶硅铸锭的晶体质量，从而实现多晶硅太阳能电池更高的转换效率。

将来需要精细地控制多晶硅铸锭的宏观结构和微观结构。铸造多晶硅的晶体结构与单晶硅相差很大，特别是晶界的形成和硅片表面结晶取向(crystallographic orientation)的分布。总体而言，一些晶界会起到光生载流子(photocarrier)复合中心的作用[1,2]。还有报道称，位错团(dislocation cluster)出现在晶界附近[3]，亚晶界从晶界产生(参见第 6 章)。为了减小多晶硅铸锭的晶界密度，晶粒尺寸应该在结晶过程中被控制在较大水平。硅片表面结晶取向的随机分布也对太阳能电池不利。通过对单晶硅太阳能电池进行各向异性蚀刻，可以容易地在表面形成具有陷光作用(light trapping effect)的绒面结构(textural structure)[4]。但是，较难在多晶硅硅片表面形成均匀的绒面结构，因为不同晶粒之间的形貌(morphology)和蚀刻速率(etching rate)不同。所以，为了获得较好的绒面结构，需要使用更高成本的特殊技术[5]。如果浇铸法(casting method)使单晶硅铸锭的较大晶粒都在一个方向上生长，可以实现低成本高性能的太阳能电池。

最近，有人提出一种技术，通过浇铸法获得结构控制的多晶硅铸锭[6]，这种概念被称为

“枝晶铸造法”(dendritic casting method),如图5.1所示。在浇铸的早期,由坩埚底部激发小平面枝晶(faceted dendrite)的生长。小平面枝晶的生长速率比正常晶体快得多,从而在铸锭底部形成较大的晶粒。由于小平面枝晶独特的结构特点,垂直于小平面枝晶上表面的结晶取向被限制在<112>或<110>。如果小平面枝晶形成所有晶粒,就会在铸锭底部形成特定结晶取向的大尺寸晶粒结构。之后,可以从底部枝晶结构的表面向上激发结晶过程。这样,就可以获得具有特定结晶取向的大晶粒多单硅铸锭。事实上,已经通过枝晶铸造法获得了这种能够控制结构的小尺寸铸锭,并且实现了较高的太阳能电池性能[6]。枝晶铸造法也有潜力应用于生长工业尺寸多单硅铸锭,因为生长概念相对简单:只需要在浇铸的早期控制晶体生长机理。本章将重点讨论小平面枝晶的生长机理。

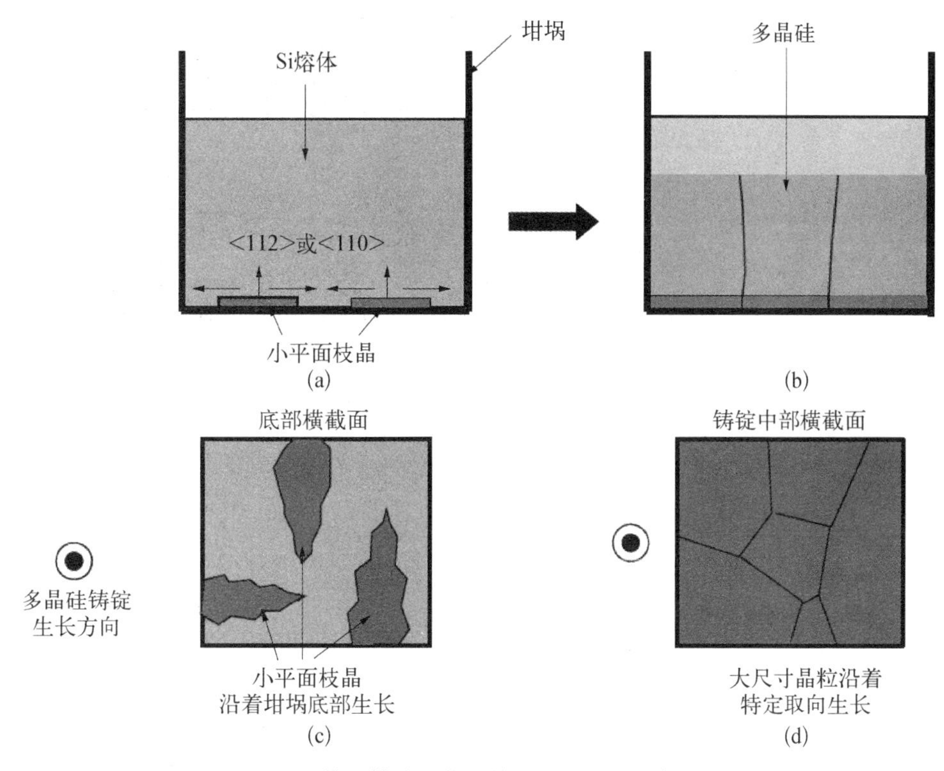


图5.1　枝晶铸造法获得单一晶向的大尺寸晶粒

(a) Si熔体底部的小平面枝晶;(b) 浇铸过程中生长的枝晶;(c) 底部横截面上的小平面枝晶生长;(d) 铸锭中部横截面的大尺寸晶粒生长

## 5.2　小平面枝晶

在金属、半导体、氧化物、有机物等几乎任何材料中,枝晶生长(dendrite growth)都能够通过液相或气相结晶实现。特别地,与Si或Ge的孪晶相关枝晶(twin-related dendrite)被称为“小平面枝晶”。自从1955年Billig的首次报道[7],研究小平面枝晶已经有相当长的历史了。在过冷熔体(undercooled melt)中用籽晶拉晶生长,较长的Ge晶带(ribbon)沿着<211>晶向传播,被发展较好的{111}惯析面(habit plane)束缚[8~10]。

小平面枝晶最独特的特点是其中心存在{111}平行孪晶(parallel twin)[8~12]。Si的小平面枝晶与Ge小平面枝晶具有完全相同的特征[13~16]。图5.2描述了由过冷熔体生长Si小平面枝晶典型的表面形貌,使用扫描电子显微镜(scanning electron microscopy,SEM)观察,并且用电子背散射衍射图样(electron back scattering diffraction pattern,EBSP)进行分析[16]。在小平面枝晶的中心存在两条平行的灰线为平行孪晶。所以,可以确认小平面枝晶的生长与平行孪晶相关。我们将在下一节继续讨论熔体生长过程中平行孪晶的形成。

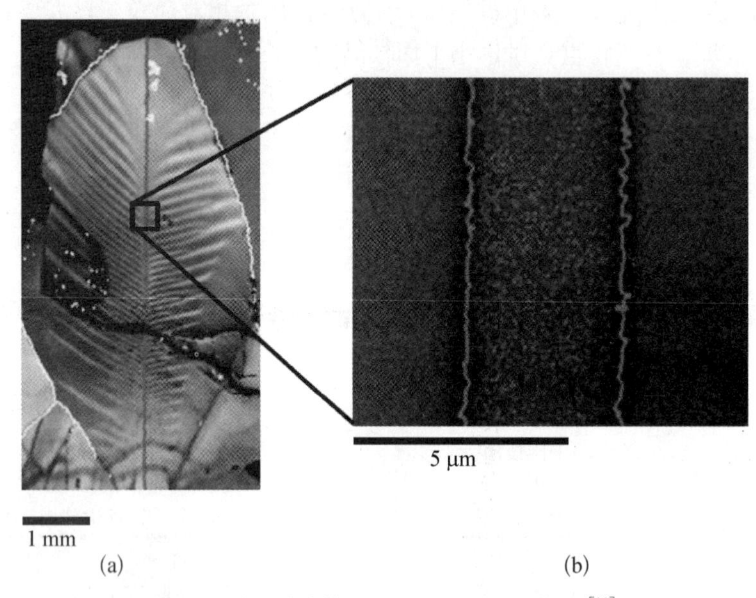


图5.2　从过冷熔体中生长的Si小平面枝晶[16]

(a) 扫描电子显微镜SEM图像;(b) 电子背散射衍射图样EBSP分析,用来寻找平行孪晶,如图中灰线所示,平行孪晶存在于小平面枝晶的中心部分

小平面枝晶的生长模型在1960年被提出[17,18]。尽管之前的模型已经被广泛接受,通过Si小平面枝晶生长过程的原位(in situ)观察实验,最近提出了更加真实的生长模型[19]。在5.4节,我们将解释小平面枝晶的生长方式,以及平行孪晶的作用。

Si小平面枝晶应用于生长带状薄片晶体(ribbon sheet crystal)[20]和用于太阳能电池的多晶硅铸锭[6,21]。在网状枝晶生长过程中,籽晶浸入过冷熔体后,小平面枝晶在熔体表面传播,然后带状薄片晶体被拉出。而在枝晶浇注法中,小平面枝晶在更早的浇铸阶段就沿着坩埚底部生长。相比等轴晶粒(equiaxed grain),更快的小平面枝晶生长使晶粒尺寸较大。另外,晶粒取向(grain orientation)几乎相同,因为向上的小平面枝晶被限制在<110>或<112>。结果,将从小平面枝晶开始,在向上方向激发结晶。这样就能够获得可以控制结构的多晶硅铸锭。在两种技术中,小平面枝晶在晶体生长更早期的有效激发对于获得高质量晶体是必要的。

## 5.3　平行孪晶

生长小平面枝晶有两个已知的前提条件:

(1) 生长晶体中有两条以上{111}平行孪晶；

(2) 熔体达到足够的过冷却(undercooling)。

材料科学研究人员已经对形变孪晶(deformation twin)了解得相当深刻，外部应力会引起晶体中的形变孪晶。但是，在Si熔体生长过程中与小平面枝晶生长相关的平行孪晶形成还没有被人们理解透彻，相关报道还很有限[15,22]。Fujiwara等直接观测了Si晶体的生长过程，并且证明了小平面枝晶是怎样生长的[16]。图5.3描述了熔体生长小平面枝晶过程中固相-液相生长界面[16]。最稳定的{111}小平面晶面(facet plane)出现在生长表面，然后形成锯齿状小平面界面。界面形状随熔体温度的降低而变化。首先观察到小平面界面，如图5.3(a)所示。这时，小平面枝晶并没有生长，因为熔体不是足够冷，而平行孪晶可能已经在晶体中形成。当熔体温度降低到足够低时，小平面枝晶从部分小平面界面以一定确定方向生长，如图5.3(b)～(d)所示。注意到小平面枝晶的生长方向平行于{111}小平面晶面，如图5.3(c)所示。这意味着小平面枝晶中心的平行孪晶出现在与{111}小平面晶面平行的方向上。这个事实对于认识平行孪晶的形成很重要。

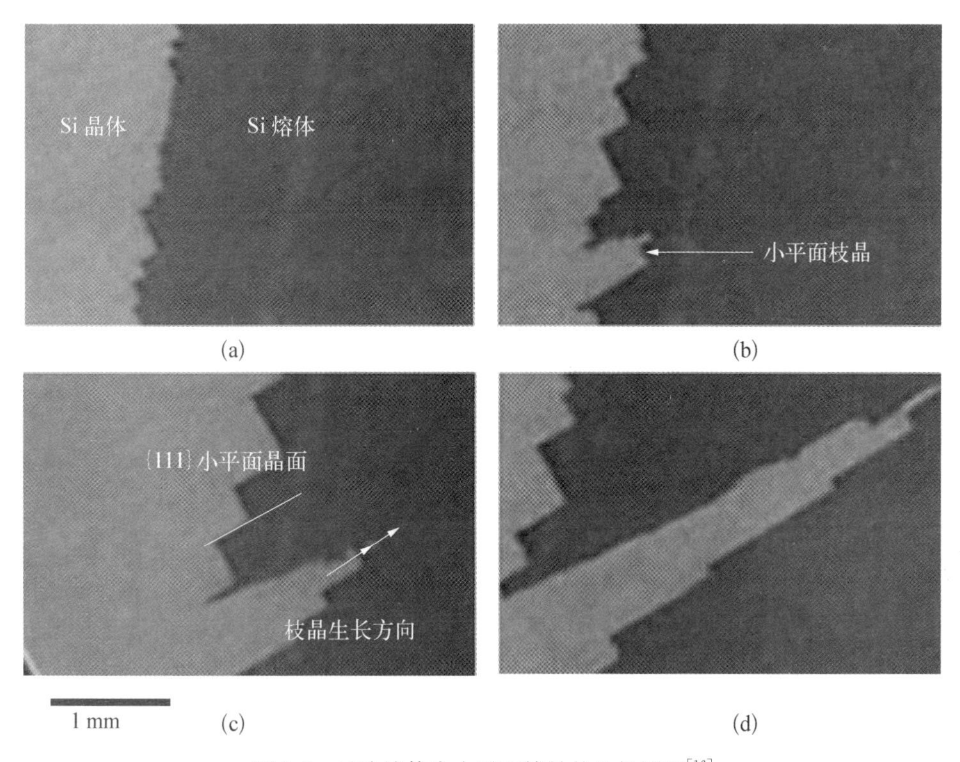


图5.3 过冷熔体中小平面枝晶的生长过程[16]

(a) 带有小平面界面的晶体生长；(b) 界面下方出现小平面枝晶；(c) 小平面枝晶的生长方向平行于{111}小平面晶面；(d) 小平面枝晶继续生长

图5.4描述了通过Si熔体生长产生平行孪晶的一种理论模型[16]。图5.4(a)是Si的固相-液相生长界面。相关理论指出，Si的晶体生长界面是小平面，{111}小平面晶面出现在表面[23]。这样的小平面界面能够在原位实验直接观察到，如图5.3所示[16,24,25]。小平面界面的形状依赖于晶体生长取向，如图5.4所示。因为生长界面是小平面，晶体生长总是在

{111}小平面晶面激发。当一个原子以孪晶关系(twin relationship)附着于{111}小平面晶面，一层原子维持着孪晶关系，通过横向生长(lateral growth)形成于{111}小平面晶面上，然后在原子层上产生孪晶晶界(twin boundary)，如图 5.4(b)所示。我们可以认为，原子经常以孪晶关系沉积在生长界面上，因为 Si{111}孪晶晶界的晶界能(grain boundary energy)非常小(～30 $mJm^{-2}$)[26]。一方面，吸附原子(adatom)的这种孪晶生长可能被重新排列，从而吸附原子在晶体界面遵循以最小化系统的吉布斯能(Gibbs energy)外延生长，并且结晶的驱动力在接近平衡条件下很低。另一方面，当驱动力较大时，出现较高的过冷却，会激发具有孪晶关系的原子层生长，获得更快的生长动力和更大的结晶能量。晶体生长持续横向生长模式，如图 5.4(c)所示，我们注意到会形成另外一条晶界，平行于之前的孪晶，如图 5.4(d)所示。在这种模式下，一定能形成一对平行孪晶，其中一条孪晶出现在生长表面的{111}小平面晶面上。当熔体过冷达到一定程度时，小平面枝晶生长从这对孪晶开始。根据这样的机理，小平面枝晶的生长方向平行于生长界面的小平面，如图 5.4(d)所示。所以，这个理论模型解释了多条平行孪晶是在晶体中产生的方式和原因。这也与图 5.3 描述的实验结果相吻合。

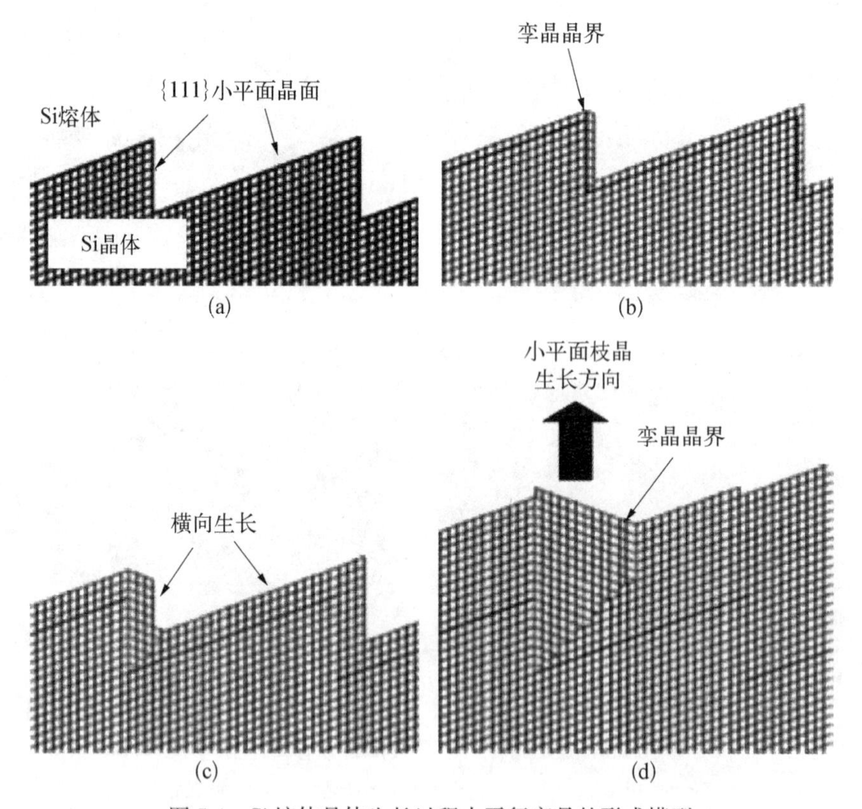


图 5.4　Si 熔体晶体生长过程中平行孪晶的形成模型

(a) Si 的固相-液相生长界面为小平面；(b) 在{111}小平面界面形成孪晶晶界；(c) 横向生长；(d) 出现另一条孪晶晶界

生长小平面枝晶要求的过冷度也被仔细研究了[6,15,27]。一些实验数据表明，过冷度的范围为 10 K<$\Delta T$<100 K。当过冷度大于 100 K 时，会出现无孪晶(twin free dendrite)，并且生长模式从横向生长改变为连续生长[15,28]。

## 5.4　枝晶生长理论模型

在1960年，有人提出小平面枝晶的生长理论模型[17,18]，强调了平行孪晶对小平面枝晶生长的作用。但是，没有人获得足够的直接依据，来证明这个生长模型。最近，Fujiwara等成功地观察到小平面枝晶的细节生长过程，并且基于实验依据表述了这个理论模型[19]。本节将给出直接观察的实验结果，并解释这两种理论模型。

图5.5(a)描述了Si小平面枝晶的典型生长方式[19]，从中可以看出，小平面枝晶的生长快于其他部分的晶体。在快速生长方向(rapid-growth direction)上和垂直于快速生长方向上，小平面枝晶都连续传播。对图5.5(c)长方形内枝晶中心小面积的结晶取向进行电子背散射衍射图样EBSP分析，结果表明出现两条平行孪晶，如图5.5(d)所示。小平面枝晶的快速生长方向为＜112＞，侧向生长方向为＜111＞，如图5.5(e)所示。一个重要现象是，小平面枝晶不但在快速生长方向＜112＞生长，而且与快速生长方向垂直的＜111＞方向上也生长。图5.5(a)表明，事实上生长还发生在与{111}晶面(lattice plane)平行的方向上。这样的观测是从平行于{111}孪晶方向进行的。

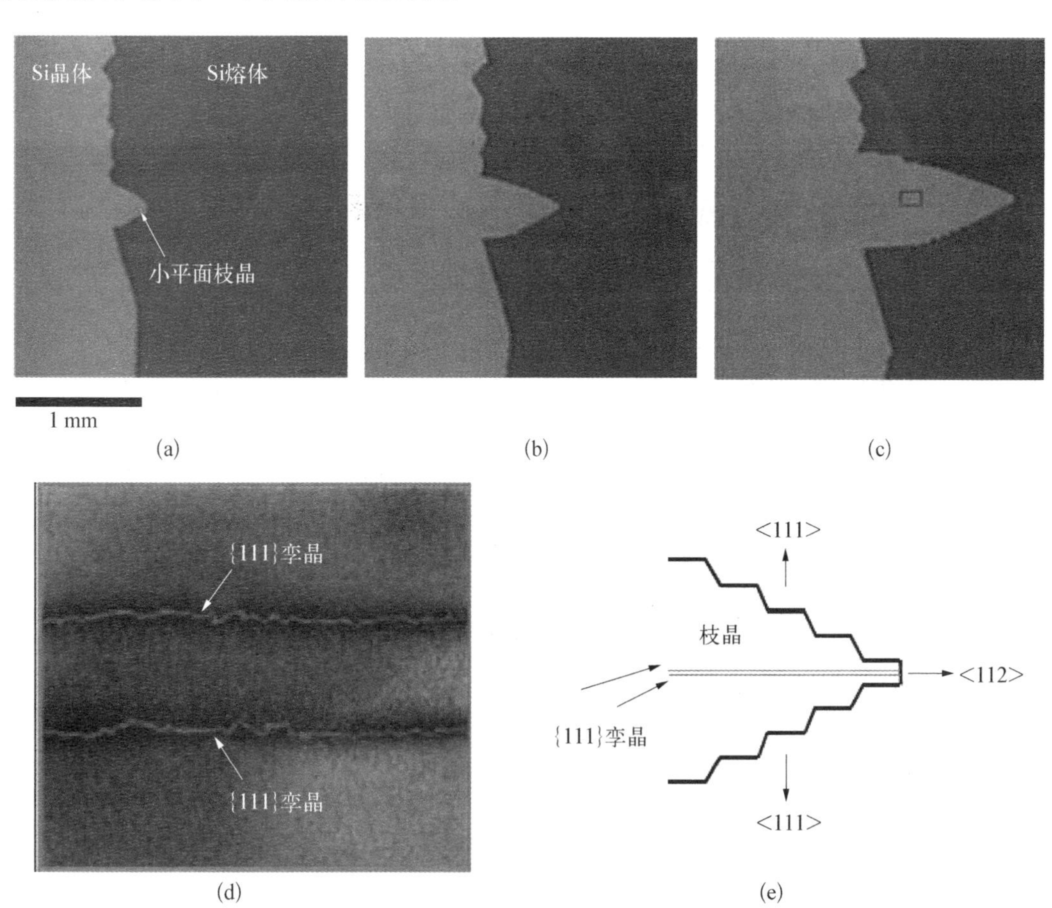


图5.5　小平面枝晶的生长过程和机理[19]

(a) 出现小平面枝晶；(b) 枝晶继续生长；(c) 对小长方形内的小面积进行结晶取向分析；(d) 对小平面枝晶进行电子背散射衍射图样EBSP分析；(e) 生长取向的图解

为了获得关于小平面枝晶生长情况更多的信息，另一次观测从垂直于{111}孪晶的方向进行。图 5.6 描述了实验过程[19]。1 片{111}晶向的硅片放置在坩埚中，样品的一部分被仔细加热到熔化，而保留着没有熔化的部分。然后，将样品快速冷却，以激发枝晶生长。晶体生长从没有熔化的“籽晶”硅片开始。在这个实验中，当枝晶出现在晶体生长过程中时，产生的{111}平行孪晶与{111}晶体表面平行。生长枝晶的观测方向图解，如图 5.6(b)所示。图 5.6(c)描述了小平面枝晶独特生长过程。60°的三角形拐角(triangular corner)形成在枝晶顶端，拐角的方向从向外转变到向生长方向的前方，如图 5.6(c)所示。这样的三角形拐角在 Hamilton 和 Seidensticker 的理论模型中没有提到[17]。由图 5.5，我们能够获得 3 个小平面枝晶生长特性的重要事实：

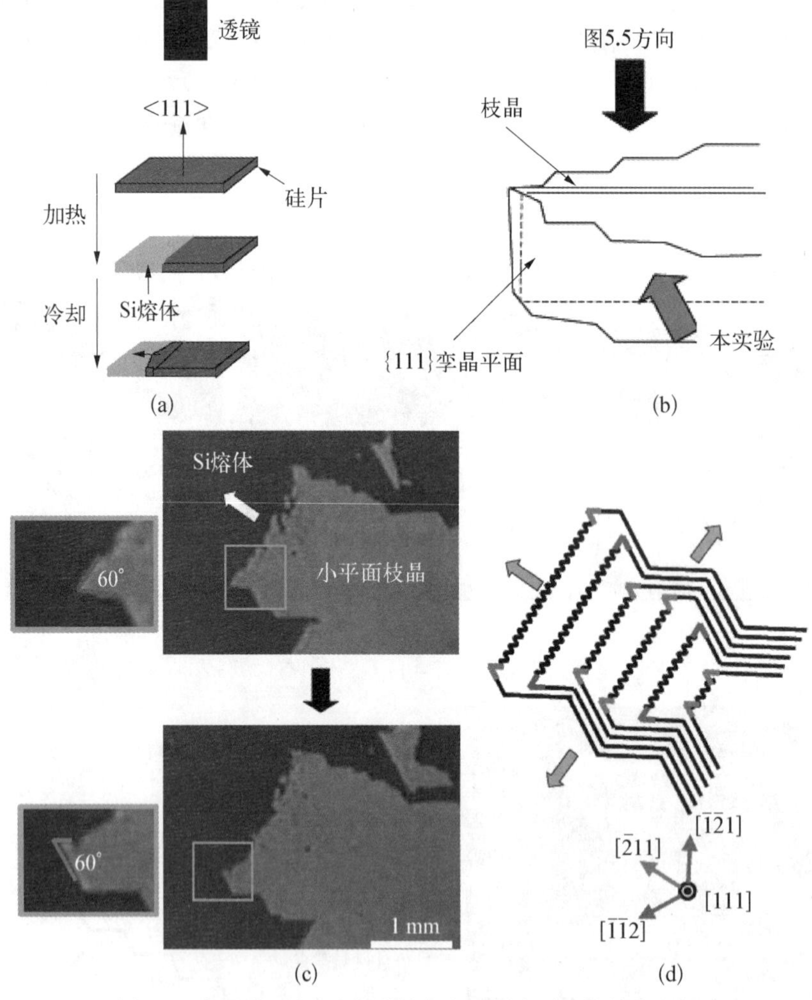


图 5.6　从垂直于{111}孪晶的方向观测小平面枝晶的生长

(a) 实验过程；(b) 观测方向的图解；(c) 小平面枝晶的生长过程，60°三角形拐角形成在枝晶顶端，拐角方向随生长变化；(d) 结晶取向的图解

(1) 小平面枝晶能够在<111>方向传播，这个方向垂直于快速生长方向<112>；

(2) 具有 60°角度的三角形拐角形成在小平面枝晶的顶端；

(3) 在生长过程中，60°拐角的方向会改变。

根据 Hamilton 和 Seidensticker 的理论模型,我们来解释带有 1 条孪晶和 2 条孪晶的 Si 晶体生长情况[17]。我们知道,在 Si 的结晶过程中,{111}惯析面出现在晶体表面,晶体被{111}惯析面束缚[17,23]。图 5.7(a)给出了 1 条孪晶生长晶体的平衡形式,而孪晶被{111}晶面束缚。现在,我们考虑晶体在一个方向上生长的简化情况。具有 141°外部角度的一个内隅角(reentrant corner),即Ⅰ型内隅角(type Ⅰ reentrant corner),出现在生长表面。相比{111}平面表面(flat surface),成核快速发生在内偶角[17,18]。所以,晶体在内偶角快速生长,最后形成具有 60°拐角的三角形晶体。这时,由于内偶角消失,快速生长已经停止。这就使小平面枝晶不会出现在只有 1 条孪晶的晶体中。Hamilton 和 Seidensticker 还在 1960 年解释了 2 条平行孪晶的晶体生长模型,对应于小平面枝晶的生长模型[17]。2 条孪晶被{111}惯析面束缚,如图 5.4(d)所示。假设在{111}平面表面的晶体生长几乎不发生。快速生长发生在Ⅰ型内偶角,这与 1 条孪晶的晶体生长相似。新的原子层形成的新内偶角在第 2 条孪晶处为 109.5°,成为Ⅱ型内偶角(type Ⅱ reentrant corner),如图 5.7(f)所示。Hamilton 和 Seidensticker 认为成核现象也发生在Ⅱ型内偶角。与只有 1 条孪晶的晶体生长不同,在Ⅰ型内偶角消失之前,Ⅱ型内偶角的形成允许晶体在横向连续传播。这个理论模型在一个重要方面不能自圆其说,Ⅰ型内偶角不能在枝晶生长过程中消失,这意味着没有三角形拐角出现在生长枝晶顶端,这就与图 5.5(a)～(c)和图 5.6(c)所示的实验结果矛盾。

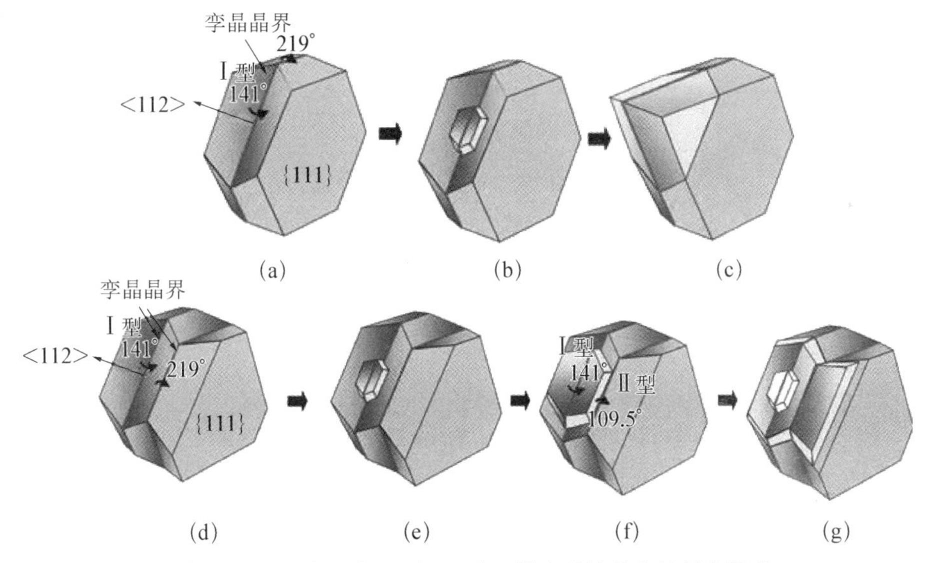


图 5.7　Hamilton 和 Seidensticker 提出的枝晶生长理论模型

(a) 141°的内隅角出现在晶体表面;(b) 生长开始出现在内偶角中;(c) 在内偶角发生快速生长,直到形成三角形拐角;(d) 出现 2 条平行孪晶;(e) 生长开始出现在Ⅰ型内偶角中;(f) 形成 109.5°的Ⅱ型内偶角;(g) Ⅱ型内偶角的形成允许晶体在横向连续传播

Fujiwara 等最近基于实验结果发表的枝晶生长理论模型,如图 5.8 所示[19]。在这样的解释中,2 条孪晶用孪晶Ⅰ(twin Ⅰ)和孪晶Ⅱ(twin Ⅱ)区分,如图 5.8(a)所示。Ⅰ型内偶角的快速生长引起在小平面枝晶生长顶端形成 60°三角形拐角,如图 5.8(c)所示。这与 1 条孪晶的晶体生长相似,也与实验结果相符。晶体生长能够在{111}平面表面继续,但是快速生长由于内偶角的消失而被抑制。在之前的理论模型中,{111}平面表面的晶体生长几乎很难发生,但是图 5.6 表明过冷却熔体中{111}表面会发生相当的晶体生长。在晶体传播后,在

孪晶Ⅱ处生长表面形成两个新的Ⅰ型内偶角，如图5.8(d)所示。所以，快速生长再一次在孪晶Ⅱ处发生，并且具有60°的三角形拐角以之前相同的方式再一次出现，如图5.8(e)所示。比较图5.8(d)和图5.8(f)，可以发现60°的方向发生了变化，这与实验结果相符。{111}平面表面又一次激发晶体生长，在孪晶Ⅰ处形成新的Ⅰ型内偶角，如图5.8(g)所示。小平面枝晶重复这样的过程，连续地生长，在生长顶端形成60°拐角。在Hamilton和Seidensticker的理论模型中[17,18]，假设孪晶Ⅱ处的Ⅱ型内偶角使晶体横向传播，{111}平面表面的晶体生长可以忽略。在这样的过程中，小平面枝晶只在快速生长方向传播。但是，小平面枝晶不但在快速生长方向上生长，还在垂直于快速生长方向上生长，这意味着过冷熔体中已经发生了{111}平面表面的晶体生长。存在2条孪晶的重要性不但体现在形成Ⅱ型内偶角，而且在于2条孪晶交替形成Ⅰ型内偶角。图5.8描述的理论模型充分地解释了小平面枝晶生长的实验结果。另外，这种孪晶相关生长模型不但能够应用于Si，还能够应用于其他小平面材料。

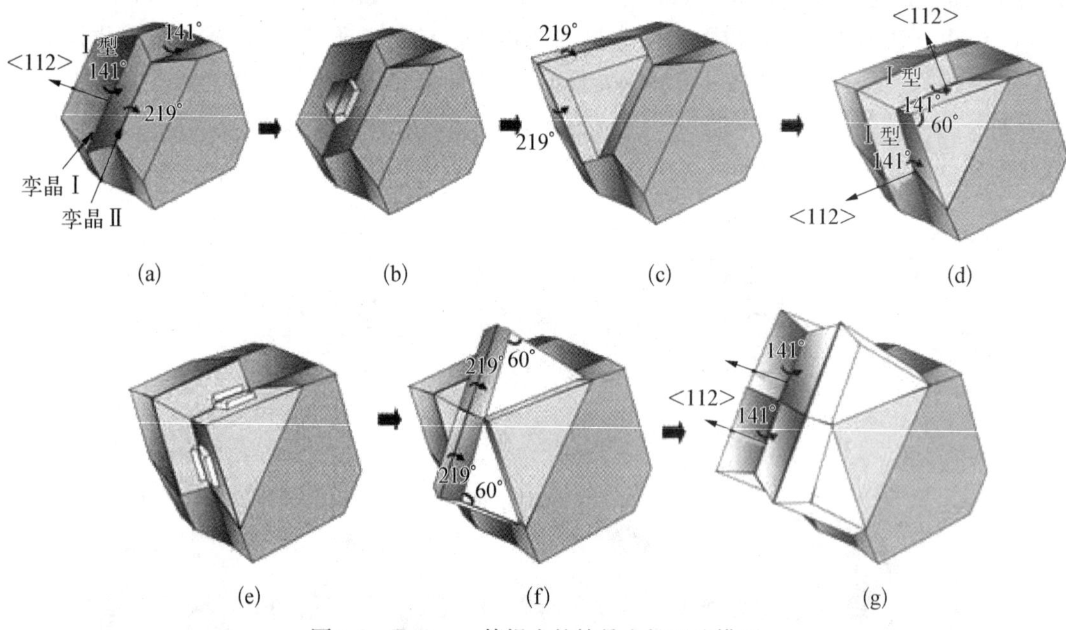


图5.8　Fujiwara等提出的枝晶生长理论模型

(a) 晶体表面有孪晶Ⅰ和孪晶Ⅱ；(b) 生长开始出现在内偶角Ⅰ中；(c) 小平面枝晶生长顶端形成60°的三角形拐角；(d) 在孪晶Ⅱ处生长表面形成2个新的Ⅰ型内偶角；(e) 快速生长再一次在孪晶Ⅱ处发生；(f) 60°的三角形拐角再一次出现，但是60°的方向发生了变化；(g) 在孪晶Ⅰ处形成新的Ⅰ型内偶角

## 参考文献

[1] A. Fedotov, B. Evtodyi, L. Fionova, Yu. Ilyashuk, E. Katz, L. Polyak [J]. Physica Status Solidi A, 1990, 119: 523.

[2] Z. Wang, S. Tsurekawa, K. Ikeda, T. Sekiguchi, T. Watanabe [J]. Interface Science, 1990, 7: 197.

[3] B. Ryningen, K.S. Sultana, E. Stubhaug, O. Lohne, P.C. Hjemas [C]. Proceedings of the 22nd European Photovoltaic Solar Energy Conference, Milan, 2007: 1086.

[4] F. Restrepo, C.E. Backus [J]. IEEE Transactions on Electron Devices, 1976, ED-23: 1195.

[5] H.F.W. Dekkers, F. Duerinckx, J. Szlufcik, J. Nijs [C]. Proceedings of the 16th European Photovoltaic Solar Energy Conference, Glasgow, 2000: 1532.

[ 6 ] K. Fujiwara, W. Pan, N. Usami, K. Sawada, M. Tokairin, Y. Nose, A. Nomura, T. Shishido, K. Nakajima [J]. Acta Materialia, 2006, 54: 3191.
[ 7 ] E. Billig [J]. Proceedings of the Royal Society, 1955, A229: 346.
[ 8 ] E. Billig, P.J. Holmes [J]. Acta Materialia, 1957, 5: 53.
[ 9 ] E. Billig [J]. Acta Materialia, 1957, 5: 54.
[10] A.I. Bennett, R.L. Longini [J]. Physical Review, 1959, 116: 53.
[11] N. Albon, A.E. Owen [J]. Journal of Physics and Chemistry of Solids, 1962, 24: 899.
[12] D.R. Hamilton, R.G. Seidensticker [J]. Journal of Applied Physics, 1963, 34: 1450.
[13] S. Ohara, G.H. Schwuttk [J]. Journal of Applied Physics, 1965, 36: 2475.
[14] T.N. Tucker, G.H. Schwuttk [J]. Journal of The Electrochemical Society, 1966, 113: C317.
[15] K. Nagashio, K. Kuribayashi [J]. Acta Materialia, 2005, 53: 3021.
[16] K. Fujiwara, K. Maeda, N. Usami, G. Sazaki, Y. Nose, K. Nakajima [J]. Scripta Materialia, 2007, 57: 81.
[17] D.R. Hamilton, R.G. Seidensticker [J]. Journal of Applied Physics, 1960, 31: 1165.
[18] R.S. Wagner [J]. Acta Materialia, 1960, 8: 57.
[19] K. Fujiwara, K. Maeda, N. Usami, K. Nakajima [J]. Physical Review Letters, 2008 101: 055503.
[20] D.L. Barrett, E.H. Myers, D.R. Hamilton, A.I. Bennett [J]. Journal of The Electrochemical Society, 1971, 118: 952.
[21] K. Fujiwara,W. Pan, K. Sawada, M. Tokairin, N. Usami, Y. Nose, A. Nomura, T. Shishido, K. Nakajima [J]. Journal of Crystal Growth, 2006, 292: 282.
[22] R-Y. Wang, W-H. Lu, L.M. Hogan [J]. Metallurgical and Materials Transactions, 1997, 28A: 1233.
[23] K.A. Jackson [M]. R.H. Doremus, B.W. Roberts and D. Turnbull, Ed. Growth and Perfection of Crystals, New York: Wiley, 1958: 319.
[24] K. Fujiwara, K. Nakajima, T. Ujihara, N. Usami, G. Sazaki, H. Hasegawa, S. Mizuguchi, K. Nakajima [J]. Journal of Crystal Growth, 2002, 243: 275.
[25] K. Fujiwara, Y. Obinata, T. Ujihara, N. Usami, G. Sazaki, K. Nakajima [J]. Journal of Crystal Growth, 2004, 266: 441.
[26] M. Kohyama, R. Yamamoto, M. Doyama [J]. Physica Status Solidi B, 1986, 138: 387.
[27] K. Fujiwara, K. Maeda, N. Usami, G. Sazaki, Y. Nose, A. Nomura, T. Shishido, K. Nakajima [J]. Acta Materialia, 2007, 56: 2663.
[28] G. Devaud, D. Turnbull [J]. Acta Materialia, 1987, 35: 765.

# 第6章 亚 晶 界

沓挂健太朗，宇佐美德隆，藤原航三和中岛一雄，日本东北大学，材料研究学院 IMR

总体而言，使用坩埚生长的铸造多晶硅包含很多晶界以及取向不同的晶粒。因为晶粒尺寸随着生长技术的改进而不断地增加，亚晶界比晶界显得更加重要，成为主要的缺陷，具有光生载流子复合中心的作用。本章将从各个方面讨论铸造多晶硅中的亚晶界，并且介绍作者的最新研究成果。

## 6.1 概论

亚晶界(subgrain boundary)是金属材料主要的也是基本的缺陷，而亚晶界对建筑材料(constructional material)特别重要，会对材料的机械特性(mechanical property)有相当的影响，所以人们已经对亚晶界有了不少的研究。铸造多晶硅的晶粒尺寸已经随着生长技术的改进有了大幅提高，亚晶界已经成为铸造多晶硅的主要缺陷。在本节中，我们先讨论金属材料中亚晶界的研究结果，这些结果也可以同样应用于太阳能电池使用的铸造多晶硅。

亚晶界有时也被称为小角晶界(small-angle boundary)，是亚晶粒(subgrain)之间的边界，而亚晶粒在结晶过程中出现较小的取向差(misorientation)。亚晶界是类似于晶界的二维缺陷，但是亚晶界在机械特性、电学特性(electrical property)和磁学特性(magnetic property)方面有别于晶界。从微结构(microstructure)角度讲，亚晶界包含的位错为阵列状结构(array-like configuration)，从而最小化应变能，如图 6.1 所示[1]。换而言之，被聚集位错经过运动，重新排列为亚晶界。对于最简单的亚晶界位错模型，相邻位错距离(distance between adjacent dislocations，$D$)可以表达为：

$$D=\frac{b}{2\sin\left(\frac{\Delta\theta}{2}\right)} \tag{6.1}$$

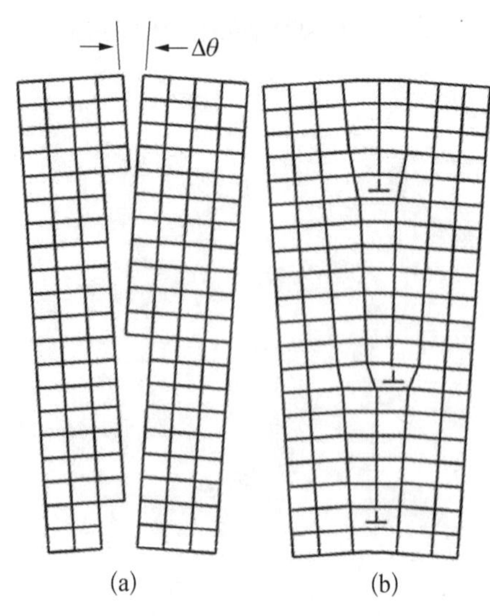

图 6.1 亚晶界位错模型的图解

式中，$\Delta\theta$ 是亚晶粒之间的取向差，而 2 个亚晶粒由亚晶界分隔；$b$ 是位错的伯氏矢量(Burgers vector)长度。这个表达式表明亚晶界的位错密度随取向差增加而增加，这就形成了如下文描述的一系列亚晶界特性。

组成亚晶界的位错类型有系统地随亚晶界的类型而变化。在倾斜晶界(tilt boundary)的情况下，取向差的旋转轴(rotation axis)平行于晶界平面，亚晶界包含一系列的刃型位错(edge dislocation)。在扭转晶界(twist boundary)的情况下，取向差的旋转轴垂直于晶界平面，亚晶界包含螺型位错(screw dislocation)阵列的网络。随着取向差的增加，阵列状结构位错结构会消失，晶界的微结构变得类似于随机普通晶界(random general grain boundary)的结构，从而亚晶界的独特特性消失，此时亚晶界的特性更加类似于随机普通晶界。在物理上有意义的最大取向差(maximum misorientation，$\Delta\theta_{max}$)是亚晶界和随机普通晶界之间的临界值，使用布兰顿标准(Brandon criterion)，$\Delta\theta_{max}$被估计为15°[2]，可以表达为：

$$\Delta\theta_{max} = \theta_0 \Sigma^{-1/2} \tag{6.2}$$

式中，$\theta_0$是实验确定的常数(experimentally determined constant)，通常对于金属材料为15°；Σ 是重合位置点阵(Coincidence Site Lattice，CSL)理论的西格玛值(sigma value)，对于亚晶界 Σ=1。对于亚晶界和位错微结构更加细节的描述，可以参考的书籍包括 Hirth 和 Lothe 的[1]以及 Sutton 和 Ballufi 的[3]。

## 6.2 亚晶界的结构分析

如前一节所述，亚晶界是亚晶粒之间的晶界，亚晶粒具有较小的结晶取向差。所以，为了从结晶角度研究亚晶界，有必要检测较小的取向差。表 6.1 从角分辨率(angular resolution)和空间分辨率(spatial resolution)的方面总结了分析结晶取向的方法。

**表 6.1 不同分析晶体取向的方法的角分辨率和空间分辨率**

| | SEM - EBSP | TEM | XRD |
|---|---|---|---|
| 空间分辨率/μm | <1 | <0.01 | >100(实验室尺寸)<br><1(同步加速器) |
| 角分辨率/(°) | ~1(低倍率) | ~0.05(菊池线) | <0.01(摇摆曲线) |
| 注释 | 较好的显现效果 | 可以观察到个别位错 | 很高的角分辨率 |

配备有电子背散射衍射图样 EBSP 的扫描电子显微镜 SEM 分析被广泛用于研究多晶结构。特别地，SEM - EBSP 是显现晶粒取向和晶粒形状的有力工具，可以总体上描述晶界的特性。在铸造多晶硅上的应用之一是研究重合位置点阵 CSL 晶界，这样的晶界具有特殊的晶粒结构和较低的晶界能。通过结合 EBSP 分析和电子束诱导电流(electron beam induced current，EBIC)测量，Tsurekawa 等研究了铸造多晶硅的 CSL 晶界，特别是 Σ3 晶界，比随机普通晶界的电活性(electrical activity)更低[4,5]。Chen 等也结合了 EBSP 分析和 EBIC 测量，并且报道称，即使被 Fe 污染，CSL 晶界较低的电活性也得到保留[6]。SEM - EBSP 分析已经帮助我们理解铸造多晶硅 CSL 晶界的特性。而 SEM - EBSP 分析还能够应用于检测铸造多晶硅，已经报道了 SEM - EBSP 对亚晶界特性进行的电学测量[7,8]。但是，SEM - EBSP 分析在低倍率(low magnification)下的角分辨率大约为 1°，所以不能检测较小取向差的亚晶界，但是取向差小于 1°的亚晶界会影响太阳能电池的电学性能。

透射电子显微镜(Transmission Electron Microscopy,TEM)是微观观测亚晶界包含个别位错的较好工具。图 6.1 描绘的位错在亚晶界的阵列状结构可以由 TEM 观测,如图 6.2 所示[9]。另外,晶体取向(crystal orientation)可以结合 TEM 图像以及菊池线(Kikuchi line)图样或电子衍射图样(diffracted electron-beam pattern)进行分析。这些分析已经确认了式(6.1)的有效性,而式(6.1)描述了取向差和相邻位错距离的关系。TEM 的角分辨率对于亚晶界研究已足够高,但其测量面积相对太阳能电池硅片的表面积却太小。

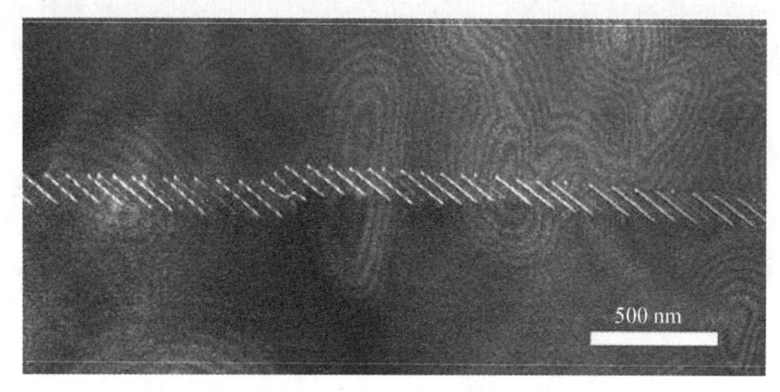


图 6.2 亚晶界的透射电子显微镜 TEM 图像

最近,通过空间分辨 X 射线衍射(X - ray diffraction,XRD)的摇摆曲线(rocking curve),即 X 射线摇摆曲线(X - ray rocking curve),进行晶体取向分析,能够探测铸造多晶硅的局域结构的改变,角分辨率优于 0.01°[10]。如果样品合适,这种分析方法能够应用于研究铸造多晶硅的亚晶界。样品的晶粒直径至少需要大于入射 X 射线的直径,通常是<1 mm 以校准光学配置(optical configuration)。而且,最理想的情况是,控制各晶粒具有相同取向,从而能够允许测量多个晶粒而不改变光学配置。

Kutsukake 等[11]报道了亚晶界在具有硅片尺寸面积的铸造多晶硅中的分布,使用的铸造多晶硅由枝晶铸造法生长[12,13],包含的晶粒在[110]晶向排列。图 6.3 描述了 X 射线摇摆曲线分析使用的光学配置。摇摆曲线测量以入射角(incident angle,$\omega$)扫描,而衍射角(diffraction angle,$2\theta$)固定,所以可以区别每一条亚晶界的衍射。

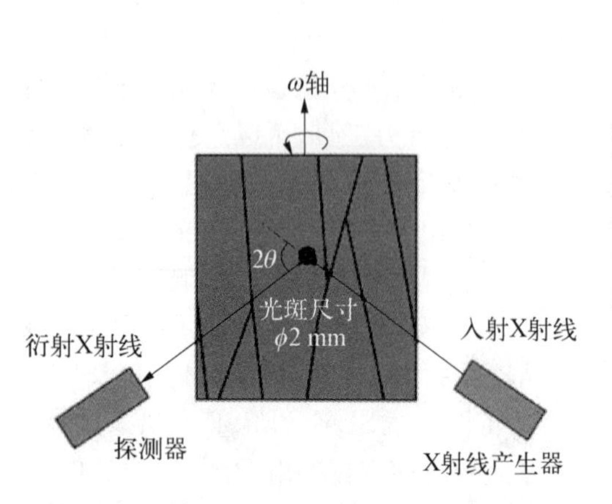


图 6.3 X 射线摇摆曲线分析光学配置的图解

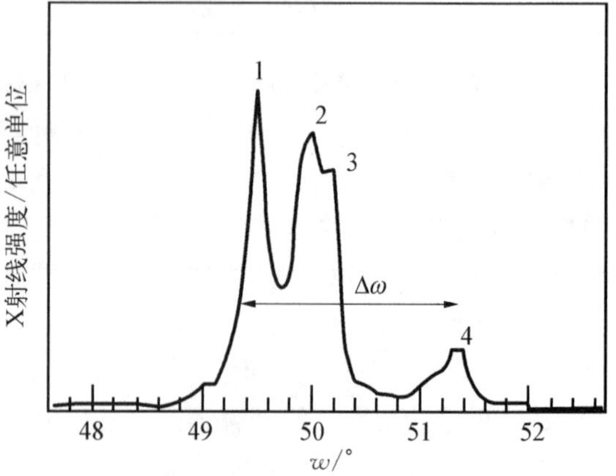


图 6.4 X 射线摇摆曲线分析中,包含数个峰值的典型摇动曲线分布

图 6.4 描述了包含数个峰值的典型摇摆曲线分布。因为每一个衍射峰值都来自同一条亚晶界，峰值数(number of peaks)为 $n$，那么入射 X 射线光斑(spot)内的亚晶界数目被估算为$(n-1)$条。而且，最大角度差 $\Delta\omega$ 被认为是光斑中各条亚晶界角度差的总和。

通过以上对样品表面的测量，能够得到亚晶界密度(subgrain boundary density)的图像。图 6.5(a)是样品的摄影图像(photographic image)，而图 6.5(b)是亚晶界密度的空间分布，具有亚晶界密度数值为−1 的黑色区域对应于不满足衍射条件的位置，而亚晶界密度数值为 0 的灰色区域对应于没有亚晶界的单晶。我们发现，亚晶界并不是均匀分布的，而是密集的局域在较狭窄的区域，在数条晶界的生长方向扩展。这种趋势似乎与位错倾向于晶体生长过程中在生长方向上加长机理的相同。如前所述，X 射线摇摆曲线测量对器件研究亚晶界是相当有用的，但是其空间分辨率比 SEM 或 TEM 大得多。所以，需要根据样品和实验目的，有选择地搭配各种晶体取向分析方法。

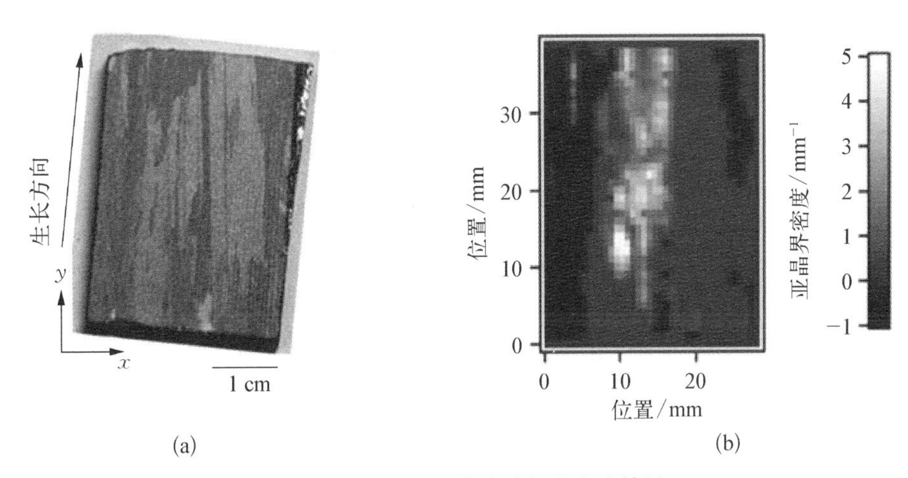


图 6.5　X 射线摇摆曲线分析的实验结果

(a) 摄影图像；(b) 亚晶界密度的空间分布

我们再简要地介绍一下蚀刻坑(etch pit)方法，尽管它不是晶体取向分析方法。数个蚀刻坑研究已经对多晶硅硅片有过报道，使用 Sirtl[14]、Dash[15]、Sopori[16] 和其他人的蚀刻溶液(etching solution)可以观察到位错和位错团。在铸造多晶硅表面，蚀刻坑代表位错的位置，能够大量地观察到蚀刻坑在晶界以及 $Si_3N_4$、SiC 等夹杂附近的分布[17]。这表明，晶界和夹杂是位错的来源。位错产生的机理将在下文进行细节讨论。图 6.6 是典型线状蚀刻坑(line-like etch pit)和团状蚀刻坑(clustered etch pit)的图像，使用的是 Sopori 的蚀刻溶液[16]。如前所述，线状蚀刻坑直接对应于亚晶界。而且，在团状位错的区域，能够频繁地观察到 X 射线摇摆曲线分布的数个峰值。这意味着，团状位错在微观尺度重新构成了亚晶界。

## 6.3　亚晶界的电学特性

研究亚晶界的电学特性是改善多晶硅太阳能电池性能的重要课题。特别地，通过电子束诱导电流 EBIC 测量以及光致发光(photoluminescence，PL)/电致发光(electroluminescence，EL)的光谱/成像仔细研究了亚晶界的载流子复合特性。

Ikeda 等使用一种特殊的方法研究了取向差对载流子复合特性的作用，通过使用硅片键合

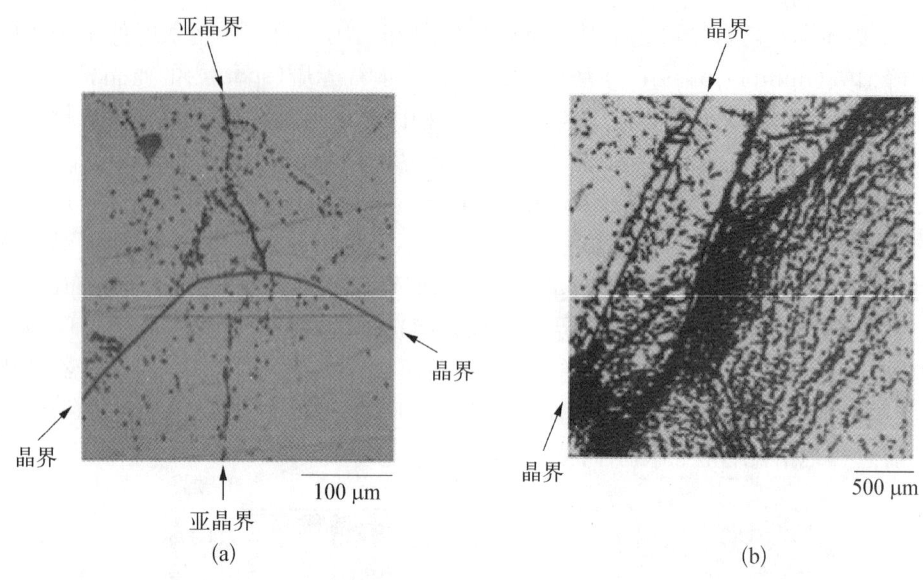


图 6.6　用蚀刻坑方法观察到的位错和位错团[16]

(a) 线状蚀刻坑；(b) 团状蚀刻坑

工艺(wafer-bonding technique)控制取向差形成人工亚晶界(artificial subgrain boundary)，并且用电子束诱导电流 EBIC 测量了载流子复合特性[18]。他们的研究表明，即使取向差只有 0.1°，亚晶界也表现出活性的载流子复合，并且载流子复合随取向差增加而增加，在取向差约 2°时达到饱和。这表明亚晶界的电学特性随其取向差结构而变化。在其他 EBIC 研究中，Chen 报道的污染效应值得关注[7]。在样品被 Fe 污染之前和之后，他们测量了 EBIC 变化，测量对象分别为取向差约为 1°的亚晶界、重合位置点阵 CSL 晶界和随机普通晶界。亚晶界的电活性在污染之后会增加，更加重要的是，不管污染前还是污染后，亚晶界的电活性都比 CSL 晶界和随机普通晶界更大。这意味着，亚晶界对太阳能电池性能的影响比其他晶界更大。

Sugimoto 等通过 PL 的断层映射(mapping tomography)研究了铸造多晶硅中的晶粒内缺陷(intragrain defect)[8]。他们测量了 PL 强度的空间分布，PL 经过 1 050～1 230 nm 的传波段过滤，以提取能带边的发射。通过重复这样的测量，以及通过化学蚀刻(chemical etching)进行样品减薄(sample thinning)，他们获得了 PL 强度的三维图像。在少数载流子(minority carrier)具有较短扩散长度的区域观测到 PL 平面状暗图形，且在晶体生长方向扩展，他们确认图形来源于晶粒内缺陷。通过低温的 PL 光谱，SEM - EBSP 分析和蚀刻坑方法，他们得出结论，缺陷为来自亚晶界的金属污染位错团。值得注意的是，晶界并不表现出较强的 PL 暗图形，这与亚晶界的图形不同。这意味着，从太阳能电池载流子复合位置角度讲，亚晶界是比晶界更加关键的缺陷。

最近，使用高空间分辨率 CCD 照相机的 PL 和 EL 成像技术，快速地获得了 PL 和 EL 图像[19,20]。PL 成像能够在硅片样品上进行，而不需要制备太阳能电池。但是对于定量分析，需要考虑激发光的不均匀性、表面光反射和表面载流子复合等因素。对于 EL 成像，制备太阳能电池是必要的。换言之，需要估算太阳能电池参数。Würfel 等提出了一种技术，使用不同滤波器(pass filter)得到不同的 EL 图像的比例，来探测分流点(shunting site)。他们证实，具有更短波长的 EL 比例的面积为分流点[21]。

为了更清楚地了解亚晶界对太阳能电池性能的影响，特别是分流效应(shunting effect)，Kutsukake等对小面积太阳能电池样品进行EL成像，亚晶界分布通过X射线摇摆曲线测量确定[11]。图6.7(a)是由960 nm波长滤波器得到的EL图像，而图6.7(b)是由800 nm和960 nm波长滤波器得到的EL强度比例图像，其中800 nm波长EL比例较小。在960 nm波长滤波器拍摄的图像中，较暗区域是稠密的亚晶界，类似于PL成像的情况。在EL比例表示的图像中，稠密的亚晶界区域也是暗的。基于Würfel等的报道，亚晶界会成为太阳能电池的分流。重要的是，发现稠密亚晶界区域比随机普通晶界更加暗。这表明，亚晶界的分流效应比随机普通晶界更强。

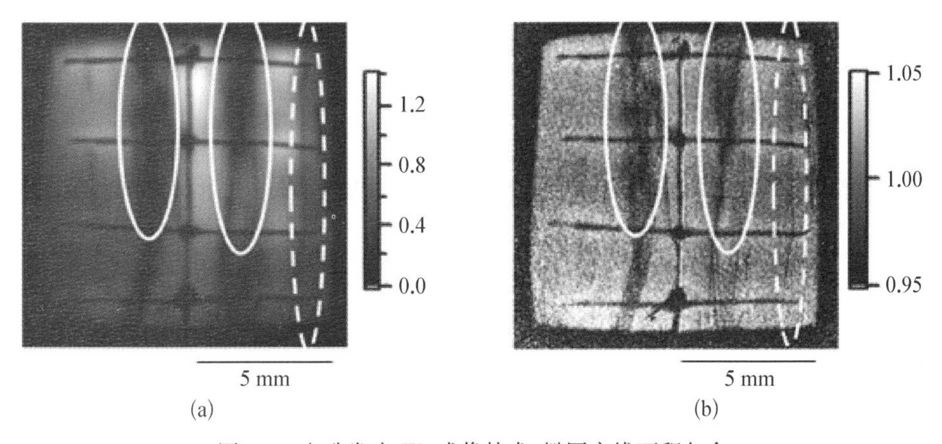


图6.7 电致发光EL成像技术，椭圆实线面积包含亚晶界，椭圆虚线面积包含随机普通晶界

(a) 由960 nm波长滤波器得到的EL图像；(b) 由800 nm和960 nm波长滤波器得到的EL强度比例图像

总而言之，亚晶界是最严重的缺陷，会妨碍多晶硅太阳能电池的总体性能。所以，我们应该基于亚晶界的机理，抑制其产生。下一节，我们将讨论亚晶界的产生机理。

## 6.4 亚晶界的产生机理

亚晶界一般在晶体高温生长过程中由稳定的位错形成，形成使自身能量最小的阵列状结构。如果要形成位错，就要存在不连续的晶格来源，因为从完美晶格形成位错要求极端大的应力，典型值在横向弹性模数(modulus of transverse elasticity)的量级。在铸造多晶硅生长情况下，其可能的来源是坩埚内壁缺陷、夹杂和晶界。

对于金属和合金的晶界，已经报道了位错产生的数个现象和理论模型。例如，通过透射电子显微镜TEM[22]和X射线形貌术(X-ray topography)[23]，对带有单向拉应力(tensile stress)或压应力(compressive stress)薄片样品的原位直接观察表明，受到集中应力的晶界区域容易产生位错。在晶界产生位错的分析处理中，Varin等考虑外部晶界位错引起的应变场(strain field)，计算了产生位错要求的临界切应力(critical shear stress)[24]。而Bata和Pereloma将晶界处理为刃型位错的阵列，并计算了临界切应力[25]。

基于之前对金属和合金的研究，在铸造多晶硅的生长过程中，晶界往往产生晶格位错，而晶格位错往往产生亚晶界。但是，腔体内的薄片样品和熔炉内的大块样品之间还是具有较大的差别。所以,不能够保证 TEM 和 X 射线形貌术中观察到的薄片样品现象也会发生在大块晶体生长过程中。那么,在生长大块铸造多晶硅的生长方向上进行缺陷和其他结构特性的研究是探讨亚晶界产生机理的必要工作。但是,对实际浇注法生长铸造多晶硅的系统研究是比较困难的,因为晶粒形状和结晶取向是随机而复杂的。

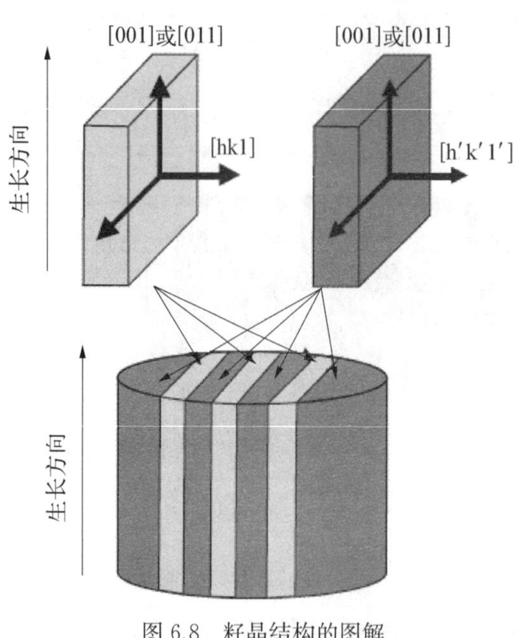


图 6.8 籽晶结构的图解

为了控制晶粒的形状和结晶的取向,有目的地使用籽晶,能够进行模型晶体生长(model crystal growth)。籽晶可以由几块 Si 单晶组成,相邻晶粒之间的结构得到控制。排列籽晶的一个例子,如图 6.8 所示。两个直径为 32 mm 的(110)单晶硅圆柱被每隔 5 mm 切割一下,在坩埚底部交替地排列来自不同 Si 圆柱的晶体片。通过改变切割平面的组合,能够控制晶界平面和相对晶体取向(relative crystal orientation),这种生长方法可以形成任意晶界结构。籽晶和多晶硅原料被放置在镀有 $Si_3N_4$ 粉末的 $SiO_2$ 坩埚中。坩埚被提升到具有温度梯度的晶体生长熔炉的一个位置,所有的多晶硅原料和一半的籽晶都被熔化然后降温,在籽晶上出现外延生长(epitaxial growth)。

图 6.9 是相对晶体取向 103°、包含 3 条晶界样品横截面的摄影图像和电子背散射衍射图样 EBSP 图像。如 EBSP 图像所示,晶体在籽晶上外延生长,晶界出现在一条几乎与生长方向平行的直线上。但是,通常在 1°量级的 SEM - EBSP 角分辨率内没有探测到晶界结构的变化或亚晶界的产生。

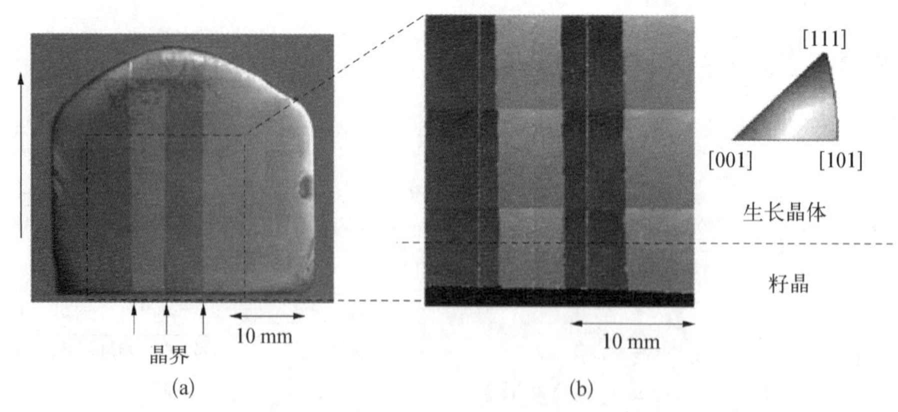


图 6.9 相对晶体取向 103°、包含 3 条晶界样品横截面的样品

(a) 摄影图像;(b) 电子背散射衍射图样 EBSP 图像

图 6.10 是 X 射线衍射在图 6.9 所示的样品中一条晶界附近位置测量的晶体取向分布。对应于晶体取向的峰值位置已经被晶粒中心的数值归一化。随着与籽晶距离的增加,在晶界附近的晶体取向逐渐远离晶粒中心的晶体取向。这种晶体取向的变化只可能归因于亚晶

界的产生，那么亚晶界是在晶体生长的过程中由晶界产生的。在相同的生长晶体中，其他晶界也有几乎相同的结构，而其他晶界附近也能够观察到相似的现象。虽然在图6.9所示的生长晶体中，晶界两侧晶体取向变化的振幅(amplitude)和方向几乎相同，但是其他生长晶体中，观察到不同的现象。在晶界两侧晶体取向变化的方向对于晶界相反，相对晶体取向为138°。而晶界附近晶体取向变化的振幅明显更小，相对晶体取向为90°。这意味着，包含亚晶界位错伯氏矢量的大小和方向依赖于晶界结构。

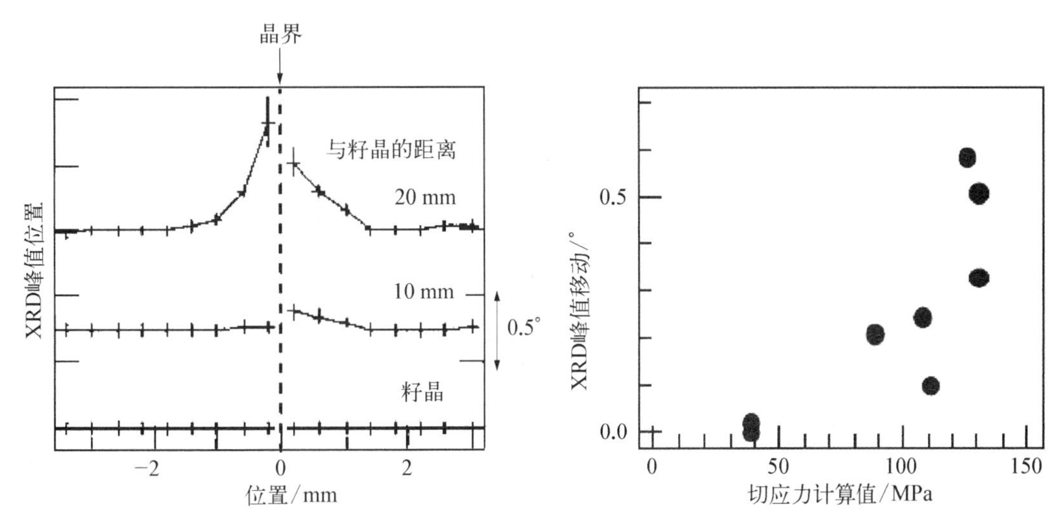


图6.10 在图6.9相同的样品中，晶界附近位置进行X射线衍射测量得到的$\omega$扫描峰值位置分布

图6.11 晶界附近滑移面的局域切应力振幅计算值与XRD峰值移动振幅的关系

正如之前关于金属多晶(metallic multicrystal)的研究报道所述，局域切应力(local shear stress)可能是亚晶界在晶体生长过程中晶界生长的驱动力。为了证实这个观点，并且澄清局域切应力的来源，使用了有限元应力分析(finite-element stress analysis)，为多晶结构生长进行模拟。图6.11是晶界附近滑移面的局域切应力振幅计算值和XRD峰值移动振幅的关系。在这个计算中，各向同性位移(isotropic displacement)被应用于晶体边缘作为边界条件(boundary condition)。在模拟结果中可以看到很强的相关性，带有较大XRD峰值移动的多晶结构表现出较大的局域切应力，并且可以观察到大量的位错产生。这意味着，局域切应力是亚晶界产生的重要因素，而且局域切应力来源于晶体的各向同性形变。当各向异性位移(anisotropic displacement)被应用于边界条件时，在局域切应力计算值和实验结果之间没有发现相关性。

另一个关于亚晶界来源的因素也需要被提及。在$Si_3N_4$、SiC、$SiO_2$等杂质附近也能观察到亚晶界。这意味着，这些杂质也成为亚晶界的来源。另外，还要考虑晶界结构的局域改变。在晶体生长过程中晶界会改变其结构，从而能量降低，这也会产生亚晶界[26]。

## 6.5 小结

我们对铸造多晶硅中亚晶界的研究包括结构分析、电学特性和产生机理。阵列状结构位错会形成亚晶界，而局域分布的亚晶界会在晶体生长方向上扩展。在电学特性方面，亚晶界被认为是阻碍多晶硅太阳能电池总体性能提高最严重的缺陷。就产生机理而言，亚晶界是在晶体生长过程中产生的，亚晶界的来源是晶界或夹杂。用有限元应力分析可以模拟晶体生长，结果表明各向同性形变引起的局域切应力是产生亚晶界的关键因素。

## 参考文献


[1] J.P. Hirth, J. Lothe. Theory of Dislocations [M]. New York: Wiley, 1982.

[2] D.G. Brandon [J]. Acta Metallurgica, 1966, 14: 1478.

[3] A.P. Sutton, R.W. Balluffi. Interfaces in Crystalline Materials [M]. Oxford: Oxford Science, 1995.

[4] Z.J. Wang, S. Tsurekawa, K. Ikeda, T. Sekigushi, T. Watanabe [J]. Interface Science, 1999, 7: 197.

[5] S. Tsurekawa, T. Watanabe [J]. Solid State Phenomena, 2003, 93: 333.

[6] J. Chen, T. Sekiguchi, D. Yang, F. Yin, K. Kido, S. Tsurekawa [J]. Journal of Applied Physics, 2004, 96: 5490.

[7] J. Chen, T. Sekiguchi, R. Xie, P. Ahmet, T. Chikyo, D. Yang, S. Ito, F. Yin [J]. Scripta Materialia, 2005, 52: 1211.

[8] H. Sugimoto, K. Araki, M. Tajima, T. Eguchi, I. Yamaga, M. Dhamrin, K. Kamisako, T. Saitoh [J]. Journal of Applied Physics, 2007, 102: 054506.

[9] H.Y. Wang, N. Usami, K. Fujiwara, K. Kutsukake, K. Nakajima [J]. Acta Materialia, 2009, 57: 3268.

[10] N. Usami, K. Kutsukake, K. Fujiwara, K. Nakajima [J]. Journal of Applied Physics, 2007, 102: 103504.

[11] K. Kutsukake, N. Usami, K. Fujiwara, K. Nakajima [J]. Journal of Applied Physics, 2009, 105: 044909.

[12] K. Fujiwara, Y. Obinata, T. Ujihara, N. Usami, G. Sazaki, K. Nakajima [J]. Journal of Crystal Growth, 2004, 262: 124.

[13] K. Fujiwara, W. Pan, N. Usami, K. Sawada, M. Tokairin, Y. Nose, A. Nomura, T. Shishido, K. Nakajima [J]. Acta Materialia, 2006, 54: 3190.

[14] E. Sirtl, A. Adler [J]. Zeitschrift für Metallkunde, 1961, 52: 529.

[15] W.C. Dash [J]. Journal of Applied Physics, 1956, 27: 1193.

[16] B.L. Sopori [J]. Journal of The Electrochemical Society, 1984, 131: 667.

[17] B. Ryningen, K.S. Sultana, E. Stubhaug, O. Lohne, P.C. Hjem's [C]. Proceedings of the 22nd EU PVSEC, Milan, 2007: 1086.

[18] K. Ikeda, T. Sekiguchi, S. Ito, M. Takebe, M. Suezawa [J]. Journal of Crystal Growth, 2000, 210: 90.

[19] H. Sugimot, M. Tajima [J]. Japanese Journal of Applied Physics, 2007, 46: L339.

[20] T. Fuyuki, H. Kondo, T. Yamazaki, Y. Takahashi [J]. Applied Physics Letters, 2005, 86: 262108.

[21] P. Würfel, T. Trupke, T. Puzzer, E. Schäffer, W. Warta, S.W. Glunz [J]. Journal of Applied Physics, 2007, 101: 123110.

[22] L.E. Murr [J]. Materials Science and Engineering, 1981, 51: 71.

[23] J. Gastaldi, C. Jourdan, G. Grange [J]. Philosophical Magazine, 1987, 57: 971.

[24] R.A. Varin, K.J. Kurzydlowski, K. Tangri [J]. Materials Science and Engineering, 1987, 85: 115.

[25] V. Bata, E.V. Pereloma [J]. Acta Materialia, 2004, 52: 657.

[26] K. Kutsukake, N. Usami, K. Fujiwara, Y. Nose, T. Sugawara. T. Shishido, K. Nakajima [J]. Materials Transactions 2007, 48: 143.

# 第7章　带硅生长

Giso Hahn，德国康斯坦茨大学(University of Konstanz)
Axel Schönecker，荷兰 RGS Development B.V.
Astrid Gutjahr，荷兰能源研究中心(Energy research Centre of the Netherlands，ECN)

我们将在本章中讨论的带硅技术可以替代单晶硅棒或多晶硅铸锭生产的硅片。目前光伏市场快速增长产生的主要问题有：硅片需求的增加、硅原料短缺以及高昂的组件成本。带硅技术能够充分地利用硅原料，而带硅硅片能够以需要的厚度直接从熔体结晶获得，并且没有截口损失。所以，带硅技术相对传统硅片技术具有大幅降低光伏发电成本的潜力。但是，带硅中出现的结构缺陷会限制材料质量和带硅太阳能电池转换效率。

## 7.1　概论

太阳能产业的快速发展对降低生产成本和加快工艺流程的要求日益高涨，这样的要求体现在了从硅原料到晶体生长，从电池工艺到组件制备的整个价值链。传统硅片由单晶硅棒或多晶硅铸锭生长后进行切割得到，而带硅(crystalline silicon ribbon)具有更加高的 Si 利用率和高速生产潜力，并且没有截口损失(kerf loss)，形成了成本和生产速率的巨大优势。但是，带硅太阳能电池(ribbon silicon solar cell)的进一步发展还需要克服技术复杂性、硅片不同特性和更低转换效率的问题。

原则上，所有带硅技术都有一些共同特点。几乎所有供给的硅原料都能够转化为硅片，而且不需要从单晶硅棒或多晶硅铸锭中切割出硅片，但是个别带硅技术需要将大面积的带硅切割为较小面积的硅片。根据不同类型的带硅技术，生长过程可以是较慢的，从而生产设备成本较低；生长过程也可以是较快的，就需要相对复杂的设备。

直接以平面形式结晶硅片方法的研究开发已经进行了 40 年[1~21]，而文献[22]给出了早期发展情况。带硅技术发展的驱动力来自：

(1) 增加硅片生产过程中的 Si 产额；

(2) 避免时间和能量消耗；

(3) 不需要铸锭生长和硅片切割的高昂成本。

直到最近，一些带硅技术才达到成熟，边缘限制薄膜生长(edge-defined film-fed growth，EFG)[23]和线带(string ribbon，SR)[24]等技术已经实现 $MW_p$ 规模生产。Si 薄膜[25]、衬底带硅生长(Ribbon Growth on Substrate，RGS)[17]、浸泡衬底结晶(Crystallisation on Dipped Substrate，

CDS)[26]和牺牲模板带硅(Ribbon on a Sacrificial Template, RST)[5]正处在试验线开发阶段。

下文将分别介绍各种带硅生产技术的原理,并且将详细讨论每一个分类中的典型技术,这些技术有的已经实现了生产,有的还在研发阶段。

除了几何形状、尺寸和表面粗糙度(surface roughness)等硅片特征,评价太阳能电池使用硅片最重要的电学特性是在黑暗中的电阻率和少数载流子寿命。不同于单晶硅棒或多晶硅铸锭生产的硅片,带硅材料的(as-grown)特征略微不同。硅片的电阻率由晶体生长过程中加入的掺杂材料类型和数量决定,而其电阻率往往高于光伏应用的其他硅片。如果使用B作为掺杂剂,达到最高平均转换效率的带硅材料要求2～3 Ωcm的电阻率,而B掺杂的典型铸锭Si材料电阻率在0.5～2 Ωcm范围。

少数载流子寿命也有相似的问题。带硅典型的刚生长后寿命比铸锭硅片更低。带硅硅片依赖于太阳能电池工艺步骤,以改善其电学特性,特别是吸杂(gettering)和钝化(passivation)。所以,在太阳能电池工艺中监控少数载流子寿命和相应的扩散长度(diffusion length)已经证实是发展带硅材料的有效工具。

## 7.2 带硅技术的各种类型

为了理解各种带硅技术的发展潜力,需要对硅片生长技术、硅片特性以及相关太阳能电池工艺进行仔细的研究。在过去,人们使用了不同的分类标准对各种带硅技术进行了分类:

(1) 通过液相-固相界面(liquid-solid interface)上形成的弯月面(meniscus)形状分类,如图7.1所示。对于图7.1(a)的带硅技术,由成型模具(shaping die)形成弯月面的底部,而图7.1(b)在液相的自由表面具有较宽大的底部,这两种带硅技术的结晶前沿都与带硅输运保持相同方向,为第Ⅰ类带硅(type Ⅰ silicon ribbon)。图7.1(c)的带硅技术具有较大的液相-固相界面,硅片输运几乎与晶体生长方向垂直,为第Ⅱ类带硅(type Ⅱ silicon ribbon)。

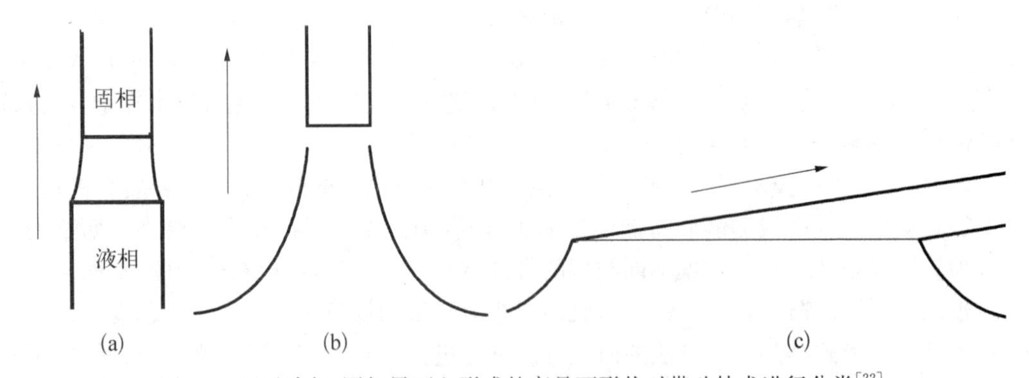


图7.1 通过液相-固相界面上形成的弯月面形状对带硅技术进行分类[22]

(a) 由成型模具形成弯月面的底部,为第Ⅰ类带硅;(b) 在液相的自由表面具有较宽大的底部,为第Ⅰ类带硅;(c) 有较大的液相-固相界面,为第Ⅱ类带硅

(2) 通过结晶过程中凝固带硅相对液相-固相界面的输运方向分类。第Ⅰ类技术:液相-固相界面在带硅输运方向上运动,如EFG和SR。第Ⅱ类技术:液相-固相界面几乎垂直于带硅输运方向运动,如RGS和CDS。

(3) 通过放置Si晶体的籽晶分类。第Ⅰ类技术:只在初始阶段放置籽晶,之后晶体生长继续。第Ⅱ类技术：连续放置籽晶，带硅与较冷衬底接触。

(4) 通过结晶热(crystallisation heat)去除分类。第Ⅰ类技术：通过凝固硅片传导，在更冷的环境中辐射。第Ⅱ类技术：与较冷材料接触，结晶热得到去除。

对于一种理想的带硅技术，硅片特性完全由结晶热，即熔化潜热(latent heat of fusion)，释放的方式决定。

显然，晶体生长过程的环境对带硅的晶体结构以及化学特性(chemical property)、电学特性和机械特性有着主要影响。Si熔体预备也很重要，特别需要注意通过坩埚材料和冷却过程溶解杂质。

我们将讨论3种最典型的带硅生长技术：边缘限制薄膜生长EFG和线带SR属于第Ⅰ类技术，结晶界面在带硅输运方向上移动；衬底带硅生长RGS属于第Ⅱ类技术，液相-固相界面的运动几乎与带硅输运方向垂直。

### 7.2.1 第Ⅰ类带硅

对于第Ⅰ类带硅技术，结晶热利用温度梯度输运，从液相-固相界面到凝固硅片，再到硅片的较冷区域，然后热量再通过辐射或其他冷却机理进入环境。在这样的过程中，晶体生长速率是常数，并且由通过硅片的热通量控制。那么，最大拉晶速度(maximum pulling velocity, $v_m$)，即生长速率为：

$$v_m = \frac{1}{L\rho_m}\left[\frac{\sigma\varepsilon(W+d)K_m T_m^5}{Wd}\right]^{1/2} \tag{7.1}$$

式中，$L$是熔化潜热；$T_m$是熔点；$\rho_m$是熔点的晶体密度(density of the crystal at melting point)；$\sigma$是斯特藩-玻尔兹曼常数(Stefan-Boltzmann constant)；$\varepsilon$是晶体的发射率(emissivity of the crystal)；$K_m$是熔点的晶体热传导率(thermal conductivity of crystal at melting point)；$W$是带硅宽度(ribbon width)；$d$是带硅厚度(ribbon thickness)[27]。对于300 μm厚带硅，式(7.1)可以计算出最大拉晶速度$v_m$约为8 cm/min。

实际的生长速率要比以上计算值低得多，因为最大限度热应力限制了带硅的最大限度温度梯度。在接近边缘限制薄膜生长EFG液相-固相界面处的温度梯度接近1 000 K/cm[28]。这样的温度梯度会引起热应力，热应力随$d^2T/dy^2$递增，$y$是生长方向坐标(coordinate in growth direction)。形成的位错和弯曲(buckling)很关键，将厚度300 μm平面带硅的最大拉晶速度$v_m$限制在约2 cm/min，而更薄带硅的最大拉晶速度$v_m$会更低。在坩埚熔体顶部附近新形成带硅的热环境(thermal environment)对于应力特别关键，往往使用辐射屏蔽和后热器(afterheater)来控制并且减小应力[29]。最佳方式是最大程度地将应力限制在发生塑性流动(plastic flow)的液相-固相界面。

因为晶体生长是基于已经凝固的Si晶体结构，带硅在生长方向上表现出较长的晶体，一般为mm～cm范围。晶体取向往往是快速生长的方向，依赖于生长速率和初始籽晶放置情况，甚至能够生长出单晶材料[1]。

#### 7.2.1.1 边缘限制薄膜生长

美国Mobil Tyco、ASE、德国RWE等公司分别研究过边缘限制薄膜生长EFG带硅，德国肖特太阳能公司(Schott Solar)最终实现了EFG技术的商业化。带硅被拉伸的最大高度为石墨模具(graphite die)以上 7 m 处。Si 熔体通过毛细作用(capillary action)被模具吸起,形成如图 7.1(a)所示的弯月面形状液相-固相界面。通过辐射屏蔽、冷靴(cold shoe)和后热器进行温度控制,能够实现最大的温度梯度,从而出现塑性流动,达到最大生长速率[30,31],如图 7.2 所示。

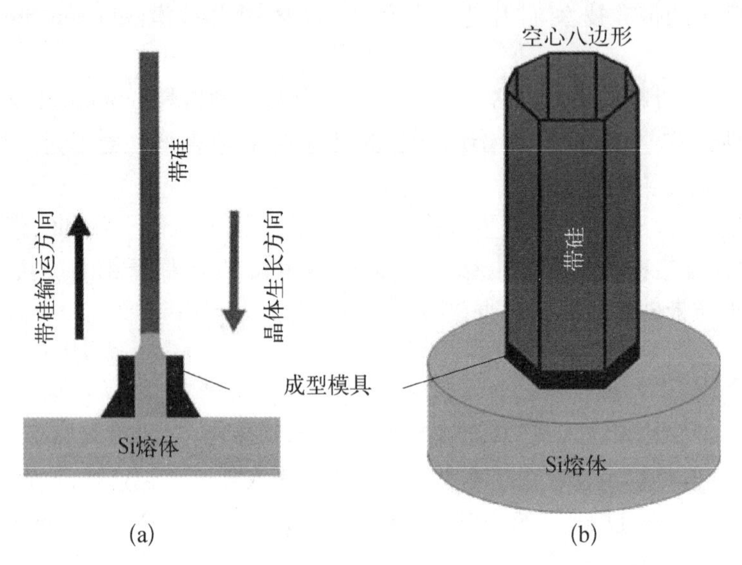


图 7.2　第Ⅰ类边缘限制薄膜生长 EFG 带硅技术的图解

(a) 通过成型模具的毛细作用 Si 熔体被提升,实现带硅的提拉;(b) 每边宽 12.5 cm八边形或十二边形的成型模具用以避免边缘效应(edge effect)

石墨坩埚中承载的 Si 炉料仅为 1 kg,但是会进行连续的加料,一个生长周期会补充最高 200 kg 的 Si 炉料。固相带硅富含 C,也包含少量的 O。典型的晶粒宽度为数毫米量级,但是在晶体生长方向上晶粒能够很长。刚生长后扩散长度与石墨部件的纯度有关。八边形(octagon)或十二边形(dodecagon)的带硅用激光切割成 12.5 cm×12.5 cm 的硅片。目前,还在进行减小 EFG 硅片厚度的研究,目的是使硅片厚度远小于 300 μm[32]。

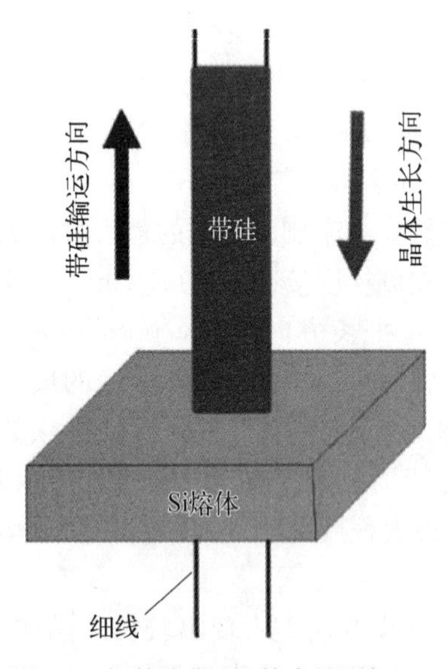


图 7.3　拉伸线带 SR 技术的图解,2 条细线从 Si 熔体中拉伸出来,从而可以限制 Si 薄膜的边缘。目前,2 条细线以平行方式拉出,而 4 条细线的设计也在研究中

7.2.1.2　线带

线带 SR 技术由美国可再生能源实验室(National Renewable Energy Laboratory,NREL)发明,并由美国常绿太阳能公司(Evergreen Solar Inc.)实现了产业化。SR 技术使用 2 条相距 8 cm 的防高温细线,从装有 Si 熔体的坩埚中拉出。拉出的弯月面大约 7 mm 高,如图 7.1(b)所示,然后结晶成为带硅。边缘限制薄膜生长 EFG 技术要求液相-固相界面附近的温度被控制在±1 K,而 SR 技术与 EFG 技术不同,液相-固相界面附近的温度并不那么关键,容忍度(tolerance)可以是±10 K,从而能够使用成本更加有效的熔炉设计[24],如图 7.3 所示。生长出的

带硅被切割成 8 cm×15 cm 的硅片。

SR 技术得到的带硅具有小于 $10^5$ $cm^{-2}$ 的典型位错密度。在带硅中心区域的缺陷主要是孪晶。由于异质成核(heterogeneous nucleation)，大角度晶界发生在边缘。200 μm 厚带硅的典型晶粒尺寸在厘米范围。与 EFG 一样，O 浓度较低，但是 C 浓度大幅减小。

与 EFG 相似，在结晶区域附近使用后热器结构，以减小热应力[29]。SR 技术也使用较小的 Si 熔体坩埚，结合连续加料。EFG 技术能够同时生产 8 条或 12 条带硅，为了克服每个 SR 熔炉生产 1 条带硅对生产速率的限制，正在开发设计一个熔炉中同时生长 2 条带硅[33]和 4 条带硅[34]的新颖坩埚。

### 7.2.2　第Ⅱ类带硅

在第Ⅱ类带硅的生长过程中，散热路径是从液相-固相界面通过凝固硅片到较冷的衬底。不同于第Ⅰ类技术，第Ⅱ类技术通过具有较大横截面的较薄硅片散热，其散热效果更有效，生长速率要高得多。

在这种情况下，带硅生长速率可以表达为：

$$v_p = \frac{4h_{eff}K_m s}{(2K_m - \alpha t)dL\rho_m}\Delta T \tag{7.2}$$

式中，$h_{eff}$是有效传热系数(effective coefficient of heat transfer)；$K_m$是熔点的晶体热传导率；$s$ 是在拉伸方向的液相-固相界面长度(length of the liquid-solid interface)；$t$ 是时间(time)；$d$ 是带硅厚度；$L$ 是熔化潜热；$\rho_m$是熔点的晶体密度；$\Delta T$ 是熔体和衬底之间的温度梯度(temperature gradient)。对于 $\Delta T=160$℃，式(7.2)计算出最大生长速率在600 cm/min 量级。相比第Ⅰ类技术，第Ⅱ类技术具有更大的液相-固相界面，有潜力获得很大的拉伸速率和很高的生产速率。

因为 Si 晶体生长与衬底接触，第Ⅱ类带硅的特性与第Ⅰ类带硅的特性完全不同。因为引晶(crystal seeding)发生在衬底上，典型的硅片具有随机取向的较小柱状晶粒。晶体生长速率依赖于时间。当 Si 熔体刚开始直接与衬底接触时，液相-固相界面的位置正比于较快的初始晶体生长速率的平方根。由于凝固 Si 外加的热传导，生长速率随着硅片厚度的增加而降低。第Ⅱ类晶体生长的原理可以用“经典斯特藩问题”(classical Stefan problem)描述[35]。经典斯特藩问题假设熔体具有均匀的液相温度(liquid temperature，$T_l$)，液相温度 $T_l$比熔点 $T_m$更高，并且液相温度 $T_l$限制在 $x>0$ 的半空间。当时间 $t=0$，与较冷衬底接触的边界表面($x=0$)的温度降低到熔点 $T_m$以下的 $T_0$，并且维持在这一温度。结果，凝固在表面 $x=0$ 处开始，液相-固相界面 $s(t)$向 $x$ 轴正方向移动。在这样的假设下，可以求解热传导方程组(heat conduction equations)：

$$s(t) = \lambda\sqrt{\alpha_s t} \tag{7.3}$$

式中，$s(t)$是液相-固相界面的位置，依赖于时间 $t$；$\alpha_s$是固相热扩散率(thermal diffusivity of the solid phase)；$\lambda$ 是以下方程的解：

$$\frac{\exp(\lambda^2/4)}{\mathrm{erf}(\lambda/2)} + \frac{b}{\sqrt{a}}\frac{T_m - T_l}{T_m - T_0}\frac{\exp(-\lambda^2/4a)}{\mathrm{erfc}(\lambda/2\sqrt{a})} - \frac{\lambda\sqrt{\pi}h_{sf}}{2c_{sp}(T_m - T_0)} = 0 \tag{7.4}$$

式中，$b$ 是液相和固相热导率的比例(ratio of liquid to solid heat conductivity)；$a$ 是液相和固相热扩散率的比例(ratio of liquid to solid heat diffusivity)；$T_m$是熔点；$T_l$是液相温度；$T_0$是界面表面温度(temperature of boundary surface)；$h_{sf}$是凝固热(solidification heat)；$c_{sp}$是固相比热容(specific heat capacity of the solid phase)。

总体而言，晶体生长要比以上描述的系统更加复杂，特别是受到几个因素的影响：

(1) 凝固硅片底部的界面表面温度 $T_0$，而 $T_0$往往不是常数；

(2) 依赖于温度的材料特性；

(3) Si 熔体的湍流(turbulent flow)。

变化的生长速率会导致依赖于厚度的材料特性，例如出现依赖于生长速率的金属杂质有效偏析。

在第Ⅰ类晶体生长中，凝固 Si 中相对较大的温度梯度是结晶的驱动力，但是第Ⅱ类晶体生长中温度梯度非常小。如果硅片冷却或机械应力等其他工艺参数能够得到控制，原则上可能在较低的热应力下生长硅片。典型的第Ⅱ类带硅技术有：

(1) RAFT 工艺，德国瓦克(Wacker)在 1980 年开发；

(2) 浸泡衬底结晶 CDS，日本夏普太阳能(Sharp Solar)已经进入样品阶段；

(3) 衬底带硅生长 RGS，将在下一节详细介绍。

7.2.2.1　衬底带硅生长

衬底带硅生长 RGS 是由德国拜耳(Bayer AG)在 20 世纪 90 年代开发的。现在 RGS 主要由荷兰 RGS Development B.V.研究开发，并且还有德国 Deutsche Solar AG、荷兰 Sunergy Investco B.V.以及荷兰能源研究中心 ECN 参与合作。在 RGS 工艺中，预热石墨衬底以很高的晶体生长速率(典型值为 10 cm/s 或 6 m/min)在铸造框架(casting frame)下移动，铸造框架中盛满了 Si 熔体。衬底和铸造框架设定了硅片的尺寸和凝固前沿，如图 7.4 所示。结晶热被移除到较冷的衬底，生长出 300 μm 厚的 Si 薄膜。

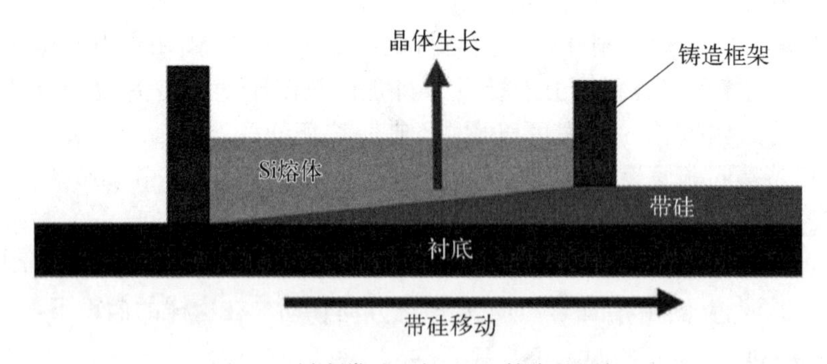


图 7.4　衬底带硅生长 RGS 技术的图解

通过衬底材料的热提取能力可以有效地控制晶体生长速率。在冷却过程中，衬底材料和带硅热膨胀系数(thermal expansion coefficient)的差别会引起带硅从衬底分离，从而衬底材料能够再次使用。RGS 生长的柱状晶粒得到模拟，如图 7.5 所示。

类似于其他带硅技术，由于使用了耐火材料，RGS 材料的 C 浓度较高，而如今 O 浓度已经降低到相当水平。

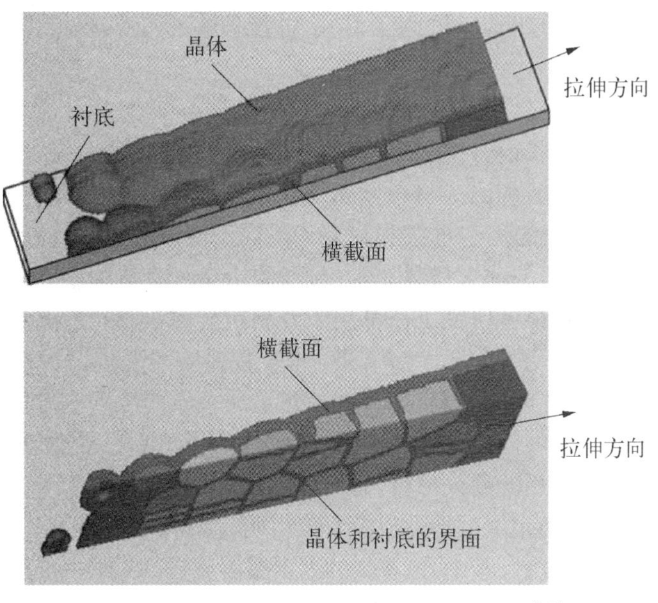


图 7.5 模拟得到 RGS 生长的柱状晶粒结构[36]

### 7.2.3 技术比较

可以将第Ⅰ类带硅技术(以边缘限制薄膜生长 EFG 和线带 SR 为代表)与第Ⅱ类带硅技术(以衬底带硅生长 RGS 为代表)进行比较,见表 7.1。

**表 7.1 第Ⅰ类带硅技术和第Ⅱ类带硅技术晶体生长数据的比较**

| | 第Ⅰ类带硅技术 | 第Ⅱ类带硅技术 |
|---|---|---|
| 晶体生长方向和带硅输运方向的角度 | 180° | 几乎 90° |
| 典型带硅生长速率 | 1～2 cm/min | 600 cm/min |
| 典型年硅片产量 | 每台设备约 50 万片硅片 | 每台设备约 2 000 万片硅片 |
| 结晶速度 | 常数,1～2 cm/min | 变化值,平均值 2 cm/min |
| 晶粒尺寸 | 拉伸方向晶粒尺寸较大,垂直于拉伸方向 mm～cm 量级 | 100 μm～1 mm 范围 |
| 结晶取向 | EFG 接近{011}[43,44] | 随机 |
| 热应力 | 较高,热应力的容忍度限制了生长速率 | 较低 |

## 7.3 材料特性和太阳能电池工艺

几乎所有类型的带硅都是多晶材料,晶体的缺陷对相应带硅太阳能电池的性能会起到重要作用。一般而言,更快的带硅生长速率会引起更高的缺陷浓度,而即使对于同一种技术生长的不同硅片,会出现不均匀的缺陷分布。在本节中,我们将介绍边缘限制薄膜生长 EFG、线带 SR 和衬底带硅生长 RGS 这 3 种材料的相关缺陷,以及缺陷对太阳能电池工艺的影响。特别地，必须仔细研究不同类型缺陷之间的相互作用，才能理解不同带硅材料的影响。

### 7.3.1 耐火材料

除了结晶条件，带硅生长设备使用的材料和大气环境也是影响硅片特性的重要因素。在多数带硅技术中，凝固区域会和耐火材料紧密地接触。例如，边缘限制薄膜生长 EFG 的成型模具，或衬底带硅生长 RGS 的铸造框架和衬底。不同于浇注法，不可能丢弃与耐火材料接触结晶的带硅。因为结晶工艺与耐火材料非常接近，像切克劳斯基法中 SiO 蒸发这样的技术不可能用于带硅生长。所以，很多研究工作都用于发展抗硅耐火材料(silicon resistant refractory material)，以使污染程度达到最低[37]。结果，大多数带有金属氧化物黏结剂(metal-oxide binder)的陶瓷材料不能用于耐火材料，因为硅片对金属杂质的浓度容忍度很低[38,39]。同样的问题还存在于包含掺杂剂的陶瓷。例如，BN 含有 B，而 SiAlON 含有 Al。目前只有基于石英[40]和石墨[41]的坩埚是常用的耐火材料，另外坩埚表面可以选择基于 SiN 或 SiC 的镀膜。

人们彻底地研究了石英坩埚的特性以及石英坩埚与 Si 熔体的相互作用，以控制切克劳斯基法生长单晶硅的 O 浓度[42]。其中，最重要的因素是石英在 Si 熔体中的溶解以及 SiO 从熔体中蒸发。结果，$SiO_2$通过 Si 熔体输运到气相，发生坩埚溶解，并且形成 Si 熔体的污染。

Si 熔体和石墨坩埚相互作用会形成 SiC 界面层(interface layer)，这是进一步开发带硅的主要研究课题。纯 Si 熔体与石墨的初始接触会使石墨在 Si 中溶解[43]。根据互相作用的湿润实验，C 在 Si 熔体中快速扩散，这说明石墨溶解也相当快速[44,45]。正常情况下，这会引起 C 在 Si 熔体中的饱和，但是扫描电子显微镜 SEM 对 Si-石墨界面的分析表明，界面存在 SiC 层[46]。SiC 的生长发生在两个不同的生长阶段：

(1) 初始阶段是一个界面反应受到限制的过程，具有线性动力学(linear kinetics)；

(2) 随后的阶段是更慢的过程，几乎为抛物线动力学(parabolic kinetics)，这可以解释为 C 扩散受到 SiC 层限制的生长过程。

所以，在 SiC 界面层初始生长后，C 从石墨坩埚的进一步溶解在动力学上受到通过 SiC 界面层扩散的阻碍。

硅片中 C 浓度与生长条件的关系是人们非常感兴趣的。实验表明[47]，C 在 Si 熔体中与 SiC 平衡的溶解度可以描述为：

$$\log([\mathrm{C}]/\mathrm{mass\%}) = 3.63 - \frac{9\,660}{T},\ T = 1\,723 \sim 1\,873\ \mathrm{K} \tag{7.5}$$

在 Si 的熔点，式(7.5)会给出 C 浓度为 $9.1 \times 10^{18}\ \mathrm{cm^{-3}}$。当达到 Si 的熔点，C 在固相 Si 中的溶解度为 $3.5 \times 10^{17}\ \mathrm{cm^{-3}}$，在液相 Si 中更高的 C 溶解度将引起凝固 Si 的 C 过饱和或形成 SiC，SiC 可能残余在熔体中或者混入 Si 晶体中。

尽管液相 Si 中 C 的溶解度很高，生产较低 C 浓度的带硅在技术上是可能的，石墨环境中的 C 浓度可以低于 $1 \times 10^{18}\ \mathrm{cm^{-3}}$，甚至达到 $5 \times 10^{17}\ \mathrm{cm^{-3}}$范围[41]。因为 C 污染对硅片的电学特性和机械特性较重要，非常需要 C 含量远低于液相溶解度的带硅生长。

### 7.3.2 带硅材料特性

不同技术生长的带硅具有不同的材料特性，见表 7.2。优化电阻率比标准的铸造多晶硅(约 1 Ωcm)更高，这与较高的 C 浓度有关。对于更低电阻率的材料，B 和 C 会形成复合中心,能够观察到材料的退化[48]。

表 7.2 3 种带硅技术的材料特性

| 材料 | 晶粒尺寸 | 位错密度/$cm^{-2}$ | 厚度/μm | 电阻率/Ωcm | [C]/$cm^{-3}$ | [O]/$cm^{-3}$ | 刚生长后 $L_{diff}$/μm |
|---|---|---|---|---|---|---|---|
| EFG | cm | $10^4 \sim 10^5$ | 300 | 2～4 | $10^{18}$ | $<5\times10^{16}$ | 10～300 |
| RS | cm | $10^4 \sim 10^5$ | 200 | 3 | $5\times10^{17}$ | $<5\times10^{16}$ | 10～300 |
| RGS | <mm | $10^5 \sim 10^7$ | 300 | 3 | $10^{18}$ | $4\times10^{17}$ | ～10 |

边缘限制薄膜生长 EFG 和衬底带硅生长 RGS 材料都具有很高的 C 浓度,因为它们在液相-固相界面附近与含石墨材料(模具或衬底)接触。EFG 和线带 SR 的 O 浓度非常低,而 RGS 的 O 浓度略高。因为衬底上有更多的成核点(nucleation site),RGS 的晶粒尺寸较小(0.1～0.5 mm)。总体而言,RGS 的位错密度要高于 EFG 和 SR,这意味着还没有完全实现无应力的硅片生长。

另外,过渡金属存在于所有材料中,而多数过渡金属的浓度还不会限制材料的质量。但是,也有一些会作为点缺陷(point defect)成为有效复合中心,或者形成沉淀,影响刚生产出来的材料的质量。

单一位错的复合活性(recombination activity)和点缺陷的俘获截面都属于孤立缺陷对材料质量的影响。现有理论体系对晶体硅(crystalline Si,c－Si)材料的多种缺陷有足够的了解,但是杂质或结构缺陷的相互作用是一个难题,这是带硅凝固后复杂特性的主要困难。目前,很难就已知相互作用做出完整的综述,但是更多信息可以参见[49]。

7.3.2.1 边缘限制薄膜生长和线带

由于凝固带硅中变化的热梯度,液相-固相界面平面垂直于生长方向的带硅技术都要承受内建应力[50]。这样的应力能够形成高位错密度区域。光致发光 PL 光谱[51,52]和透射电子显微镜 TEM 证实,在这些高位错密度区域中,载流子寿命会降低。在位错密度较低的区域,也能够探测到较高的应力[53]。只包含孪晶而不增加位错密度的区域不会出现寿命减小。这些区域受到很高的应力,有证据表明这可能是因为孪晶晶界中含有较多的 C[54]。

我们知道,单一的位错几乎没有复合活性[55],但是对位错施加杂质会形成带隙深处的复合中心,从而大幅降低载流子寿命[56]。可以得出结论,除了复合活性较强的大角度晶界,施杂质位错是边缘限制薄膜生长 EFG 和线带 SR 最严重的缺陷。

我们知道,过渡金属是晶体硅 c－Si 中的复合中心。对故意污染的 EFG 硅片进行研究表明,Cr、Mo、V、Ti 和 Fe 等不同金属都是非常有害的[57,58]。Ti、V 和 Mo 会缓慢地在 Si 中扩散,但是它们不能够在太阳能电池工艺中被有效地吸杂。还有证据表明,Fe 和 Cr 会与 B 受主发生配对(pairing)。Cr－B 配对的形成会降低载流子寿命,而 200℃的退火会消除配对[59,60]。但是,Fe－B 配对相比 Fe 间隙(interstitial Fe,$Fe_i$)的危害程度依赖于注入水平(injection level)。在低注入条件下,$Fe_i$ 会比 Fe－B 配对引起更低的寿命;在高注入条件下,Fe－B 配对表现出比 $Fe_i$ 更高的复合活性[61]。Fe 和 Cr 杂质的有害影响程度很大地取决于 B 掺杂剂浓度[59,61],从而能够解释为什么带硅相比标准铸造多晶硅硅片要求更高的电阻率。因为游离形式的 Fe 和 Cr 会快速扩散,比较容易吸杂,这是在太阳能电池工艺中改善材料质量的必要方法。

7.3.2.2　衬底带硅生长

作为一种高速带硅生长技术，衬底带硅生长RGS具有较小的晶粒尺寸，从而晶界上存在大量的缺陷，而其他缺陷也会影响刚生产出来的材料的质量。在2003年以前，RGS材料具有高C浓度结合高O浓度的特征。较高的O浓度以间隙的形式出现，成为降低寿命的缺陷。当存在较高的O间隙水平，除了温度<600℃形成的热施主（thermal donor）外，包含$SiO_x$的新施主会在600～900℃温度范围（temperature range）以内形成[62]。较高的C浓度会增加这些施主的数量[63]，从而大幅降低RGS的载流子寿命[64]。

RGS工艺的改善能够降低O浓度，目前的O浓度可以降低铸造多晶硅硅片的水平。所以，通过退火故意产生O沉淀，采用形成新施主的工艺就不再必要了[65]。

### 7.3.3　带硅太阳能电池

目前最先进的太阳能电池工艺能够允许使用高度缺陷的晶体硅硅片，并且不会降低太阳能电池的转换效率。获得可接受转换效率的一个前提是，材料质量在太阳能电池生产工艺中获得较大的改善，而吸杂和氢化步骤特别重要，文献[49]总结了带硅材料中吸杂和氢化的研究成果。图7.6是多晶硅材料制备太阳能电池的典型步骤。与实验室工艺（lab-type processing）不同，在生产工艺（industrial-type processing）中，进行800～900℃温度下约20 min的P扩散，形成发射极。沉积$SiN_x$减反膜（Antireflection Coating，ARC）之后需要进行前接触和背接触的厚膜金属化以及700～850℃的烧结1 min，从而形成背表面场（back surface field，BSF）和接触电极。为了将带有缺陷的刚生长后带硅硅片制备高转换效率太阳能电池，需要使用一些改善载流子寿命的技术步骤，从而提升材料质量。

图7.6　典型太阳能电池工艺

(a) 实验室工艺；(b) 生产工艺

我们知道，在晶体硅c-Si中增加H含量能够减小缺陷的复合活性，增加少数载流子寿命。所以，氢化技术也能够在带硅太阳能电池工艺中改善带缺陷区域的材料质量。已经得到证实，带有较多缺陷的带硅材料经过氢化后转换效率确实能够得到改善。

7.3.3.1 带硅的氢化

在太阳能电池生产工艺中，氢化是通过等离子体增强化学气相沉积(Plasma-Enhanced Chemical Vapour Deposition，PECVD)制备富含H的$SiN_x$层实现的[66]。能够加入$SiN_x$的最高H含量约30at.%，并且H含量依赖于沉积使用的$NH_3/SiH_4$比例。H浓度最终会对折射率和吸收系数产生影响[67,68]。在$SiN_x$沉积后的退火步骤中，H原子被释放到硅片体内[69~71]。除了作为氢化的H来源，PECVD沉积$SiN_x$层主要起到减反膜ARC的作用，同时也有较好的钝化效果[72]。由于对太阳能电池特性有这三方面益处[73]，PECVD沉积$SiN_x$层成为目前多晶硅太阳能电池生产工艺的必备步骤。

吸杂技术主要改善刚生长后硅片的高质量区域，而氢化处理能够对任何质量水平的区域进行明显改善。但是，氢化后到达的最终寿命并不只依赖于刚生长后寿命[74~77]。这充分地说明带硅中非均匀缺陷分布是非常复杂的。氢化的效果在很大程度上依赖于体内的缺陷。图7.7是线带SR硅片在刚生长后、Al吸杂后和氢化后的寿命分布。标注的区域经过吸杂和氢化后变化特别明显。如果位错被沉淀污染，位错对复合活性具有非常重要的作用，这说明沉淀的化学成分已经发生了改变。氢化或多或少能够有效地降低复合活性，但是也依赖于沉淀的类型[55,56]。

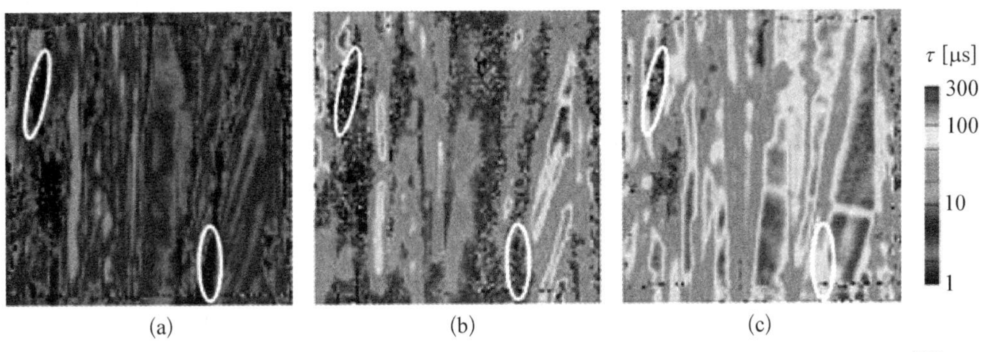


图7.7 5 cm×5 cm面积线带SR硅片在太阳能电池工艺中的少数载流子寿命分布变化[75]

(a) 刚生长后；(b) P吸杂后；(c) 氢化后

H结合缺陷能够非常明显地起到钝化效果。由于热激活(thermal activation)，对于温度>400℃的情况，能够观察到复合活性的再激活(reactivation)。所以，H钝化后的冷却速率很重要。通过PECVD进行的$SiN_x$层氢化，再进行温度范围在700~850℃的退火，其钝化效果会明显地受到冷却斜坡(cooling-down ramp)的影响。快速热处理(rapid thermal processing，RTP)结合PECVD-$SiN_x$层的实验表明，使用更快的冷却斜坡能够实现更高的寿命[78,79]。

在衬底带硅生长RGS中，缺陷对进行H钝化特别重要，因为RGS刚生长后少数载流子寿命比边缘限制薄膜生长EFG和线带SR低得多。对于只有O间隙浓度不同，其他方面相同的RGS材料，其掺杂分布表明，较高的O浓度会减小H扩散[80]。在其他材料中也能够观察到这样的类似现象[81]，这就说明O原子会俘获H原子。对于EFG这样的低O材料，

H 会在约 30 min 内 350℃温度下扩散通过整个硅片。相比之下，这一过程会花费富 O-RGS 数小时[81]。关于带缺陷硅材料中 H 扩散过程中 H 被俘获的细节研究，可以参考文献[49,82]。

7.3.3.2 太阳能电池工艺

如果使用带硅硅片制备太阳能电池，需要采取一定的措施来适应带硅特殊材料的特性，才能够达到令人满意的转换效率。对于所有多晶硅硅片，都需要在太阳能电池工艺中改善材料质量，特别是需要对刚生长后材料的缺陷结构进行特殊的处理。在太阳能电池工艺中应用吸杂和氢化步骤是非常关键的，从而能够提高转换效率并且最终实现成本有效。

当我们说到转换效率，需要澄清两类太阳能电池工艺：

(1) 实验室工艺：电池面积较小，不考虑制备成本，目的是确定特定材料用于太阳能电池的发展潜力；

(2) 生产工艺：电池面积较大，可以直接转移到大规模生产。

边缘限制薄膜生长 EFG 和线带 SR 硅片已经得到商业化发展，分别在 1994 年和 2001 年实现了相关带硅太阳能电池的大规模生产。EFG 和 SR 的转换效率记录(efficiency record)差不多，这再一次说明两种材料的质量相当，如图 7.8 所示。

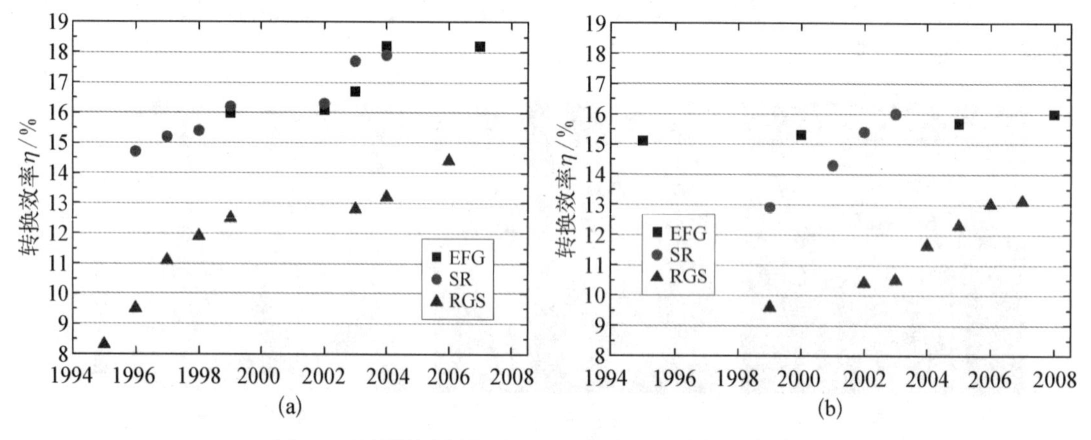


图 7.8 边缘限制薄膜生长 EFG、线带 SR 和衬底生长带硅 RGS 制备的带硅太阳能电池转换效率记录[83]

(a) 实验室工艺；(b) 生产工艺

即使经过吸杂和氢化，EFG 和 SR 的材料质量也是非均匀的，如图 7.7 所示。所以，得到的带硅太阳能电池同时受到高质量区域和低质量区域的影响。低扩散长度区域的电池性能被体内复合限制，而背表面复合能够在高质量区域限制载流子的收集。

低材料质量区域需要进行特殊处理，因为这些区域通常会限制太阳能电池的转换效率。氢化能够改善这些低质量区域[74,76]，所以大量的研究专注于体内缺陷钝化动力学。已经被证实，如果没有覆盖层(capping layer)，缺陷位置留住 H 只能在温度＜400℃条件下获得[84,85]。在发射极顶部沉积 $SiN_x$ 层也能够得到相似的结果[86,87]。

对于具有双层减反膜(Double Layer Antireflection Coating，DARC)的实验室工艺，EFG 和 SR 带硅太阳能电池的转换效率记录分别为 18.2%和 17.9%[85,88]。制备大面积太阳能电池的生产工艺具有低得多的转换效率记录。EFG和SR带硅太阳能电池的转换效率记录分别为15.7%(10 cm×10 cm)[89]和16.0%(8 cm×10 cm)[90]。对于带硅太阳能电池的生产工艺,制绒一直是一个难题。最近的研究表明,酸性蚀刻(acidic etching)[91,92]和等离子体制绒(plasma texturing)[88,93]具有较大潜力。通过对EFG实现较好制绒的生产工艺,最近,相应的带硅太阳能电池的转换效率记录甚至达到了16%[94]。

如果用衬底带硅生长RGS材料制备带硅太阳能电池,需要特别适应其表面形貌。RGS硅片与EFG或SR硅片有两个重大差别。首先,EFG和SR硅片的两个表面都是不平整的,而RGS硅片在结晶过程中使用衬底,其背表面是平整的。其次,液相-固相界面会偏析杂质,凝固在RGS硅片的不平整前表面。所以,需要在电池工艺之前对RGS硅片的前表面进行特殊处理,以去除这一富杂质层。通过材料质量和太阳能电池工艺两个方面的改进,RGS带硅太阳能电池的性能得到不断提升,如图7.8所示。由于较高的缺陷密度(defect density)引起较短的扩散长度,RGS带硅太阳能电池的转换效率仍然明显低于EFG和SR带硅太阳能电池。

RGS带硅太阳能电池使用5 cm×5 cm的电池尺寸,生产工艺转化效率记录达到13.1%[95]。生产工艺中包含了机械平整(mechanical planarization)步骤,以去除富缺陷前表面,并且使前表面平整。RGS电池实验室工艺的转换效率记录达到14.4%[95]。RGS技术能够降低刚生长后硅片厚度到100 μm范围。使用这种类型的硅片的带硅太阳能电池达到10%~11%转换效率。这些带硅太阳能电池表现出非常高的Si利用率,甚至低于3 g/$W_p$[95]。

## 7.4 小结

带硅太阳能电池与铸造多晶硅太阳能电池转换效率相当,而且成本更加有效。边缘限制薄膜生长EFG和线带SR的电池实验室转换效率记录在18%范围,与铸造多晶硅太阳能电池差不多,而实验室工艺具有相似的复杂程度。生产工艺也存在相似的情况,转换效率记录在15%~16%范围,EFG太阳能电池在生产中的转换效率平均值大约为15%[96],比铸造多晶硅太阳能电池略低。根据这些数据可以得出结论,如果产额达到相似水平,EFG或SR硅片的每$W_p$成本会具有相当优势。

衬底生长带硅RGS具有更高的生产速率,制备过程成本更加有效。虽然转换效率略低,但是RGS能够进一步降低太阳能电池组件的每$W_p$成本。为了达到更高的转换效率,不但需要改善硅片质量,还应该重点研究缺陷和太阳能电池工艺的相互作用。

带硅太阳能电池的优势除了成本有效,还有更低的能源回收期(energy payback time),即制造光伏系统过程中消耗的能量得到光伏发电补偿需要的时间。根据最近的研究,在中欧地区,使用RGS带硅太阳能电池光伏系统的能源回收期是铸造多晶硅太阳能电池的一半[97]。

由于带硅巨大的成本优势和技术优势,其太阳能硅片生产应用将成为光伏成本降低的里程碑。目前,基于多晶硅硅片太阳能电池的发展趋势是更薄、更大的硅片。基于带硅的硅片技术必须适应这一趋势,从而维持其成本有效的优势。因为较薄的EFG和RGS硅片已经实现实验室尺寸,厚度<200 μm,其生产工艺需要进一步的开发。

## 参考文献

[1] S.N. Dermatis, J.W. Faust [J]. IEEE Transactions on Communication and Electronics, 1963, 82: 94.
[2] J. Boatman, P. Goundry [J]. Electrochemical Technology,1967, 5: 98.
[3] T.F. Ciszek [J]. Materials Research Bulletin, 1972, 7: 731.
[4] T. Koyanagi [C]. Proceedings of the 12th IEEE PVSC, Baton Rouge, 1976: 627.
[5] C. Belouet [J]. Journal of Crystal Growth, 1987, 82: 110.
[6] I.A. Lesk, A. Baghadadi, R.W. Gurtler, R.J. Ellis, J.A. Wise, M.G. Coleman [C]. Proceedings of the 12th IEEE PVSC, Baton Rouge, 1976: 173.
[7] J.D. Heaps, R.B. Maciolek, J.D. Zook, M.W. Scott [C]. Proceedings of the 12th IEEE PVSC, Baton Rouge, 1976: 147.
[8] T.F. Ciszek, G.H. Schwuttke [J]. Journal of Crystal Growth, 1977, 42: 483.
[9] T.F. Ciszek, J.L. Hurd [J]. Proceedings of the 14th IEEE PVSC, San Diego, 1980: 397.
[10] K.M. Kim, S. Berkman, M.T. Duffy, A.E. Bell, H.E. Temple, G.W. Cullen. Silicon Sheet Growth by the inverted Stepanov Technique [R]. DOE/JPL-954465, 1977.
[11] N. Tsuya, K.I. Arai, T. Takeuchi, K. Ohmor, T. Ojima, A. Kuroiwa [J]. Journal of Electronic Materials, 1980, 9: 111.
[12] T.F. Ciszek, J.L. Hurd, M. Schietzelt [J]. Journal of The Electrochemical Society, 1982, 129: 2838.
[13] H.E. Bates, D.M. Jewett [C]. Proceedings of the 15th IEEE PVSC, Kissimmee, 1981: 255.
[14] J.G. Grabmaier, R. Falckenberg [J]. Journal of Crystal Growth, 1990, 104: 191.
[15] A. Beck, J. Geissler, D. Helmreich [J]. Journal of Crystal Growth, 1987, 82: 127.
[16] A. Eyer, N. Schillinger, I. Reis, A. Räuber [J]. Journal of Crystal Growth, 1990, 104: 119.
[17] H. Lange, I. Schwirtlich [J]. Journal of Crystal Growth, 1990, 104: 108.
[18] M. Suzuki, I. Hide, T. Yokoyama, T. Matsuyama, Y. Hatanaka, Y. Maeda [J]. Journal of Crystal Growth, 1990, 104: 102.
[19] Y. Maeda, T. Yokoyama, I. Hide, T. Matsuyama, K. Sawaya [J]. Journal of the Electrochemical Society, Solid-State Science and Technology, 1986, 133(2): 440.
[20] Y. Komatsu, N. Koide, M.-J. Yang, T. Nakano, Y. Nagano, K. Igarashi, K. Yoshida, K. Yano, T. Hayakawa, H. Taniguchi, M. Shimizu, H. Takiguchi [J]. Solar Energy Materials and Solar Cells, 2003, 74: 513.
[21] M. Konagai [C]. Proceedings of the 29th IEEE PVSC, New Orleans, 2002: 38.
[22] T.F. Ciszek [J]. Journal of Crystal Growth, 1984, 66: 655.
[23] F.W. Wald [M]. J. Grabmaier, Ed. Crystals: Growth, Properties, and Applications, Berlin: Springer, 1981: 147.
[24] W.M. Sachs, D. Ely, J. Serdy [J]. Journal of Crystal Growth, 1987, 82: 117.
[25] J.S. Culik, F. Faller, I.S. Goncharovsky, J.A. Rand, A.M. Barnett [C]. Proceedings of the 17th EC PVSEC, Munich, 2001: 1347.
[26] H. Mitsuyasu, S. Goma, R. Oishi, K. Yoshida, H. Taniguchi [C]. Proceedings of the 23rd EU PVSEC, Valencia, 2008: 1497.
[27] T.F. Ciszek [J]. Journal of Applied Physics, 1976, 47(2): 440.
[28] J.P. Kalejs [J]. Journal of Crystal Growth, 1993, 128: 298.
[29] R.J. Wallace, J.I. Hanoka, S. Narasimha, S. Kamra, A. Rohatgi [C]. Proceedings of the 26th IEEE PVSC, Anaheim, 1997: 99.
[30] J.P. Kalejs [M]. C.P. Khattak, K.V. Ravi, Ed. Silicon Processing for Photovoltaics Ⅱ. Amsterdam:

Elsevier, 1987: 185.

[31] C.K. Bhihe, P.A. Mataga, J.W. Hutchinson, S. Rajendran, J.P. Kalejs [J]. Journal of Crystal Growth, 1994, 137: 86.

[32] J. Horzel, A. Seidl, W. Buss, I. Westram, F. Mosel, S. Guenther, J. Novak, J. Sticksel, G. Blendin, M. Jahn, M. Rinio, H. von Campe, W. Schmidt [C]. Proceedings of the 22nd EU PVSEC, Milan, 2007: 1394.

[33] L.W. Wallace, E. Sachs, J.I. Hanoka [C]. Proceedings of the 3rd WCPEC, Osaka, 2003: 1297.

[34] E. Sachs, D. Harvey, R. Janoch, A. Anselmo, D. Miller, J.I. Hanoka [C]. Proceedings of the 19th EC PVSEC, Paris, 2004: 552.

[35] S.H. Cho, J.E. Sunderland [J]. Journal of Heat Transfer 1969, 91c: 421.

[36] M. Apel, D. Franke, I. Steinbach [J]. Solar Energy Materials and Solar Cells, 2002, 72: 201.

[37] A. Briglio, K. Dumas, M. Leipold, A. Morrison. Flat Plate Solar Array Project: Volume Ⅲ Silicon Sheets and Ribbons [R]. DOE/JPL 1012-125, 1986.

[38] J. Fally, E. Fabre, B. Chabot [J]. Applied Physics Reviews, 1987, 22: 529.

[39] J.R. Davis, A. Rohatgi, R.H. Hopkins, P.D. Blais, P. Rai-Choudhury, J.R. McCormic, H.C. Mollenkopf [J]. IEEE Transactions on Electron Devices, 1980, ED-27: 677.

[40] R. Hull. Properties of Crystalline Silicon [M]. London: Inspec, 1999.

[41] R.E. Janoch, A.P. Anselmo, R.L. Wallace, J. Martz, B.E. Lord, J.I. Hanoka [C]. Proceedings of the 28th IEEE PVSC, Anchorage, 2000: 1403.

[42] H. Hirata, K. Hoshikawa [J]. Japanese Journal of Applied Physics, 1980, 19: 1573.

[43] A. Schei, J. Tuset, H. Tveit. Production of High Silicon Alloys [M]. Trondheim: Tapir Forlag, 1998.

[44] J.-G. Li, H. Hausner [J]. Scripta Metallurgica et Materialia, 1995, 32(3): 377.

[45] J.-G. Li, H. Hausner [J]. Journal of the American Ceramic Society, 1996, 97(4): 873.

[46] R. Deike, K. Schwerdtfeger [J]. Journal of The Electrochemical Society, 1995, 142(2): 609.

[47] K. Yanabe, M. Akasaka, M. Takeuchi, M. Watanabe, T. Narushima, Y. Iguchi [J]. Materials Transactions Japan Institute of Metals, 1997, 38(11): 990.

[48] J.P. Kalejs [J]. Solid State Phenomena, 2004, 95-96: 159.

[49] G. Hahn, A. Schönecker [J]. Journal of Physics: Condensed Matter, 2004, 16: R1615.

[50] B. Chalmers [J]. Journal of Crystal Growth, 1984, 70: 3.

[51] Y. Koshka, S. Ostapenko, I. Tarasov, S. McHugo, J.P. Kalejs [J]. Applied Physics Letters, 1999, 74: 1555.

[52] S. Ostapenko, I. Tarasov, J.P. Kalejs, C. Hässler, E.-U. Reisner [J]. Semiconductor Science and Technology, 2000, 15: 840.

[53] H.J. Möller, C. Funke, A. Lawerenz, S. Riedel, M. Werner [J]. Solar Energy Materials and Solar Cells, 2002, 72: 403.

[54] M. Werner, K. Scheerschmidt, E. Pippel, C. Funke, H.J. Möller [J]. Journal of Physics: Conference Series, 2004: 180.

[55] K. Knobloch, M. Kittler, W. Seifert [J]. Journal of Applied Physics, 2003: 93(2), 1069.

[56] M. Kittler, W. Seifert, T. Arguirov, I. Tarasov, S. Ostapenko [J]. Solar Energy Materials and Solar Cells, 2002, 72: 465.

[57] J.P. Kalejs, L. Jastrzebski, L. Lagowski, W. Henley, D. Schielein, S.G. Balster, D.K. Schroder [C]. Proceedings of the 12th EC PVSEC, Amsterdam, 1994: 52.

[58] J.P. Kalejs, B.R. Bathey, J.T. Borenstein, R.W. Stormont [C]. Proceedings of the 23rd IEEE PVSC,

Louisville, 1993: 184.
[59] K. Mishra [C]. Applied Physics Letters, 1996, 68: 3281.
[60] O. Klettke, D. Karg, G. Pensl, M. Schulz, G. Hahn, T. Lauinger [C]. Technical Digest 12th PVSEC, Jeju, 2001: 617.
[61] D. Macdonald, A. Cuevas, J. Wong-Leung [J]. Journal of Applied Physics, 2001, 89: 7932.
[62] V. Cazcarra, P. Zunino [J]. Journal of Applied Physics, 1980, 51: 4206.
[63] Y. Kamiura, F. Hashimoto, M. Yoneta [J]. Physica Status Solidi (A), 1991, 123: 357.
[64] D. Karg, A. Voigt, J. Krinke, C. Hässler, H.-U. Hoefs, G. Pensl, M. Schulz, H.P. Strunk [J]. Solid State Phenomena 1999, 67-68: 33.
[65] G. Hahn, S. Seren, D. Sontag, A. Schönecker, M. Goris, L. Laas, A. Gutjahr [C]. Proceedings of the 3rd WCPEC, Osaka, 2003: 1285.
[66] H.F. Sterling, R.C.G. Swann [J]. Solid-State Electronics, 1965, 8: 653.
[67] H. Nagel, A.G. Aberle, R. Hezel [C]. Proceedings of the 2nd WC PSEC, Vienna, 1998: 1422.
[68] R. Chow, W.A. Lanford, W. Ke-Ming, R.S. Rosler [J]. Journal of Applied Physics, 1982, 53: 5630.
[69] J. Szlufcik, K. De Clercq, P. De Schepper, J. Poortmans, A. Buczkowski, J. Nijs, R. Mertens [C]. Proceedings of the 12th EC PVSEC, Amsterdam, 1994: 1018.
[70] L. Cai, A. Rohatgi [J]. IEEE Transactions on Electron Devices, 1997, ED-44: 97.
[71] C. Boehme, G. Lucovsky [J]. Journal of Vacuum Science & Technology, 2001A, 19: 2622.
[72] A. Aberle. Crystalline Silicon Solar Cells, Advanced Surface Passivation and Analysis [M]. Sydney: Centre for Photovoltaic Engineering, University of New SouthWales, 1999.
[73] F. Duerinckx, J. Szlufcik [J]. Solar Energy Materials and Solar Cells, 2002, 72: 231.
[74] P. Geiger, G. Hahn, P. Fath, E. Bucher [C]. Proceedings of the 17th EC PVSEC, Munich, 2001: 1715.
[75] P. Geiger, G. Kragler, G. Hahn, P. Fath, E. Bucher [C]. Proceedings of the 29th IEEE PVSC, New Orleans, 2002: 186.
[76] P. Geiger, G. Kragler, G. Hahn, P. Fath, E. Bucher [C]. Proceedings of the 17th EC PVSEC, Munich, 2001: 1754.
[77] P. Geiger, G. Kragler, G. Hahn, P. Fath [J]. Solar Energy Materials and Solar Cells, 2005, 85: 559.
[78] V. Yelundur, A. Rohatgi, J.W. Jeong, J.I. Hanoka [J]. IEEE Transactions on Electron Devices, 2002, ED-49(8): 1405.
[79] J.-W. Jeong, Y.H. Cho, A. Rohatgi, M.D. Rosenblum, B.R. Bathey, J.P. Kalejs [C]. Proceedings of the 29th IEEE PVSC, New Orleans, 2002: 250.
[80] G. Hahn, P. Geiger, P. Fath, E. Bucher [C]. Proceedings of the 28th IEEE PVSC, Anchorage, 2000: 95.
[81] G. Hahn, W. Jooss, M. Spiegel, P. Fath, G. Willeke, E. Bucher [C]. Proceedings of the 26th IEEE PVSC, Anaheim, 1997: 75.
[82] S. Kleekajai, F. Jiang, M. Stavola, V. Yelundur, K. Nakayashiki, A. Rohatgi, G. Hahn, S. Seren, J. Kalejs [J]. Journal of Applied Physics, 2006, 100: 093517.
[83] A. Rohatgi, J.W. Jeong [J]. Applied Physics Letters, 2003, 82: 224.
[84] T. Pernau, G. Hahn, M. Spiegel, G. Dietsche [C]. Proceedings of the 17th EC PVSEC, Munich, 2001: 1764.
[85] A. Rohatgi, D.S. Kim, V. Yelundur, K. Nakayashiki, A. Upadhyaya, M. Hilali, V. Meemongkolkiat [C]. Technical Digest 14th PVSEC, Bangkok, 2004: 635.

[86] J.-W. Jeong, A. Rohatgi, M.D. Rosenblum, J.P. Kalejs [C]. Proceedings of the 28th IEEE PVSC, Anchorage, 2000: 83.

[87] K. Nakayashiki, D.S. Kim, A. Rohatgi, B.R. Bathey [C]. Technical Digest 14th PVSEC, Bangkok, 2004: 643.

[88] M. Käs, G. Hahn, A. Metz, G. Agostinelli, Y. Ma, J. Junge, A. Zuschlag, D. Groetschel [C]. Proceedings of the 22nd EU PVSEC, Milan, 2007: 897.

[89] J. Horzel, G. Grupp, R. Preu, W. Schmidt [C]. Proceedings of the 20th EC PVSEC, Barcelona, 2005: 895.

[90] G. Hahn, A.M. Gabor [C]. Proceedings of the 3rd WCPEC, Osaka, 2003: 1289.

[91] G. Hahn, I. Melnyk, C. Dube, A.M. Gabor [C]. Proceedings of the 20th EC PVSEC, Barcelona, 2005: 1438.

[92] J.Horzel,H. Nagel, B. Schum,G.Wahl, A. Seidl, B. Lenkeit, S. Bagus, P. Roth, W. Schmidt [C]. Proceedings of the 20th EC PVSEC, Paris, 2004: 435.

[93] H.F.W. Dekkers, F. Duerinckx, L. Carnel, G. Agostinelli, G. Beaucarne [C]. Proceedings of the 21st EU PVSEC, Dresden, 2006: 754.

[94] G. Blendin, J. Horzel, A. Seidl, A. Teppe, K. Vaas, B. Schum, W. Schmidt [C]. Proceedings of the 23rd EU PVSEC, Valencia, 2008.

[95] S. Seren, M. Kaes, G. Hahn, A. Gutjahr, A.R. Burgers, A. Schönecker [C]. Proceedings of the 22nd EU PVSEC, Milan, 2007: 854.

[96] W. Schmidt, B. Woesten, J.P. Kalejs [J]. Progress in Photovoltaics: Research and Applications, 2002, 10: 129.

[97] E.A. Alsema, M.J. de Wild-Scholten [C]. Proceedings of the 19th EC PVSEC, Paris, 2004: 840.

# 第8章 球 形 硅

长汐晃辅，日本东京大学(University of Tokyo)
栗林一彦，日本宇宙航空研究开发机构(Japan Aerospace Exploration Agency，JAXA)

直径1 mm的单晶球形硅已经引起了相当广泛的关注，相比硅片制备的太阳能电池，其切割损失降低了20%。单晶硅棒的生长技术不能够直接应用于单晶球形硅，因为关键技术不再是单晶硅棒需要的生长控制，而是使过冷熔体发生成核以形成球形硅。但是，从外部控制成核确实很难。在我们介绍生长单晶球形硅的新颖方法之前，先要回顾一下球形硅太阳能电池的发展过程。

## 8.1 概论

最近，晶体硅太阳能电池巨大的市场需求引起了硅原料短缺，半导体产业的过剩硅原料已经远远不能够满足光伏产业的需求。这样的局面令人们开始关注于球形硅太阳能电池(spherical silicon solar cell)，如图8.1所示[1]。球形硅(spherical silicon)的直径约1 mm，应用球形硅制备太阳能电池可以降低硅片制备的切割损失达20%[2]。

图8.1 球形硅太阳能电池的照片[1]

早在 1960 年，美国 Hoffman Electronics Corp.的 Prince 等最先发表了球形硅概念[3]。在 1982 年，美国德州仪器(Texas Instruments Inc.)的 McKee 对球形硅晶体生长进行了更细致的研究[4]。

图 8.2 是通过两步滴管法(two-step drop tube method)生产球形硅晶体的设备。在图 8.2(a)和(b)所示的第一步中，多晶硅原料在坩埚中熔化，通过坩埚底部直径约 1 mm 小孔(orifice)喷射出 Si 熔体，而 Si 熔体在滴管中进行自由落体(free fall)，从而生长出球形硅晶体。

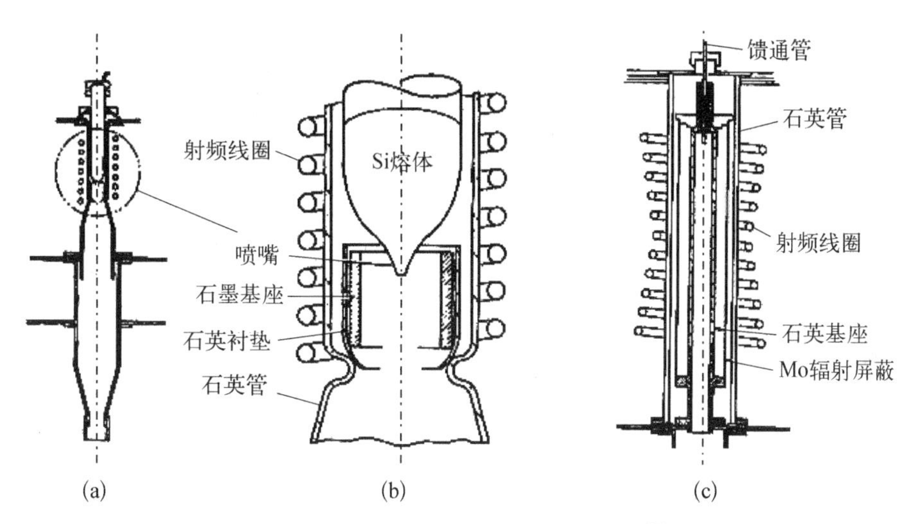


图 8.2　McKee 两步滴管法的设备图解[4]

(a) 第一步的设备；(b) 第一步设备的细节；(c) 第二步的设备

第一步后获得样品的表面形貌，如图 8.3 所示。其中图 8.3(a)的样品几乎是单晶，而图 8.3(b)的样品具有十分多的多晶。据有关报道，绝大多数样品为多晶球形硅(spherical silicon polycrystal)，而微结构依赖于凝固过程中冷却速率或过冷速率。为了改善结晶度，多晶球形硅晶体需要经过再熔化(remelting)和再生长(regrowing)形成单晶球形硅(spherical silicon single crystal)，如图 8.2(c)所示。第二步后的样品形状几乎是圆球形的，棱角的存在是样品再熔化的特征，如图 8.3(c)所示。第二步滴管法设备石墨基座的温度约为 2 200℃，其长度较长，样品被石墨的辐射热量加热并且熔化。有报道称，第二步再熔化形成的球形硅 95%为单晶。

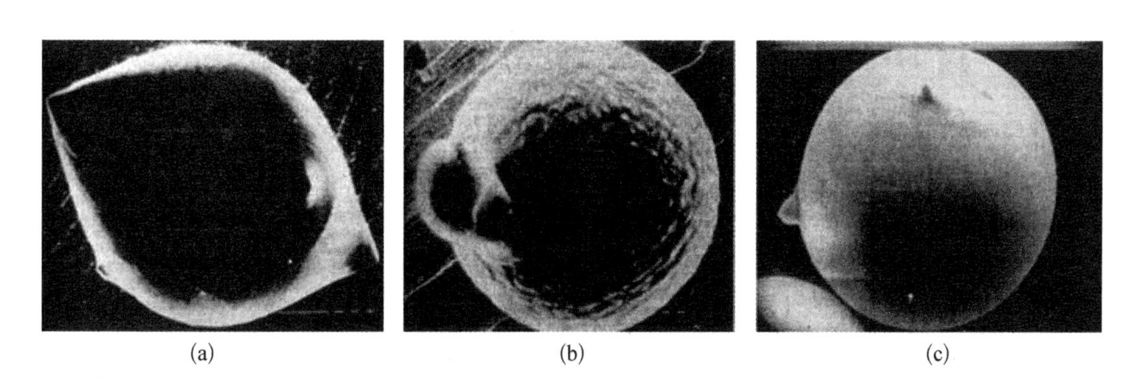


图 8.3　球形硅晶体表面的微结构

(a) 第一步得到的单晶球形硅；(b) 第一步得到的多晶球形硅；(c) 第二步得到的单晶球形硅

可能是由于相对复杂的工艺控制，球形硅的商业化一直很难实现。在 1998 年，美国 Ball Semiconductor Inc. 试图用类似的两步滴管法技术生长单晶球形硅用于太阳能电池[5~7]，但是两步滴管法引起的高生产成本劣势一直没有得到解决。

最近，日本的数家初创公司已经研究了直接用两步滴管法的第一步，即一步滴管法，生长方法来生产单晶球形硅[8~12]。当小液滴(droplet)在自由落体过程中结晶时，受到坩埚壁的限制，会在成核前经历较大的过冷却，出现异质成核。由于较大的过冷却，不稳定的生长界面会出现枝晶生长。枝晶生长本身并不是严重多晶化(polycrystallinity)的主要原因，因为从单一晶核生长单枝晶也能将整个液滴生长成单晶球形硅[13]。另外，也有实验报道了较细小的晶粒，如图 8.3(b)所示。由于枝晶分裂(fragmentation of dendrites)，还没有建立有效方法减小晶粒数量，下文会对这个问题进行详细解释。为了解决这个问题，切克劳斯基法生长单晶硅棒的技术不能够直接应用于生长球形硅晶体。需要对从过冷熔体的晶体生长进行仔细的研究，才能够找到新颖的解决办法。

## 8.2 过冷熔体的晶体生长

小液滴结晶过程的热经历(thermal history)能够用无单位焓-温度图(dimensionless enthalpy-temperature diagram)描述[14]，如图 8.4(a)所示。为了简化，假设存在牛顿冷却条件(Newtonian cooling conditions)，即从小液滴表面的排热(heat extraction)控制了冷却过程，小液滴内部的温度梯度可以忽略。

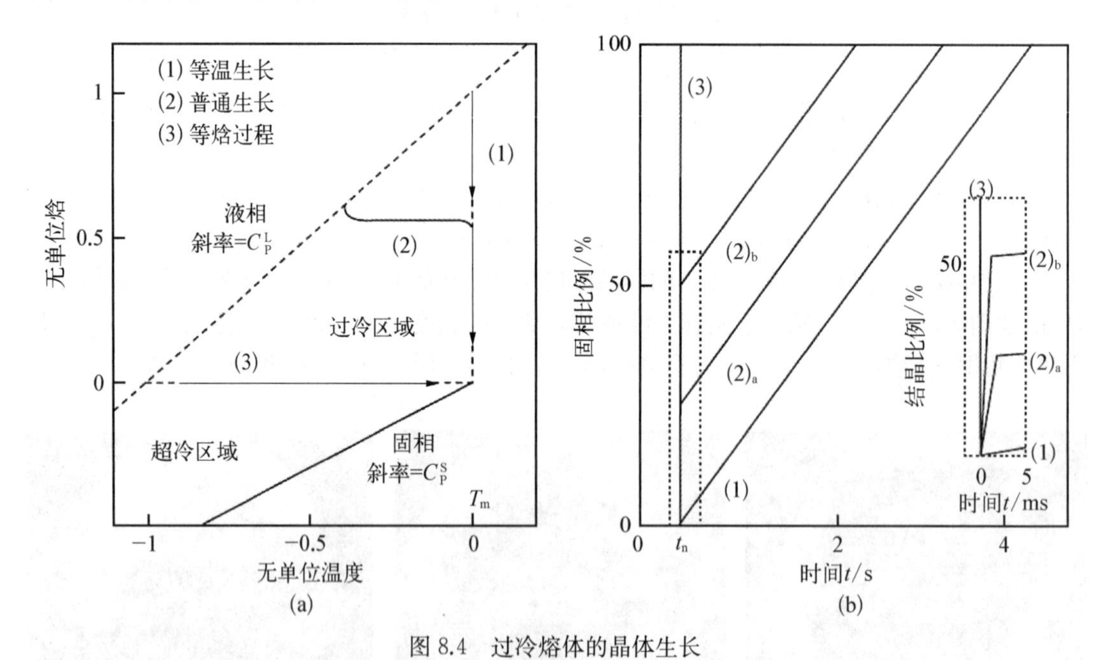


图 8.4　过冷熔体的晶体生长

(a) 无单位焓-温度图，表明 3 种类型的热经历；(b) 固相比例随时间变化的图解

从熔体到晶体的生长过程，存在 3 种类型的热经历：

(1) 等温生长(isothermal growth)：所有结晶潜热(latent heat of crystallization)都被气流(gas flow)去除，结晶过程在熔点 $T_m$进行，没有出现过冷却现象。

(2) 普通生长(general growth):小液滴在成核前先经历过冷却,结晶潜热再以绝热的方式释放到过冷熔体。只要小液滴温度到达熔点 $T_m$,余下的熔体在 $T_m$ 等温结晶。

(3) 等焓生长(isenthalpic growth),即绝热生长(adiabatic growth):所有结晶潜热释放到过冷熔体。

所谓的"等焓生长"或"绝热生长"意味着通过气流冷却可以忽略,而向过冷熔体的排热速率(heat extraction rate)要大得多。(3)等焓生长的过冷却可以定义超冷极限(hypercooling limit,$\Delta T_{hyp}$):

$$\Delta T_{hyp} = \Delta H_f / C_P^L \tag{8.1}$$

式中,$\Delta H_f$ 是熔化焓(enthalpy of fusion);$C_P^L$ 是液相热容量(heat capacity of liquid phase)。

在普通生长过程中,剩下的熔体在熔点 $T_m$ 等温生长,但是在超冷极限 $\Delta T_{hyp}$,整个熔体在低于 $T_m$ 的温度生长[15]。对于过渡金属 Ni,超冷极限 $\Delta T_{hyp}$ 为 446 K。由于较大的熔化焓 $\Delta H_f$,Si 的超冷极限 $\Delta T_{hyp}$ 为 1 977 K。所以,Si 熔体在 $\Delta T_{hyp}$ 以下过冷生长是不现实的。

图 8.4(b)是固相比例随时间变化的简图。在等温生长情况(1),如果 $t_n$ 为成核时间(nucleation time),小液滴通过气流的冷却,温度保持在熔点 $T_m$,经过数秒完全结晶,生长速率为常数约 1 mm/s。在普通生长情况(2),小液滴在时间 $t_n$ 过冷却,由于较大的生长驱动力,获得 1 m/s 的生长速率。当小液滴温度达到熔点 $T_m$ 时,由于气流的冷却过程还是等温生长,生长速率大幅降低。过冷熔体的生长速率依赖于过冷度(degree of undercooling,$\Delta T$)。总体而言,更大的过冷却会形成更高的生长速率,$(2)_b$ 的生长速率比 $(2)_a$ 更高,而当样品温度达到熔点 $T_m$,$(2)_b$ 和 $(2)_a$ 的生长速率相同。对于等焓生长情况(3),熔体在 $\Delta T_{hyp}$ 以下过冷却,结晶在数毫秒内结束。将潜热传递到过冷熔体的排热速率会控制生长速率,这样的过程也依赖于过冷度。

总而言之,相比具有稳定生长速率的切克劳斯基法单晶硅棒生长,从过冷熔体结晶的样品包含了:

(1) 非平衡微结构(nonequilibrium microstructure),从过冷熔体以高生长速率形成;

(2) 平衡微结构(equilibrium microstructure),在熔点 $T_m$ 以低生长速率形成。

非平衡微结构和平衡微结构的比例依赖于过冷度,可以表达为 $\Delta T/\Delta T_{hyp}$。非平衡微结构会出现较大的机械应变(mechanical strain),这是一个关系到太阳能电池性能的重要问题。

## 8.3 枝晶的分裂

在商业应用中,滴管法比较适合大规模生产。但是,不容易进行两步滴管法的细节研究,特别是每一个小液滴的温度测量和微结构形成的原位观测,因为每一个液滴都在自由落体过程中。悬浮法(levitation method)是研究两步滴管法的有效工具,通过电磁悬浮器(electro-magnetic levitator,EML)的电磁力,直径约 8 mm 的 Si 液滴能够处于悬浮状态,如图 8.5 所示。由于能够控制小液滴的位置,我们就可以用高温计(pyrometer)测量小液滴的表面温度,并且用高速视频相机(High-Speed Video camera,HSV)原位观察结晶

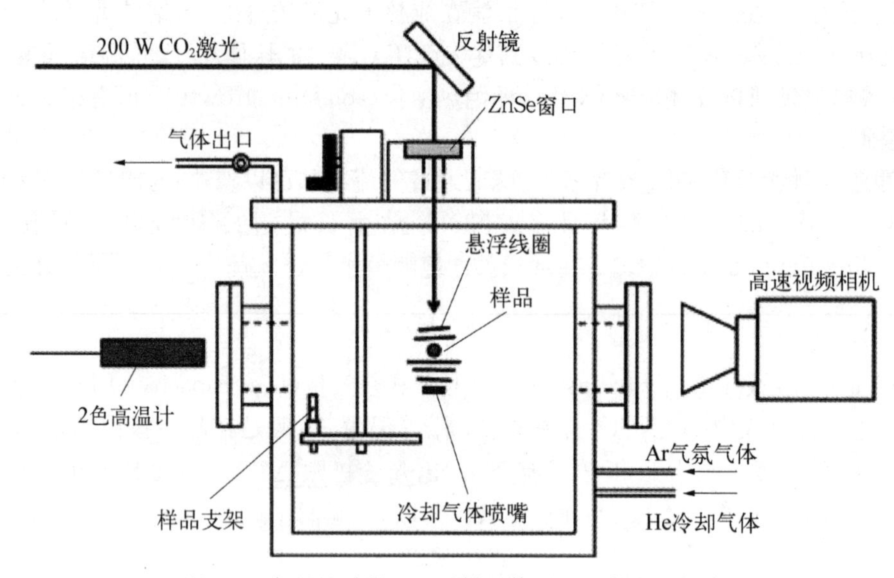


图 8.5 电磁悬浮器 EML 图解，使用 $CO_2$ 激光器加热

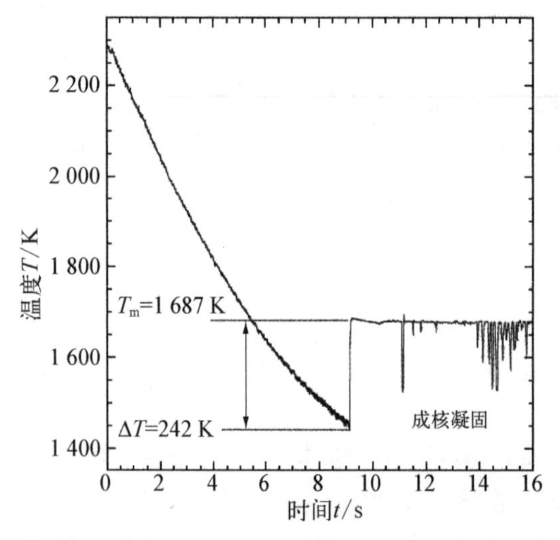


图 8.6 样品在 $\Delta T=242$ K 结晶的典型冷却曲线

情况[16~18]。

图 8.6 是样品在两部滴管法第二步中 $\Delta T=T_m-T_n=242$ K 时结晶的典型冷却曲线，其中，$T_m$ 是 Si 的熔点，而 $T_n$ 是成核温度(nucleation temperature)。释放成核和结晶潜热将样品温度提高到 $T_m$，之后固相/液相共存态维持在 $T_m$。如果将图 8.6 的温度分布顺时针旋转 90°，其形状将类似于图 8.3(a)中的普通生长曲线(2)。

图 8.7 是不同过冷却条件下结晶的球形硅样品，(a)和(d)的 $\Delta T=5$ K，(b)和(e)的 $\Delta T=152$ K，(c)和(f)的 $\Delta T=292$ K。(a)～(c)是在结晶过程中 HSV 观察到的表面形貌，而(d)～(f)是扫描电子显微镜 SEM 得到的横截面微结构。对于在较低过冷度结晶的样品(a)，<110>枝晶直接从表面生长，而<100>枝晶覆盖了在 $\Delta T>100$ K 结晶小液滴(b)的表面。在这里，<uvw>枝晶是指在<uvw>晶向上生长的枝晶。Si 小平面枝晶的细节分析可以参考文献[19～21]。当过冷度超过200 K，HSV 图像(c)中枝晶的连接不再清晰。根据 HSV 图像对应的不同过冷度横截面微结构，晶粒尺寸随过冷度增加而降低。能够在 $\Delta T=152$ K 样品(e)中清晰地观察到较大的<100>枝晶，而<100>枝晶的分裂发生在过冷度大于 200 K 的样品(f)中。在这个研究中，球形硅样品的 B 掺杂为 $10^{20}$ $cm^{-3}$，而 B 的偏析影响了枝晶的形状。值得注意的是，B 掺杂样品不同过冷度的生长速率和微结构与纯 Si 样品是相似的[18]。

固相和液相之间更大的自由能差别，是因为过冷熔体结晶的情况比等温结晶情况初

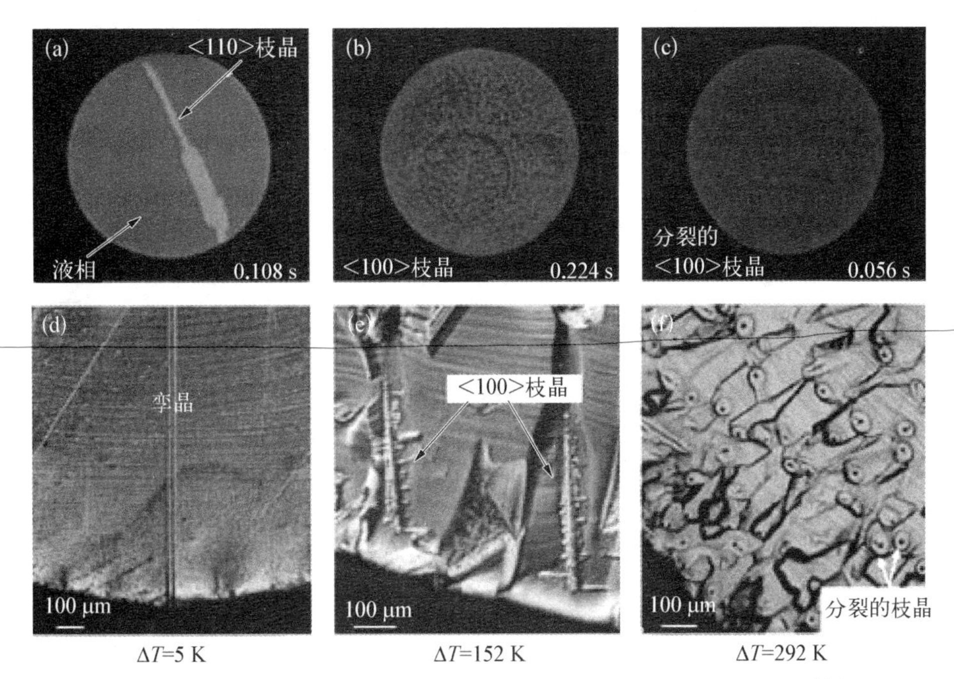


图 8.7 不同过冷却条件下结晶球形硅的表面形貌(由高速视频相机 HSV 拍摄)和横截面微结构(由扫描电子显微镜 SEM 拍摄)

(a) $\Delta T=5$ K,HSV;(b) $\Delta T=152$ K,HSV;(c) $\Delta T=292$ K,HSV;(d) $\Delta T=5$ K,SEM;(e) $\Delta T=152$ K,SEM;(f) $\Delta T=292$ K,SEM

始的生长驱动力大得多。由于潜热向过冷熔体的扩散控制了生长,更大的表面积有利于释放潜热,所以固相/液相界面形成了具有更大表面积的枝晶微结构。当样品温度达到熔点 $T_m$时,生长驱动力减小,即使在等温凝固过程中,枝晶的较大表面积也会通过吉布斯-汤姆逊效应(Gibbs - Thomson effect)产生分裂的驱动力。分裂的枝晶作为晶核进一步结晶,结果出现具有非常细小晶粒的样品,如图 8.7(f)所示。换而言之,枝晶的生长形貌决定了最终微结构的晶粒尺寸。最近,有人用同步加速器(synchrotron)作为辐射源的时间分辨 X 射线衍射实验来检测 Si 枝晶的分裂过程[22,23]。在 $\Delta T=261$ K 的结晶后,Si 小平面枝晶的分裂在约 25 ms 时间内完成[23]。在金属系统中能够广泛地观测到枝晶的分裂,而枝晶的分裂被认为是细小晶粒微结构的机理之一[24]。

图 8.8 表示晶粒尺寸是关于过冷度 $\Delta T$ 的函数,测定了 1 mm×1 mm 面积内的晶粒数量。由于枝晶的分裂,晶粒尺寸随过冷却程度 $\Delta T$ 的增加而减小。美国德州仪器报道的图 8.3(b)球形硅样品出现了严重的多晶化,这正是由于在过冷度 $\Delta T>200$ K 情况下形成了枝晶的分裂。因为分裂

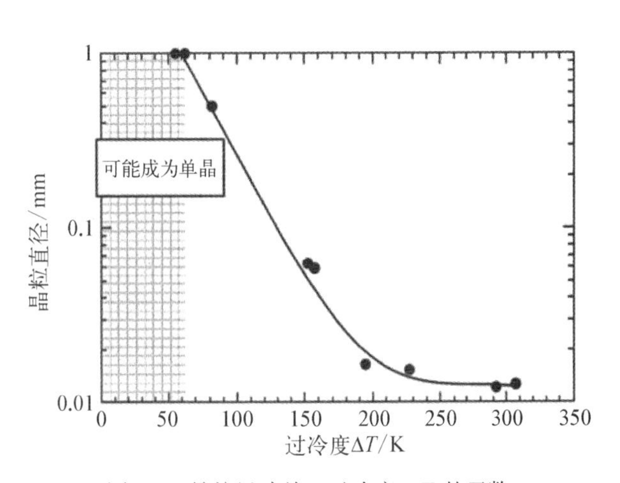


图 8.8 晶粒尺寸关于过冷度 $\Delta T$ 的函数

在约25 ms内完成，所以很难避免这样的枝晶分裂。如果在低过冷度进行<110>枝晶的凝固，平台期的<110>枝晶生长较稳定且缓慢，而且不会出现分裂，如图 8.7(a)和(d)所示。所以，形成单晶球形硅要求将过冷度控制在 100 K 以下。在较低过冷却程度下使用触发针(trigger needle)已经成功演示了强制增大<110>枝晶生长[25]情景。

## 8.4 一步滴管法

基于电磁悬浮器 EML 对 Si 小液滴结晶特性的基础研究，我们认识到过冷却的控制对球形硅的结晶特性有较大的影响。所以，成核是使用一步滴管法(one-step drop tube method)直接获得单晶球形硅的关键。可以考虑以下两种方法：

(1) 在喷射(ejection)前向熔体中引入没有电活性的外来颗粒(foreign particle)作为异质成核点；

(2) 贴着小孔下方放置从垂直方向略微倾斜的一块衬底，进行成核。

作为初步的实验，可以同时向熔体引入 SiN、BN、$Al_2O_3$或 $Y_2O_3$作为外来颗粒，并且放置衬底在小孔以下。但是，这样的实验结果再现性较低。

当使用 McKee 的两步滴管法制备单晶球形硅[4]时，我们认为生长单晶的关键在于第二步，如图 8.9(a)所示。第一步是用滴管法制备大量的均匀直径多晶球形硅。而第二步是让多晶球形硅穿过圆柱形石墨基座发生自由落体，并且再熔化形成单晶。虽然 McKee 的文献没有清楚地描述，但是第二步隐含着一个重要概念，即样品只是部分地熔化，球形硅中心的小晶粒仍然是固相的，可以作为随后生长的晶核。就生产效率而言，两步滴管法并不是低成本的生产工艺。如果将两步滴管法合并为一步滴管法，样品在 $T_m$ 进行半固相喷射(semisolid ejection)，较小的 Si 固相颗粒存在于熔体中，小液滴会包含一个固相颗粒，不需

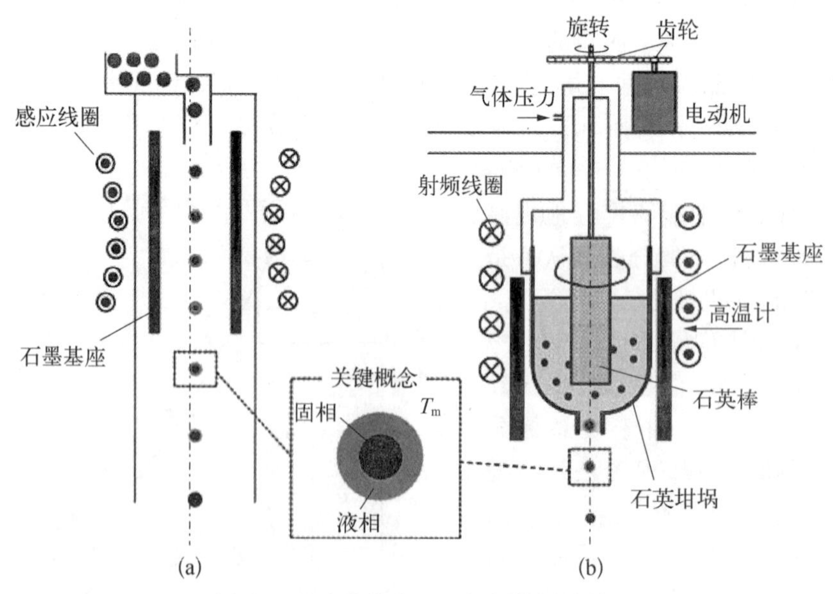


图 8.9 两步滴管法和一步滴管法的图解

(a) McKee 两步滴管法的第二步；(b) 一步滴管法

要过冷却就在 $T_m$ 结晶。带有石英搅拌装置的喷射系统放置在滴管顶部，可以进行半固相喷射，滴管长达 26 m，如图 8.9(b)所示。石墨基座先用射频感应线圈加热，硅原料块被辐射加热后熔化。石英棒(quartz rod)能够通过外部控制旋转，将结晶的大晶粒研磨成小颗粒。

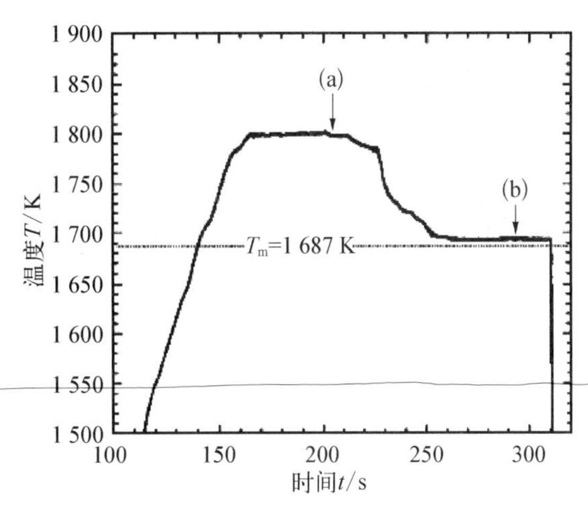


图 8.10 一步滴管法的过热喷射和半固相喷射中高温计监测的石墨基座的温度分布

(a) 过热喷射；(b) 在 $T_m$ 的半固相喷射

为了评估一步滴管法半固相喷射的可行性，可以与传统两部滴管法方法进行比较。将熔体过度加热到熔点以上 100 K，即大约 1 800 K，然后通过小孔喷射[26]。高温计监测了喷射前和喷射过程中的石墨基座温度分布，如图8.10 所示。硅原料完全融化之后，石英棒在(a)处开始搅拌，熔体冷却到 $T_m$。搅拌后约 30 s，Si 熔体温度接近熔点 $T_m$，在 Ar 气压下 Si 熔体进行半固相喷射。另外，根据传统方法，当温度达到(a)处，Si 熔体进行过热喷射(superheating ejection)。

腔体底部收集到的球形硅样品可以根据其直径筛选，分为 3 组：直径 355～600 μm 的为总量的 75%，600～850 μm 的为 20%，而 850～1 000 μm 的为 5%。不论是过热喷射还是半固相喷射，在各直径范围内，大致可以观察到 3 种类型球形硅样品的表面形貌。扫描电子显微镜 SEM 给出了这 3 种类型表面微结构，小液滴尺寸都在 355～600 μm 范围内，如图8.11所示。总体而言，熔体中存在不同催化效力(catalytic potency)的小颗粒成核，形成不同的异质特性(heterogeneity)。对于一步滴管法，熔体被分隔为相当数量的小液滴，异质特性具有统计分布。虽然几乎所有不具有异质特性的小液滴都经历了较大的过冷却，但是一些包含异质特性的小液滴受到小颗粒催化效力的影响，出现过冷却凝固[27]。我们认为，3 种类型球形硅样品分别是在不同的过冷度凝固的。但是，滴管法的不足之处在于测量每一个小液滴的温度比较困难。为了确定表面微结构和过冷度的相关性，在电磁悬浮器 EML 中预先确定过冷度的小液滴表面与滴管中的小液滴表面进行了比较。从而可以得出结论，图 8.11 中(a)类型的球形硅受到较低程度的过冷却($\Delta T<100$ K)，(b)类型受到中等程度的过冷却(100 K$<\Delta T<$150 K)，而(c)类型受到较高程度的过冷却($\Delta T>200$ K)。

总能够在凝固样品表面观察到挤出(extrusion)，如图 8.11(a)～(c)中箭头所示。因为 Si 在凝固过程中以 1.1 的因子膨胀，挤出的形成与表面的凝固过程有很大的关系。在过冷度较低的(a)中，因为生长在表面的垂直＜110＞枝晶并不覆盖小液滴表面，如图 8.7(a)所示，膨胀很容易释放。但是，在中等或较高过冷度的(b)和(c)情况中，小液滴表面完全被＜100＞枝晶围绕，如图 8.7(b)和(c)所示，而且打破固相薄层后出现液相的小弯月面。所以，基于表面形貌，可以对每个样品的过冷度进行大致分类。

图 8.11(d)～(f)是电子背散射衍射图样 EBSP 给出的样品横截面结晶取向分布，分别对应于(a)～(c)。(d)～(f)中每一种颜色代表一个晶粒，这清楚地表明，晶粒尺寸随过冷度

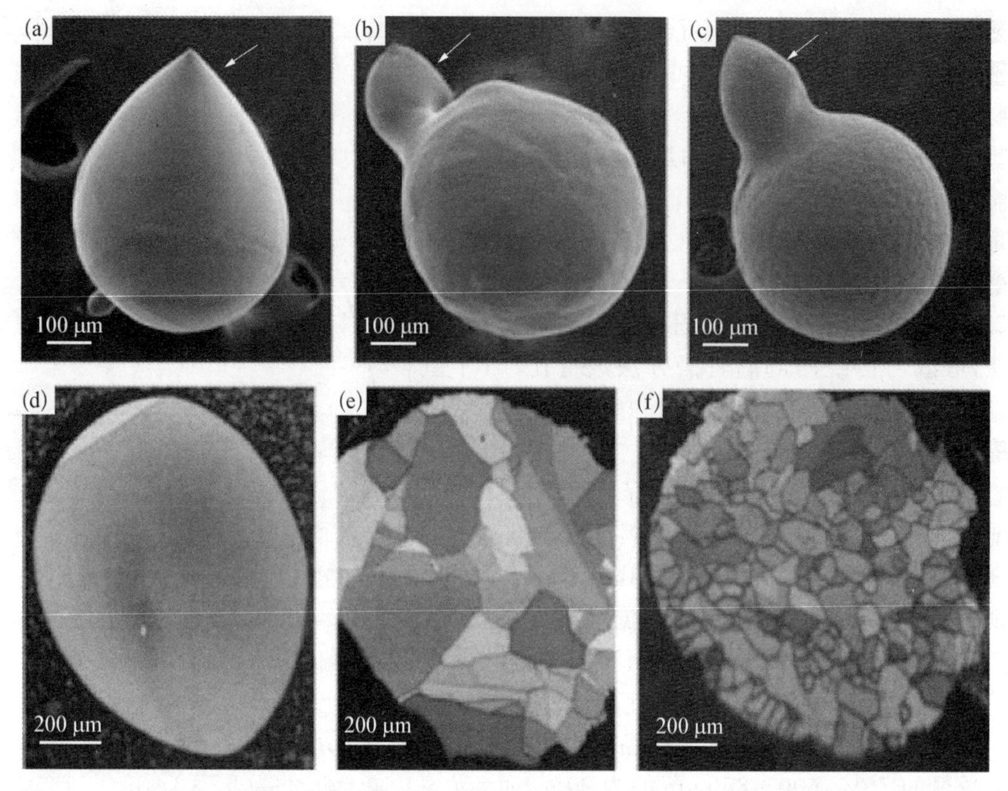


图 8.11　一步滴管法获得 3 种类型的球形硅样品，小液滴尺寸在 355～600 μm 范围，扫描电子显微镜 SEM 图像给出了样品表面微结构，而电子背散射衍射图样 EBSP 图像给出了样品横截面结晶取向分布

(a) $\Delta T<100$ K，SEM；(b) 100 K$<\Delta T<$150 K，SEM；(c) $\Delta T>200$ K，SEM；(d) $\Delta T<100$ K，EBSP；(e) 100 K$<\Delta T<$150 K，EBSP；(f) $\Delta T>200$ K，EBSP

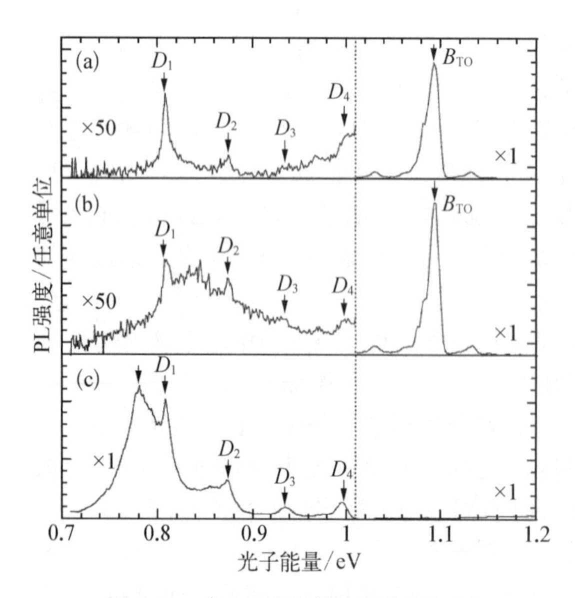


图 8.12　在 4.2 K 测量的光致发光 PL

(a) 过冷度较低；(b) 过冷度中等；(c) 过冷度较大

增加而减小。孪晶主要出现在过冷度较低或者中等的样品中，如图 8.11(d)和(e)所示。图 8.11(f)的晶粒分布表明，发生了<100>枝晶的分裂，并且过冷度大于 200 K。就太阳能电池性能而言，样品(a)的结晶质量最好，较低的晶界数目能够减少载流子的复合。

使用典型的光致发光 PL 光谱在4.2 K 测量了 3 种类型 1 kΩcm 样品，如图 8.12 所示。“×50”和“×1”分别代表了纵坐标的放大倍数。如果样品在较低(a)或中等(b)的过冷度结晶，能够在1.09 eV的光子能量观察到硼约束横向光学声子(boron bound transverse optical phonon, $B_{TO}$)，而在具有较高结晶度(crystallinity)的样品中一般可以观察到 $B_{TO}$。但是，在较高过冷度结晶的

(c)样品中,不能够观察到 $B_{TO}$,只存在与位错相关的 $D_1 \sim D_4$ 峰值,相比(a)和(b),(c)的位错密度非常大。在(c)中能够看到在约0.78 eV位置有较强的峰值,然而现在不能确定其来源。因为(a)和(b)的光谱具有相似性,我们认为单晶球形硅样品(a)的情况并不是制备高转换效率太阳能电池的必要条件,多晶球形硅样品(b)也是可以接受的。从本质上说,这是由于晶界主要包含 Σ3 孪晶晶界。定量地说,非平衡微结构体积分数(volume fraction)的增加能够使结晶度变差。

在过热喷射和半固相喷射条件下,分别对 3 种类型过冷度的球形硅进行概率统计,如图8.13所示。进行概率统计的球形硅样品直径在 355~600 μm 范围,而收集到样品的大约 75%在这一直径范围。如前所述,两种喷射方法都能够获得这 3 种类型的球形硅。当熔体在比熔点 $T_m$高约 100 K 的温度进行过热喷射时,较低过冷度结晶的球形硅比例仅为约 10%。但是,半固相喷射得到的较低过冷度球形硅比例达到 34%。所以,半固相喷射制备的球形硅具有更少的晶粒。最近,Liu 等试图向下落小液滴吹入纯 Si 粉末,形成成核点,并报道了更高的低过冷度球形硅概率[28]。

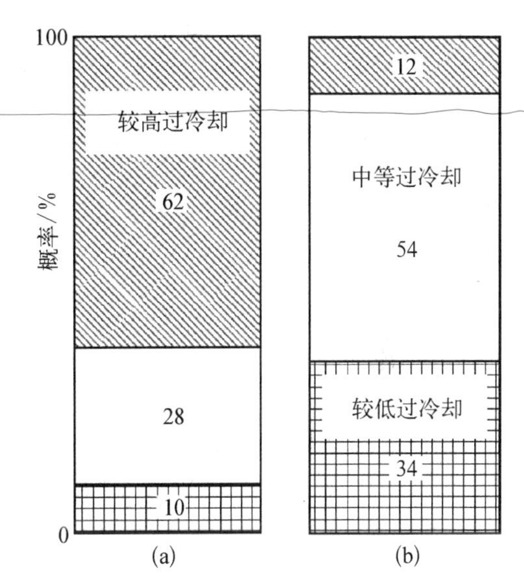


图 8.13 一步滴管法 3 种类型过冷度的概率,球形硅直径在 355~600 μm 范围

(a) 过热喷射;(b) 半固相喷射

基于自由落体过程中的简单传热计算,半固相喷射还具有一个独特的优势。在温度大于熔点 $T_m$的过热喷射情况下,由于不容易成核而需要一定的过冷却条件,球形硅下落距离大于10 m。但是,在半固相喷射中,每一个小液滴都在喷射前包含了一个细小的固相颗粒,结晶对过冷却的要求不高,完整结晶需要的下落距离减小到 3 m,固相比例 $f_s > 0.1$。所以,半固相喷射更短的下落距离有利于降低对设备的投资资本。

## 8.5 小结

在回顾了球形硅太阳能电池的发展过程之后,我们介绍了两步滴管法和一步滴管法制备单晶球形硅的技术。单晶硅棒的晶体生长技术已经发展了很长时间,对其机理人们也有了较深入的理解。但是,这些技术不能够直接应用于生长单晶球形硅,制备球形硅的关键问题不是控制生长,而是控制成核。然而,成核很难通过外部方法控制。现有的半固相喷射引入细小的固相颗粒得以加快成核,不需要其他的过冷却措施或特殊的成核外部控制。半固相喷射技术也被用于 Al-Si 合金等轻金属的铸造。在半固相喷射制备合金的情况中,固相/液相共存区域的平衡态固相比例能够通过调节温度和初始成分进行调节。但是,对于纯净物质 Si,固相比例是熔体保持在熔点 $T_m$状态所经历时间的函数。固相比例的控制技术仍然是一个需要进一步研究的课题。

### 参考文献

[1] K. Taira [R]. Kyosemi Corporation.

[ 2 ] N. Tanaka [J]. Nikkei Microdevices, 2006, March: 25 - 45.
[ 3 ] M.B. Prince [C]. 14th Annual Proceedings of Power Sources Conference, 1960: 26.
[ 4 ] W.R. McKee [J]. IEEE Transactions on Components, Hybrids, and Manufacturing Technolology, 1982, 5: 336.
[ 5 ] Ball Semiconductor Technology conference [C]. San Francisco, CA, 1998.
[ 6 ] R. Toda [J]. Ceramics, 2001, 36: 133.
[ 7 ] M. Yoshida [J]. Nikkei Electronics, 2000, Nov: 173.
[ 8 ] T. Minemoto, C. Okamoto, S. Omae, M. Murozono, H. Takakura, Y. Hamakawa [J]. Japanese Journal of Applied Physics, 2005, 44: 4820.
[ 9 ] M. Murozono [J]. Energy, 2004, 37: 46.
[10] K. Taira, N. Kogo, H. Kikuchi, N. Kumagai, N. Kuratani, I. Inagawa, S. Imoto, J. Nakata, M. Biancardo [C]. Technology Digest, PVSEC - 15, 2005: 202.
[11] S. Masuda, K. Takagi, Y.-S. Kang, A. Kawasaki [J]. Journal of the Japan Society of Powder and Powder Metallurgy, 2004, 51: 646.
[12] W. Dong, K. Takagi, S. Masuda, A. Kawasaki [J]. Journal of the Japan Society of Powder and Powder Metallurgy, 2006, 53: 346.
[13] Y.S. Sung, H. Takeya, K. Togano [J]. Review of Scientific Instruments, 2001, 72: 4419.
[14] C.G. Levi, R. Mehrabian [J]. Metallurgical and Materials Transactions A, 1982, 13A: 221.
[15] K. Nagashio, K. Kuribayashi [J]. Acta Materialia, 2001, 49: 1947.
[16] T. Aoyama, Y. Takamura, K. Kuribayashi [J]. Metallurgical and Materials Transactions A, 1999, 30A: 1333.
[17] Z. Jian, K. Nagashio, K. Kuribayashi [J]. Metallurgical and Materials Transactions A, 2002, 33A: 2947.
[18] K. Nagashio, H. Okamoto, K. Kuribayashi, I. Jimbo [J]. Metallurgical and Materials Transactions A, 2005, 36A: 3407.
[19] K. Nagashio, K. Kuribayashi [J]. Acta Materialia, 2005, 53: 3021.
[20] K. Nagashio, K. Kuribayashi [J]. Journal of the Japanese Association of Crystal Growth, 2005, 32: 314.
[21] K. Fujiwara, K. Maeda, N. Usami, G. Sazaki, Y. Nose, K. Nakajima [J]. Scripta Materialia, 2007, 57: 81.
[22] K. Nagashio, M. Adachi, K. Higuchi, A. Mizuno, M. Watanabe, K. Kuribayashi, Y. Katayama [J]. Journal of Applied Physics, 2006, 100: 033524.
[23] K. Nagashio, K. Nozaki, K. Kuribayashi, Y. Katayama [J]. Applied Physics Letters, 2007, 91: 061916.
[24] A. Karma [J]. International Journal of Non-Equilibrium Processing, 1998, 11: 201.
[25] T. Aoyama, K. Kuribayashi [J]. Acta Materialia, 2003, 51: 2297.
[26] K. Nagashio, H. Okamoto, H. Ando, K. Kuribayashi, I. Jimbo [J]. Japanese Journal of Applied Physics, 2006, 45: L623.
[27] J.H. Perepezko [C]. Proceedings of the 2nd International Conference on Rapid Solidification Processing, Baton Rouge, LA, 1980: 56.
[28] Z. Liu, T. Nagai, A. Masuda, M. Kondo [J]. Journal of Applied Physics, 2007, 101: 093505.

# 第9章 液相外延法

Alain Fave,法国里昂国立应用科学学院(Institut National des Sciences Appliquées de Lyon,INSA) 里昂纳米技术研究所(Institut des Nanotechnologies de Lyon,INL)

液相外延法 LPE 是一种适合光伏应用的薄膜生长技术,能够以相对简单的方式制备高质量的 Si 薄膜。将金属和 Si 的熔化溶液缓慢冷却,能够在衬底上生长出需要的 Si 薄膜。典型的温度范围为 700~1 000℃,生长速率可以高达 1 μm/min。在本章中,我们将先介绍 LPE 的基本原理,然后讨论金属溶剂(In、Sn、Cu、Al 等)和温度范围对生长速率和外延层质量的影响。我们还会论述在多晶硅衬底或异质衬底上进行的外延生长。最后,我们将关注高生产速率 LPE 沉积设备的发展。

## 9.1 概论

液相外延法(Liquid Phase Epitaxy,LPE)用于半导体产业的多层器件制备已经有很多年了,特别适合于 GaAs、AlAs、InP 等Ⅲ-Ⅴ族材料的光电应用[1]。LPE 也实现了高转换效率太阳能电池的制备,特别是基于 GaAs 聚光太阳能电池(concentrator solar cell)[2],而基于 Si 的太阳能电池也达到了 18%的转换效率。

LPE 使用 In、Sn、Al、Ga 等金属溶剂(metallic solvent)溶解 Si,并且需要在液相-固相平衡点控制 Si 的溶解度[3]。结晶 Si 薄膜的驱动力来自对饱和溶剂的缓慢冷却。用 LPE 技术制备太阳能电池的优势有[4]:

(1) 在中等温度(850~1 050℃)实现较高的沉积速率(0.1~2 μm/min);

(2) 杂质通过偏析被去除到熔体,避免了带有电活性杂质的累积;

(3) 因为固相和液相结合处接近热力学平衡,得到的外延层(epitaxial layer)具有较低的缺陷密度;

(4) 设备简单并且运行成本(operating cost)低,使资本投资不会太高;

(5) 选择性生长;

(6) 外延横向过度生长 ELO;

(7) 产生小平面晶体。

当然,LPE 技术生产太阳能电池也有一些劣势:

(1) 不容易升级为大规模生产;

(2) 温度较难控制,薄膜均匀度不高;

(3) 厚度和掺杂的再现性(reproducibility)较低。

LPE 的原理能够用 Si - Sn 系统的相图进行解释,如图 9.1 所示。图中的曲线是液相线(liquidus),给出了特定温度下使 Si 在 Sn 溶剂中饱和的 Sn 浓度以及 Si 浓度。在 $A$ 点,系统是 Sn 溶剂和 Si 熔体的液相混合,具有温度 $T_A$ 和 Si 浓度 $X_A$,溶液中溶解的 Si 处于饱和状态。为了在 Sn 溶剂中溶解 Si,需要使 Sn 溶剂在 $T_A$ 与 Si 源接触,并且持续数小时,从而使 Si 在溶剂中饱和,达到浓度 $X_A$,然后再将 Si 源移开。如果仍然在 $T_A$ 温度将溶液与 Si 衬底接触,平衡状态不会改变。但是,当溶液冷却到更低的温度 $T_B$,系统将同时出现固相 Si 和液相 Si,固相 Si 沉积在衬底上,溶液中的液相 Si 浓度降低到 $X_C$。如果冷却过程足够慢,达到数 K/min甚至更低,不会出现寄生长晶(parasite germination)实现衬底上的外延生长。

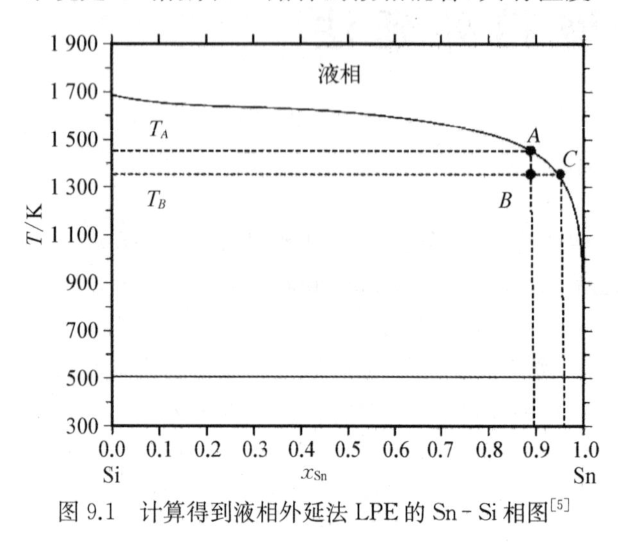


图 9.1　计算得到液相外延法 LPE 的 Sn - Si 相图[5]

## 9.2　生长动力学

相图给出了在液相外延法 LPE 中 Si 能够沉淀到衬底的最大比例。但是,实际上,从溶液沉淀到薄膜的生长动力学(kinetics of growth)由以下机理控制:

(1) 通过扩散、对流和力流(force flow)对 Si 原子进行体内输运;

(2) 通过边界层输运;

(3) 在籽晶表面的吸附(adsorption 或 attachment);

(4) 向 Si 生长台阶(growing step)的表面扩散;

(5) 与生长台阶的连接(linking);

(6) 沿着生长台阶的扩散;

(7) 在生长台阶位置晶体的吸附。

机理(1)和(2)与质量输运(mass transport)相关,而机理(3)～(7)与表面动力学(surface kinetics)相关。所以,生长动力学是这两种不同过程的结合。依赖于实验条件,其中之一会占优势,从而控制生长动力学。

已经发展了 3 种生长方法应用于半导体,需要使用不同的生长动力学:

(1) "平衡冷却"(equilibrium cooling)或称"斜坡冷却"(ramp cooling)是从平衡温度线性生长冷却。与衬底接触的溶液温度以冷却速率 $R_c$ (K/min) 从液相线温度(liquidus temperature, $T_A$)降低到最终温度(end temperature, $T_E$)。在这种情况下,生长动力学主要受到扩散的限制。

(2) "台阶冷却"(step-cooling)是溶液保持在 $T_A$ 以下 $\Delta T$ 的温度,然后以确定的温度与衬底接触。这里的生长动力学受到表面动力学的限制。

(3) “超冷却”(super cooling)是平衡冷却和台阶冷却的结合。溶液温度降低到 $T_A$ 以下 $\Delta T$ 的温度后，与衬底接触，然后溶液再以速率 $a$(K/min)冷却下来。

为了确定得到外延层厚度，我们使用以下假设：

(1) 系统是等温的，熔炉几何结构或支架不会形成温度梯度。由于界面的结晶，冷却速率足够低，可以忽略热耗散(heat dissipation)。

(2) Si 进入固相的扩散远低于在液相中的扩散。我们可以忽略从界面到固相的溶质扩散。

(3) 相比于扩散引起的 Si 流动，我们也能够忽略界面位移引起的 Si 流动。

在这样的条件下，质量输运控制溶液生长的一维总体方程为：

$$D\frac{\partial^2 C}{\partial x^2}+\nu\frac{\partial C}{\partial x}=\frac{\partial C}{\partial t} \tag{9.1}$$

式中，$C=C(x, t)$是溶质浓度(solute concentration)，为时间 $t$ 的函数，$C$ 在初始时为完全均匀；$D=D(T)$是 Si 在溶剂中的扩散系数(diffusion coefficient)；$\nu=\nu(t)$是生长速率。

使用上述假设，通过求解 Si 在溶液中的扩散方程(diffusion equation)，可以计算出生长速率和厚度。在 LPE 情况下，外延发生在平面衬底上，溶液的过饱和较弱，可以认为扩散是一维的静态现象。式(9.1)成为：

$$D_{\mathrm{Si}}\frac{\partial^2 C_{\mathrm{Si}}^{\mathrm{L}}(x, t)}{\partial x^2}=\frac{\partial C_{\mathrm{Si}}^{\mathrm{L}}}{\partial t} \tag{9.2}$$

$$D_{\mathrm{Si}}\frac{\partial C_{\mathrm{Si}}^{\mathrm{L}}(0, t)}{\partial x}=\nu(t)[C_{\mathrm{Si}}^{\mathrm{S}}(0, t)-C_{\mathrm{Si}}^{\mathrm{L}}(0, t)] \tag{9.3}$$

$$\delta e=\int_0^t \nu(t)\mathrm{d}t=\int_0^t\frac{D_{\mathrm{Si}}}{C_{\mathrm{Si}}^{\mathrm{S}}(0, t)-C_{\mathrm{Si}}^{\mathrm{L}}(0, t)}\frac{\partial C_{\mathrm{Si}}^{\mathrm{L}}(0, t)}{\partial x}\mathrm{d}t \tag{9.4}$$

式中，$D_{\mathrm{Si}}$ 是液体中 Si 的扩散系数(diffusion coefficient of Si)；$C_{\mathrm{Si}}^{\mathrm{L}}$ 是液相中 Si 浓度(concentration of Si in liquid)；$C_{\mathrm{Si}}^{\mathrm{S}}$是固相中 Si 浓度(concentration of Si in solid)；$t$ 是时间；$\delta e$ 是外延层厚度(thickness of the epitaxial layer)。

这些方程给出了外延层厚度 $\delta e$ 与时间 $t$ 的简单数学关系，同时需要以下假设：

(1) 系统为半无限(semi-infinite)，生长过程相比扩散的时间较短；

(2) 对于较小的冷却间隔，液相线浓度是温度的线性函数；

$$T-T_{\mathrm{e}}=m(C-C_{\mathrm{e}}) \tag{9.5}$$

(3) Si 在液相的扩散系数 $D_{\mathrm{Si}}$不依赖于温度 $T$。

给出外延层厚度 $\delta e$ 的方程依赖于不同于与 LPE 生长技术相关的边界条件。在“平衡冷却”情况下，

$$C(x, t=0)=C_0 \tag{9.6}$$

式中，常数 $C_0$是初始溶质浓度(initial solute concentration)。

温度 $T$ 以冷却速率$R_{\mathrm{c}}$随时间 $t$ 线性递减：

$$T(t)=T_0-R_{\mathrm{c}}t \tag{9.7}$$

$$C(0,\ t)=C_0-\left(\frac{R_c}{m_{Si}}\right)t \tag{9.8}$$

式中，$m_{Si}$是液相线曲线的斜率(slope of liquidus curve)；$R_c$是冷却速率。

Hsieh 报道了“平衡冷却”条件下外延层厚度 $\delta e$ 的解[6]：

$$\delta e=\frac{4}{3}\frac{R_c}{m_{Si}C_{Si}^S}\sqrt{\frac{D_{Si}}{\pi}}t^{\frac{3}{2}} \tag{9.9}$$

对于“台阶冷却”生长，边界条件为：

$$C(0,\ t)=C_0-\frac{\Delta T}{m_{Si}} \tag{9.10}$$

那么，外延层厚度 $\delta e$ 的解为：

$$\delta e=\Delta T\frac{2}{m_{Si}C_{Si}^S}\sqrt{\frac{D_{Si}}{\pi}}t^{\frac{1}{2}} \tag{9.11}$$

“超冷却”生长是“平衡冷却”和“台阶冷却”模式的结合。所以，“超冷却”的解是式(9.9)和式(9.11)的线性组合：

$$\delta e=\frac{2}{m_{Si}C_{Si}^S}\sqrt{\frac{D_{Si}}{\pi}}\left(\Delta Tt^{\frac{1}{2}}+\frac{2}{3}R_ct^{\frac{3}{2}}\right) \tag{9.12}$$

在任何一种情况下，生长需要的 Si 数量会受到饱和温度的溶解度限制。对于光伏应用，还有一些其他的特别要求：

(1) 较大的外延层厚度：为了使太阳光谱(solar spectra)的吸收达到最大，晶体硅 c-Si 需要大约 50 μm 的薄膜厚度，以吸收 80%的太阳光谱。如果制备了有效的陷光结构(optical confinement)，外延层厚度的要求可以降低到 20 μm 以下。

(2) 较好的外延层电学特性：光生载流子的收集和电流的产生依赖于足够大的少数载流子扩散长度和少数载流子寿命。

如果考虑太阳能电池生产的经济因素，我们还要顾及生产速率(生长速率)以及温度、溶剂和气体等构成的系统成本。根据这些要求，我们可以讨论溶剂选择的影响。

## 9.3 溶剂和衬底的优化

### 9.3.1 溶剂的选择

对于液相外延法 LPE，溶剂的选择也是一个重要的问题。选择溶剂需要考虑生长速率、温度范围和外延层的电学特性。为 LPE 选择溶剂的主要标准为：

(1) 溶剂中 Si 的溶解度足够高：溶解度或者生长过程中溶解度随温度的变化会影响获得有源层(active layer)所需要的时间。

(2) Si 中的溶剂溶解度足够低：在外延生长过程中，一定的溶剂原子会加入 Si 晶体，从而改变有源层的电学特性。事实上，很多金属杂质会起到复合中心或者掺杂剂的作用，从而降低少数载流子寿命。溶剂的纯净度也是避免其他杂质的重要参数。

(3) 溶剂的熔点和蒸气压(vapour pressure)足够低：较低的熔点使熔体的均匀度更高，从而能够实现更加均匀的外延生长。溶剂较低的蒸气压可以防止生长过程中的溶剂损失。

(4) 溶剂的毒性和成本足够小：Sb、Au 和 Ag 具有较高的 Si 溶解度，但是 Sb 毒性很高，而 Au 和 Ag 成本很高。

事实上，不存在全面满足上述标准的“完美”溶剂。每一种溶剂都表现出一定的优势和劣势，见表 9.1。在所有被研究的材料中，人们会选择较为理想的 Sn、In 和 Cu 作为 LPE 的溶剂。Al 和 Ga 有较高的 Si 溶解度，但是由于较高的掺杂水平，会引入 Si 外延层，所以一般不选择 Al 和 Ga 作为溶剂，只是有时会在熔体中加入 Al 和 Ga 对外延层进行掺杂。Pb 不会引入外延层，并且电活性较低，但是 Pb 具有较低的 Si 溶解度和较高的蒸气压[31]。Bi 和 Zn 也具有相当高的蒸气压。通常 LPE 会使用两种或多种金属的组合形成溶剂。如果以降低生长温度(growth temperature)为主要目标，会使用两种或两种以上溶剂的组合(参见 9.6 节)。

**表 9.1 金属溶剂的熔点和 Si 溶解度**

| 金属溶剂 | 熔点/℃ | Si 的原子溶解度/% | |
|---|---|---|---|
| | | 800℃ | 1 000℃ |
| In | 156 | 0.38 | 1.9 |
| Sn | 232 | 0.62 | 2.5 |
| Cu | 1 083 | 30 | 30 |
| Al | 660 | 27 | 44 |
| Ga | 30 | 3.9 | 12 |
| Pb | 327 | 0.01 | 0.1 |

### 9.3.2 衬底表面的自生氧化物

在单晶硅衬底上能够容易地获得外延层，通常使用(111)或(100)晶面衬底。由于 Si 倾向于和 O 结合，需要避免或者去除生长衬底上形成的自生氧化物(native oxide)。事实上，对于饱和熔体，自生氧化物会阻碍衬底表面的湿润。为了尽量防止自生氧化物的形成，需要在生长前对衬底进行充分的清洁，并且使用 $H_2$ 作为生长气氛。可以进行如下清洁工作：

(1) 使用丙酮(acetone)溶剂去除衬底表面的油脂；

(2) 用带有缓冲剂的 HF 去除自生氧化物；

(3) 用 $H_2SO_4$-$H_2O_2$(1∶1)形成 $SiO_2$；

(4) 再次使用带有缓冲剂的 HF 去除形成的 $SiO_2$。

如果原来的衬底是清洁的，可以忽略(1)、(3)和(4)，而只使用(2)。

因为在生长过程中避免 O 和水蒸气较困难，需要使用 $H_2$ 气氛。这将减小饱和阶段形成自生氧化物。通过钯膜氢气纯化(palladium membrane hydrogen purification)，能够实现高纯的 $H_2$。由于暴露在空气中的 $H_2$ 有相当的危险性，通常用 Ar 稀释 $H_2$，稀释比例为 $H_2$∶Ar=15%∶85%[7]。

去除衬底表面自生氧化物的另一种方法是在熔体中加入 Al 或 Mg 作为还原剂(reducing agent)，特别是生长温度低于 900℃的情况[8]。因为 Al 对于 Si 是 p 型掺杂剂，我们还需要限制 Al 的数量,或者使用两种熔体的方法,一种带有 Al 的熔体能够去除自生氧化物,另一种不带有 Al 的熔体用于生长有源层[9]。

最后,衬底的回熔(meltback)也是去除衬底表面自生氧化物的一种有效方法。回熔衬底特别适合于衬底表面不平整的情况,例如使用多晶硅或冶金级硅 MG-Si 作为衬底。在大于液相线温度的情况下,将熔体与衬底接触。当衬底的一定厚度薄层被溶解之后,再使温度回到平衡值,从而衬底表面更加平整,更加适合后续的外延生长。

## 9.4 实验结果

外延层厚度依赖于温度、溶剂类型、冷却速率以及熔体相对衬底表面的供应量。图 9.2 描述了外延层厚度对生长温度起始值的依赖关系。在液相外延法 LPE 的实验室尺寸系统中,使用水平滑动的石墨舟皿,衬底面积为 2 $cm^2$,并且使用钯膜氢气纯化改善 $H_2$气氛。

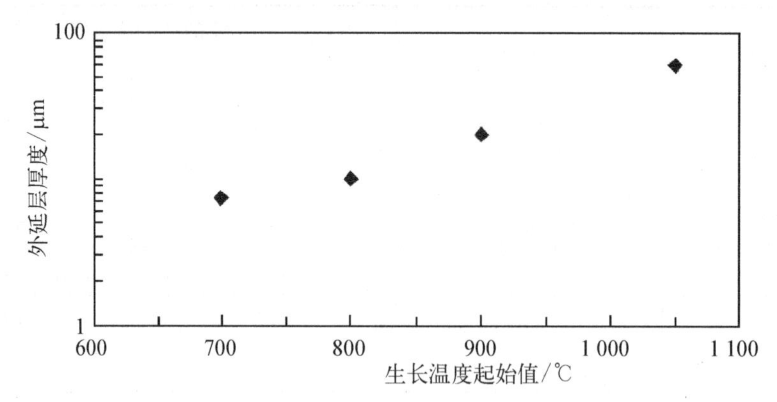


图 9.2 外延层厚度关于生长温度的函数,冷却速率 0.5℃/min,生长持续时间 2 h

坩埚的材料也是石墨,其优势为[10]:

(1) 与金属溶剂没有化学反应并且湿润度(wettability)较低;

(2) 在生长气氛中具有化学惰性(chemical inertness);

(3) 没有污染,电活性强的杂质 P 或 B 特别少;

(4) 机械加工容易。

石墨坩埚可以用 HCl 清洁,然后用超声波清洗,最后再次使用前放置数小时。

实验的条件为:7 g 纯度 5N 的 Sn,2 h 的生长,冷却速率 0.5℃/min。因为 Si 加入熔体的数量随温度递增,可以生长较厚的外延层。但是,对于较低的温度(700~800℃),Si 的加入量较低,限制了生长动力学。在这样的温度范围,金属合金的热力学特性能够在一定程度上增加生长动力(参见 9.6)。

### 9.4.1 外延层厚度和生长速率

在液相外延法 LPE 中,外延层厚度主要依赖于冷却速率和生长持续时间(duration of the growth)。对于冷却速率 0.5℃/min,从 1 050℃温度开始的生长,无论使用 Sn 溶剂,还是 In 溶剂,外延层厚度都线性地依赖于生长时间,如图 9.3(a)所示。Sn 溶剂的生长速率为 30 μm/h,是 In 溶剂生长速率 15 μm/h 的 2 倍。

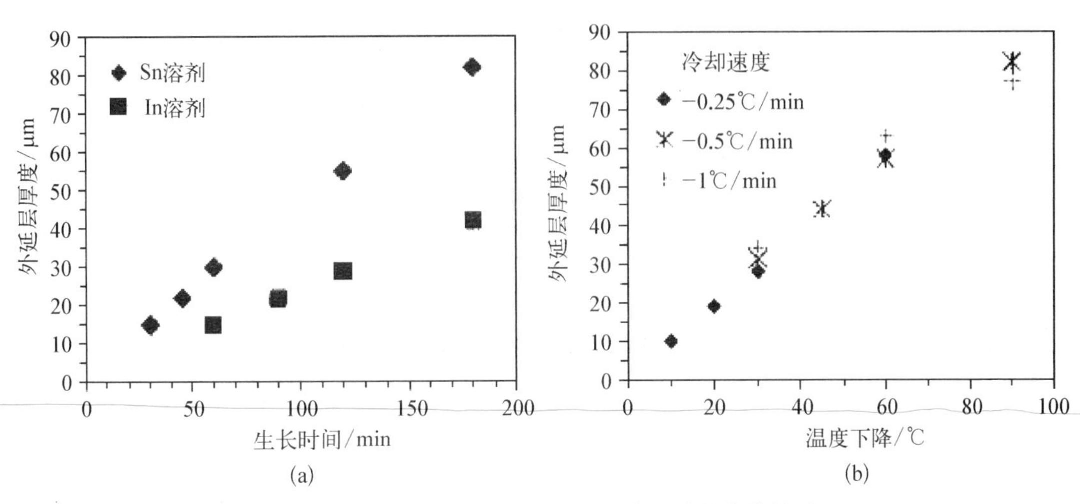


图 9.3 外延层厚度对生长时间、温度下降的依赖关系

(a) 外延层厚度线性依赖于生长时间,生长开始温度 1 050℃,(111)衬底,冷却速率 0.5℃/min,使用 Sn 溶剂和 In 溶剂;(b) 外延层厚度依赖于温度下降,冷却速率不同,使用 Sn 溶剂

如果我们使用中等冷却速率(0.25℃/min,0.5℃/min 和 1℃/min),图 9.3(b)给出的实验结果表明,最终的外延层厚度不依赖于冷却速率,而只依赖于温度下降(temperature drop),即过冷度。

这样的结果与 Baliga 的观察结果吻合[11]。Baliga 表明,在 800～1 100℃温度范围内,Sn 熔体对 Si 饱和,只要冷却速率小于 1℃/min,薄膜厚度不依赖于生长持续时间,只依赖于温度下降 $\Delta T$。在这些中等冷却速率下,表面动力相比于质量输运更快,那么质量输运控制了生长动力。但是,如果冷却速率大于 2℃/min,厚度只与外延层生长持续时间相关,而与温度下降或冷却速率无关。这种从质量输运限制生长到动力控制生长的转变依赖于实验设置(坩埚的尺寸和几何结构、衬底支架等)。

而且,冷却速率也影响外延层的质量。当冷却速率超过 1℃/min,出现溶剂夹杂和表面波纹(surface ripple)。所以,为了在合理的时间内获得平整的表面和较厚的外延层,通常使用 0.5～1℃/min 的生长速率。我们并没有观察到熔体中加入 Ga 会明显地改变生长速率。

德国康斯坦茨大学也研究了 920℃的 In 溶剂中冷却速率对生长速率的影响[12]。研究人员使用(100)方向 Si 衬底,冷却速率最高为 0.33℃/min。得到的生长速率达到 87.3 μm/h。在(100)表面的生长速率比(111)表面的生长速率更快,但是表面会出现随机金字塔(random pyramid)分布。只有在低冷却速率、低生长速率的条件下才能够获得平整表面。在实验中,能够在(100)衬底上以较高的生长速率(2 μm/min)生长出平整表面,但是只在 1 050℃的温度可行。康斯坦茨大学的研究人员还发展了快速 LPE 技术,结合了对熔体的声波搅动(sonic agitation)。这种技术的关键因素是实现了衬底和熔体表面之间很强的温度梯度,加热管中有小孔直接在样品上方,通过辐射引起热损失。没有小孔时生长速率为 0.2 μm/min,而有了小孔的生长速率达到 2 μm/min,使用 Sn 熔体,衬底为(111)方向,冷却速率为 1℃/min[13]。结果,只用了 10 min 就沉积了太阳能电池所需要的 25 μm 厚的吸收层。

### 9.4.2 外延层的掺杂和电学特性

为了用液相外延法 LPE 制备太阳能电池,获得掺杂水平 $10^{16}$～$10^{17}$ $cm^{-3}$范围的 p 型外延层是非常重要的。外延层的掺杂需要在溶剂中加入一定的掺杂剂，p 型掺杂剂有 Ga 和 Al，n 型掺杂剂有 Sb。二次离子质谱（Secondary Ion Mass Spectrometry，SIMS）表明，在 30 μm厚外延层中加入的 Ga 是均匀分布的，开始冷却温度为 1 050℃，冷却速率为 1℃/min。因为 Sn 材料中存在 Sb 杂质，纯 Sn 溶剂会产生 n 型掺杂，Sn 溶剂比 In 溶剂需要加入更多的 Ga。例如：在 1 050℃，0.11%Wt 的 Ga 在 6N 的 In 溶剂中足够获得 $3\times10^{16}$ $cm^{-3}$的掺杂浓度，但是在 5N 的 Sn 溶剂中不够补偿 n 型。需要 0.12%Wt 的 Ga 才能够在 Sn 溶剂中获得 p 型外延层，同时具有更高的掺杂水平（$6\times10^{16}$ $cm^{-3}$），见表 9.2。

**表 9.2 不同溶剂和冷却速率得到 Ga 掺杂外延层的电学特性，生长温度为 1 050℃[69]**

| | In/Ga(0.11%) | | Sn/Ga(0.12%) | |
|---|---|---|---|---|
| 冷却速率/(℃/min) | 0.5 | 1 | 0.5 | 1 |
| 掺杂水平/$cm^{-3}$ | $3.7\times10^{16}$ | $3.5\times10^{16}$ | $6\times10^{16}$ | $6.3\times10^{16}$ |
| 迁移率/($cm^2s^{-1}V^{-1}$) | 263 | 226 | 232 | 198 |
| 扩散长度/μm | 136 | | 120 | |
| 缺陷密度/$cm^{-2}$ | $1.1\times10^4$ | | $1.3\times10^4$ | |

根据表 9.2，当应用更高的冷却速率时，迁移率会略微降低。对于更低的冷却速率（0.25℃/min），我们发现没有任何改善。Kopeck[12] 也证实，In 熔体中更高的生长速率会显示出更高的电阻率和更低的外延层质量。

扩散长度或寿命是太阳能电池性能的关键参数。一般认为，少数载流子扩散长度需要达到薄膜厚度的 4 倍，才能够保证较高的转换效率。在 1 050℃，In 溶剂和 Sn 溶剂分别给出 136 μm 和 120 μm 的合适扩散长度。Sn 熔体中生长的外延层性能略低是由于较高的固相溶解度（solid solubility），在 1 050℃达到 $5\times10^{19}$ $cm^{-3}$。在 Si 晶体中加入 Sn 原子会形成较大的应力，从而影响载流子的输运。射哥蚀刻(Secco etch)的测量证实了这种情况下外延层中更高的缺陷密度。

澳大利亚新南威尔士大学（University of New South Wales，UNSW）使用单晶衬底，比较了 Sn 溶剂和 In 溶剂的效果，以及 Ga 掺杂剂和 Al 掺杂剂的效果[14]。也得到了相似的结论，In 溶剂优于 Sn 溶剂，而 Ga 掺杂剂优于 Al 掺杂剂。Sn 溶剂或 Al 掺杂生长的外延层迁移率和寿命都较低。Al 的存在会引起熔体表面的氧化，从而外延层被污染，表现出更高的蚀刻坑密度（etch pit density）。

我们总结了不同作者关于外延层电学特性的实验结果，见表 9.3。

**表 9.3 从 Sn 和 In 溶剂生长外延层的电学特性**

| 溶剂 | 温度/℃ | 掺杂剂 | 掺杂水平/$cm^{-3}$ | 迁移率/($cm^2s^{-1}V^{-1}$) | 扩散长度/μm | 寿命/μs | 参考文献 |
|---|---|---|---|---|---|---|---|
| In | 920 | | $9.5\times10^{15}$ | 259.7 | | | [12] |
| In | 920 | Ga | $4\times10^{16}$ | 207 | | | [12] |
| In | 900 | Ga | $5\times10^{16}\sim10^{17}$ | | 50～300 | | [70] |
| In | 947 | Ga | $10^{17}$ | | 50～65 | 3～3.5 | [20] |

续 表

| 溶剂 | 温度/℃ | 掺杂剂 | 掺杂水平/$cm^{-3}$ | 迁移率/($cm^2s^{-1}V^{-1}$) | 扩散长度/μm | 寿命/μs | 参考文献 |
|---|---|---|---|---|---|---|---|
| In | 1 050 | Ga | $3.7\times10^{16}$ | 263 | 135 | | [69] |
| In | 930 | Ga | $2\times10^{17}$ | 100～200 | | 25 | [14] |
| Sn | 1 050 | Ga | $6\times10^{16}$ | 232 | 124 | | [69] |
| Sn | 930 | Al | $1.5\times10^{17}$ | 100～200 | | 8.5 | [14] |

B是另一种可行的p型掺杂剂。Baliga[15]和McCann[16]研究了从Sn熔体生长加入B的Si外延层。B由硅片供应,其浓度同时是时间和温度的函数。B从液相Sn到固相Si的偏析系数随温度增加而增加。所以,外延层中B的含量在界面处最大,在最终表面处最小。这样的掺杂梯度能够在太阳能电池的基极层形成漂移场(drift field),这种应用于Ga和In熔体的技术由Zheng提出[17]。

虽然大多数的研究人员都使用Sn或In作为溶剂,但是美国可再生能源实验室NREL发展的LPE技术使用基于Cu的溶剂[18]。尽管人们一直认为Cu溶剂使载流子寿命很短,然而NREL证实Cu溶剂能够制备较好性能的太阳能电池。Cu-Si相图中的富Cu一侧较复杂,但是能够提供较宽的溶液生长温度范围,Si浓度约为30at.%,共晶温度(eutectic temperature)为802℃。也可以从纯Cu熔体生长Si外延层,但是要求较高的温度(>802℃)。当冷却速率低于0.5℃/min时,Si外延层中加入的Cu浓度达到最小值,并且不会影响结区(junction)的质量。如果生长发生在(111)单晶表面,使用的冷却速率为0.1℃/min,生长速率达到1 μm/min。当冷却速率大幅增加,薄膜形貌将变得粗糙,伴随着俘获溶剂原子。测得少数载流子扩散长度为109 μm。NREL还使用了Cu/Al合金,Al的出现能够去除Si的自生氧化物。通过的23% Si/28% Al/49% Cu的熔体,可以获得99.5 $cm^2s^{-1}V^{-1}$的迁移率,以及0.05 Ω的电阻率,相应的扩散长度为33.5 μm[19]。

## 9.5 多晶硅衬底上的生长

如果液相外延法LPE生长的薄膜要在经济上可行,从而实现光伏应用,需要使用低成本的多晶硅衬底(高生产速率带硅或高纯冶金级硅UMG-Si)或者异质衬底(玻璃、陶瓷、金属薄片)(参见9.7节)。

高质量的铸造多晶硅mc-Si被用做模型衬底(model substrate),来发展LPE技术,实现Si衬底上沉积Si外延层。虽然mc-Si包含了不少晶界,但是晶粒尺寸较大,杂质水平也不像UMG-Si那么高。

Wagner比较了化学气相沉积CVD和LPE(In熔体,947℃,0.12 μm/min)方法得到相似晶界结构的多晶硅薄膜的结构特性和电学特性[20]。LPE薄膜相比CVD薄膜,少数载流子寿命更高,缺陷的复合强度更小。这是由于LPE薄膜具有更高的纯度和更低的缺陷密度,特别是具有更低的棒状缺陷(rod-like defect)。

限制高质量外延层的主要因素是存在一定的晶界,这些晶界会延缓外延生长,造成更加粗糙的表面[21]。晶界的更高能量会明显地降低生长速率。Si材料向晶界扩散,加入晶界的两侧。一旦形成这样的表面粗糙度，由于存在根本性的超冷却现象，在进一步生长过程中表面粗糙度会加剧。为了降低这样的效应，澳大利亚国立大学（Australian National University，ANU）使用周期性回熔（periodic meltback）技术，改变加热和冷却循环，这样的技术也称为溜溜球技术（yoyo technique）[22]。在加热循环过程中，欠饱和的程度随离液相-固相界面的距离增加。所以，突起的部分被优先溶解。这样的回熔循环能够形成更加平滑的表面，晶界内区域的形貌也得到改善。图 9.4 的(a)、(c)、(e)是多晶硅衬底上平衡冷却的外延层生长，而图 9.4(b)、(d)、(f)是溜溜球技术的外延层生长结果。

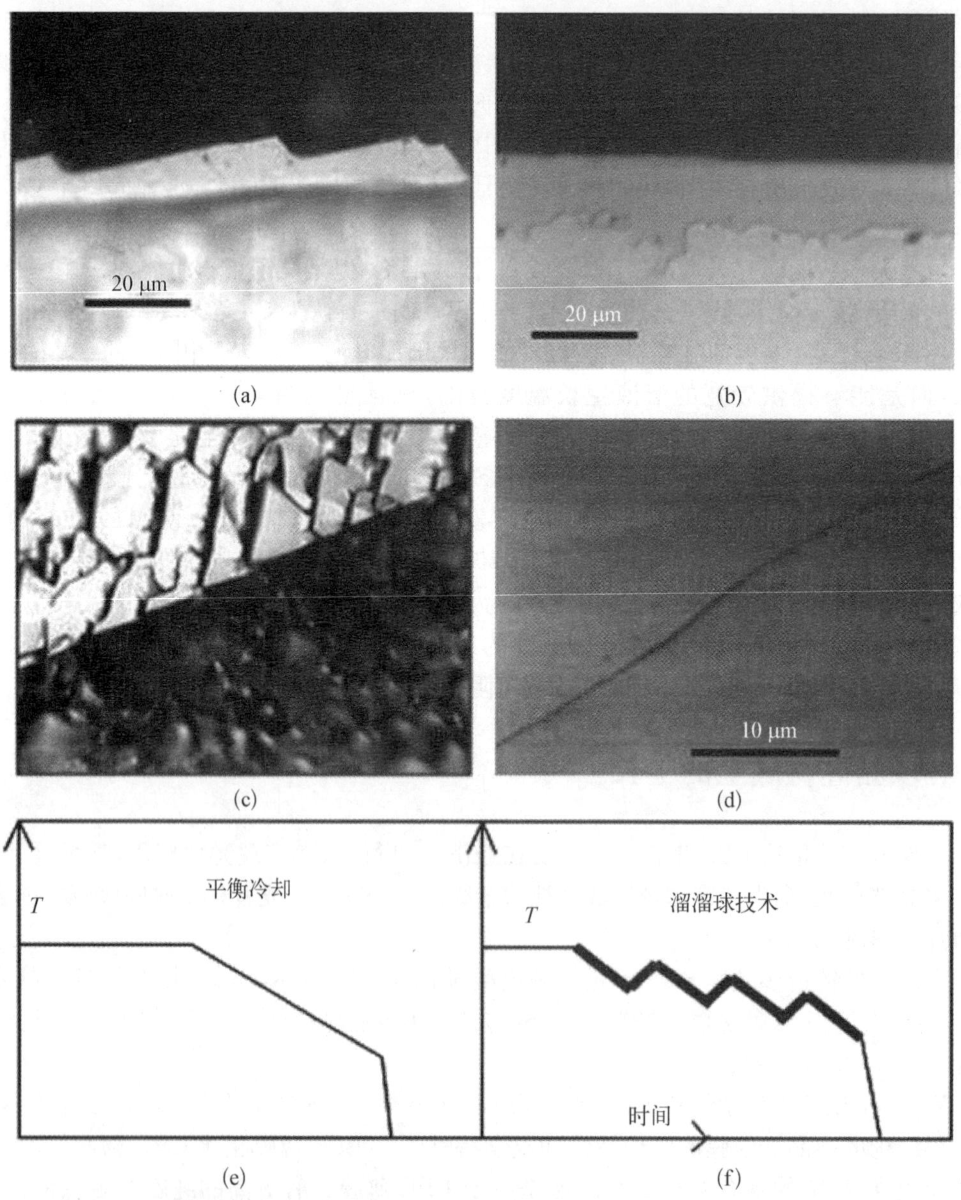


(a) (b) (c) (d) (e) (f)

图 9.4　法国里昂纳米技术研究所 INL 在多晶硅衬底上的 LPE 生长。在 950℃的 Sn 熔体生长前，衬底的粗糙度为 2～3 μm[23]

(a) 横截面图，平衡冷却；(b) 横截面图，溜溜球技术；(c) 表面形貌，平衡冷却；(d) 表面形貌，溜溜球技术；(e) 温度分布，平衡冷却；(f) 温度分布，溜溜球技术

### 9.5.1　太阳能电池特性

在单晶衬底上液相外延法 LPE 生长的晶体硅薄膜太阳能电池(crystalline silicon thin film solar cell)可以达到18%的转换效率,其开路电压超过 660 meV[24],表现出较高的电学特性。澳大利亚国立大学 ANU 在 35 μm 厚外延层上实现了 18.1%的转换效率,生长衬底为单晶硅 sc-Si 和 In 熔体,起始温度(initial temperature)950℃,结合了有效的陷光结构(制绒和氧化物/Al 背反射镜)。相似的工艺在重掺杂、低电活性 sc-Si 衬底上实现了 17%的转换效率[71,73]。

澳大利亚新南威尔士大学 UNSW 在 32 μm 厚外延层上实现了 16.4%的转换效率,电池面积为 4 $cm^2$,生长熔体也是 In。使用了高转换效率电池工艺,用微槽(micro-groove)进行表面制绒[72],在氧化钝化表面上沉积 $ZnS/MgF_2$减反膜,有源层上用了梯度掺杂水平形成漂移场。注意,UNSW 使用了 $H_2/Ar$ 形成的混合气体而不是纯 $H_2$作为环境气体。UNSW 还通过 Sn 熔体得到 15.4%的转换效率[14]。德国马普研究院(Max-Planck-Institute)在 16.8 μm厚外延层上实现了 14.7%的转换效率,也是使用了 In 熔体和 950℃的起始温度[26]。

这些在 sc-Si 上实现的高转换效率电池被多晶硅 ms-Si 衬底进一步接受。ANU 制备了 15.4%转换效率的电池,开路电压 $V_{oc}$为 639 mV,衬底为轻掺杂;15.2%转换效率的电池,开路电压 $V_{oc}$也为 639 mV,衬底为重掺杂。两种情况都没有制绒,但是镀有 $TiO_2$减反膜[21]。外延层厚度 20～50 μm,使用了周期性回熔,以获得晶界处更加平滑的形貌,从而避免发射极和衬底之间的分流效应。

为了补偿外延生长 Si 薄膜的外加成本,需要使用更加成本有效的 Si 衬底,如冶金级硅 MG-Si 或高纯冶金级硅 UMG-Si。德国康斯坦茨大学使用 UMG-Si 发展 LPE[27],在没有绒面的情况下实现了 10%的转换效率,这种情况的转换效率极限计算值为 14%。薄膜厚 30 μm,熔体为含有 0.1 Wt% Ga 的 In,起始温度为 990℃。通过回熔 UMG-Si 硅片获得熔体的饱和,所以不需要在溶液中加入电子级硅 EG-Si。电池转换效率没有超过 10%的一个原因是 Ca、Al、Fe、Ni、Cr 等杂质从衬底到 LPE 层的扩散。而外延层存在较小的中断(interruption)会形成电池的短路。为了改善外延层的特性,使用大于 1 000℃的更高生长温度,但是也会增加杂质的扩散[28]。

美国可再生能源实验室 NREL 研究了 Cu/Al 溶液和 MG-Si 衬底的 LPE[25]。在 MG-Si 衬底上生长 30 μm 厚外延层,达到 42 μm 的扩散长度。结果发现,Cu 能够减小外延层中的 Al 含量。这种方法的一个优势是 Al/Cu 溶剂中较高的 Si 溶解度,达到 20～35at.%。相比较低 Si 溶解度的 In 或 Sn 熔体,这样的高 Si 浓度有助于实现不同晶向晶粒上更具各向同性的生长速率,从而达到更高的沉积速率。

## 9.6　低温液相外延法

液相外延法 LPE 的高温应用已经被广泛研究,能够生长高质量的外延层。虽然 LPE 在低温的应用会遇到更多的问题,但是低温应用能够允许使用其他类型的衬底,实现 LPE 晶体硅薄膜太阳能电池的成本有效。事实上,在衬底表面事先沉积一层合适的籽晶层(seed layer),甚至可以使用玻璃衬底。对于这样的工艺,需要确定新的溶剂。相比在 900～

1 000℃的传统 LPE，低温液相外延法的最大困难是普通溶剂中较低的 Si 溶解度，以及存在 Si 的自生氧化物难以用 $H_2$气流去除。

低温液相外延法的备选金属单质溶剂有：Au、Al、Ga[29,30]、Pb[31]、Sn[32]，而合金溶剂有：Au－Pb、Au－Zn、Al－Sn、Al－Zn[33]、Au－Bi[32]、Al－Ga[34]和 Sn－Pb[35]。得到的外延层具有较高的掺杂水平，使用 Al 或 Ga 掺杂剂甚至能够达到 $10^{18}$ $cm^{-3}$，但是未必能够形成连续层，并且会出现一定的缺陷，例如 Au。

Lee 和 Green[32]评估了数种二元合金（binary alloy）和三元合金（ternary alloy）。在二元合金中，混合 X 型低熔点金属（如 Sn、In、Pb、Bi）和 Y 型高溶解度金属（如 Mg、Zn、Cu、Au）。减小 Si 自生氧化物也很重要，就需要选择 Z 型还原剂（如 Al、Mg），形成三元合金。最终，需要两种熔体实现外延生长。用 X－Z－Si 或 X－Y－Z－Si 以减小 $SiO_2$，而用 X－Y－Si 以生长外延层。清除步骤和生长步骤分开可以避免 Al 这样的还原剂扩散到整个外延层。有必要通过研究三元相图（ternary diagram）或四元相图（quaternary diagram）来定义合适的成分组分。例如 Abdo 证实，Cu－Sn－Si 三元相图和 Cu－Sn－Al－Si 四元相图具有一定的应用价值[36,37]，如图 9.5 所示。

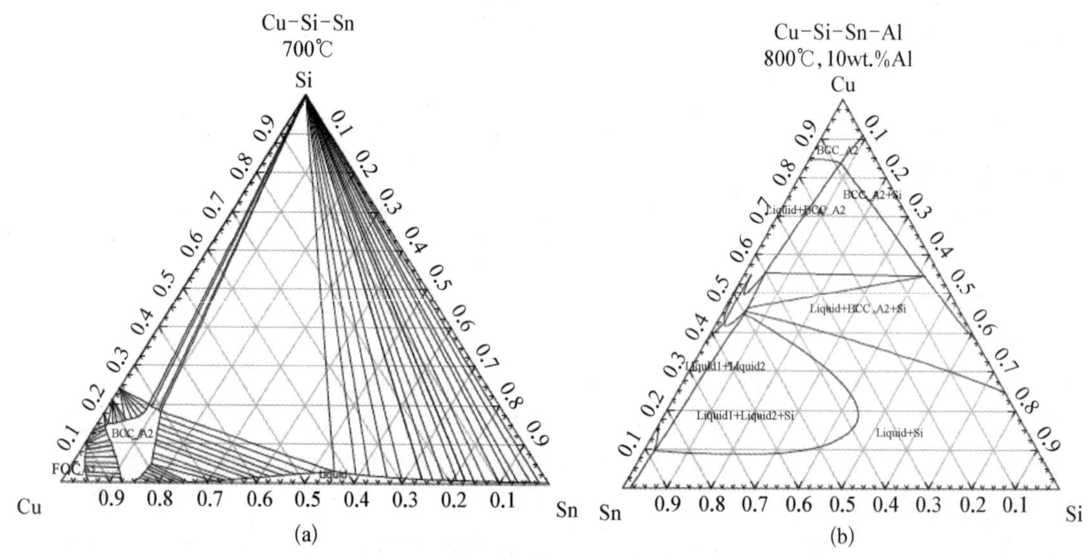


图 9.5 用于低温液相外延法的合金相图

(a) Cu－Sn－Si 三元相图；(b) Cu－Sn－Al－Si 四元相图

在 800℃，纯 Sn 熔体中 Si 的溶解度只有 0.16 Wt%，而相同温度下，Cu－Sn－Si 合金的 Si 溶解度增加到 2 Wt%。在 Si 衬底上，能够形成平整均匀的 30 μm 厚外延层，如图 9.6 所示。生长的起始温度为 800℃，冷却速率为 0.25℃/min，生长持续时间为 2 h。但是，外延层的电学特性没有被测量。

## 9.7 异质衬底液相外延法

因为硅片的成本大约是最终太阳能电池组件总成本的一半，在低成本非硅衬底上沉积晶体硅薄膜引起了人们的较大兴趣。这里的主要问题是：

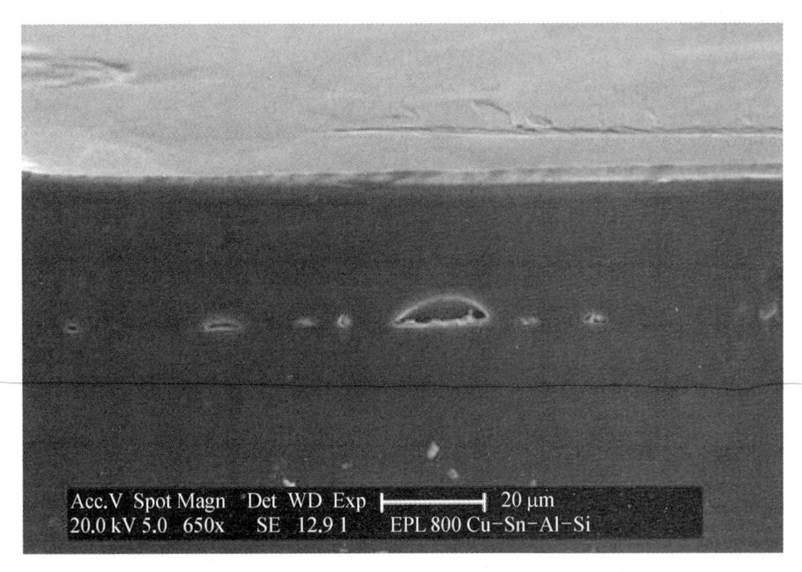


图 9.6 在 800℃,$Cu_{8.5}Al_{9.5}Sn_{80}Si_2$ 溶液生长 Si 外延层的扫描电子显微镜 SEM 图像[37]

(1) 衬底和生长温度的兼容,衬底的热膨胀系数接近 Si;

(2) 杂质向有源层扩散;

(3) 控制成核,以获得较大的晶粒尺寸和连续层(continuous layer)。

氧化铝(alumina)或富铝红柱石(mullite)这样的陶瓷受到广泛关注。氧化铝的生产成本很低,富铝红柱石的成本略高,但是在很大的温度范围热膨胀系数接近 Si。氧化铝和富铝红柱石能够承受 1 000～1 200℃的高温退火,而且都具有 80%～90%的较高反射系数(reflection coefficient),能够为太阳能电池形成有效的背反射镜。氧化铝和富铝红柱石衬底需要在液相外延法 LPE 之前预先沉积籽晶层。例如,法国半导体物理和应用实验室(PHysics and Applications of SEmiconductors laboratory,PHASE)和法国里昂国立应用科学学院 INSA 用快速热化学气相沉积(Rapid Thermal Chemical Vapor Deposition,RTCVD)制备具有(220)择优取向(preferential orientation)的籽晶层,再用 LPE 生长有源层[38]。晶粒尺寸从籽晶层的 1～10 μm 增加到有源层的 100～200 μm,但是还不能够实现连续层,可能是由于形成柱状生长的(220)晶面不适合之后的 LPE 生长。(111)晶面籽晶层的横向生长速率(lateral growth rate)比垂直生长速率(vertical growth rate)更高,可以实现连续层。

德国马普研究院也研究了籽晶层和 LPE 的结合[39]。使用玻璃状 C 衬底和非晶硅 a-Si/微晶硅 μc-Si 双层籽晶层,籽晶层的晶粒尺寸为 1 μm。通过 Ga/Al 熔体获得了 4 $cm^2$面积上较低的缺陷密度和连续层。

荷兰能源研究中心 ECN[40]发展了富 Si 的 SiAlON 流延成型(tape casting)陶瓷衬底,使用等离子体喷涂 Si 籽晶层。实现了 1 $cm^2$连续层和 10～100 μm 的晶粒尺寸,使用的熔体为含有 1%Al 的 In,起始温度为 960℃。

澳大利亚新南威尔士大学 UNSW 也实现了连续层的生长,在硼硅酸盐玻璃(borosilicate glass)上使用 Sn/Al 熔体,籽晶层为 a-Si,起始温度为 750℃[68]。晶粒尺寸达到 50 μm，择优取向为(111)，外延层厚度为 30 μm。UNSW 还报道了在没有籽晶层的玻璃衬底上生长连续层，生长温度为 750℃，平均晶粒尺寸为 100 μm[41]。Al 或 Mg 能够还原 $SiO_2$，并且使 Si 原子位置出现成核。周期性回熔和再生长抑制了垂直于衬底平面的生长，有助于形成更加平整的 Si 薄膜。

我们发现，不容易在异质衬底(foreign substrate)上生长连续 Si 薄膜。为了解决这个问题，有人提出了层转移工艺(layer transfer process)[42~46]。层转移工艺的概念基于 Si 单晶生长衬底的表面改性(surface modification)，成为多孔层(porous layer)，再将外延层转移到低成本衬底上。从而，原始生长衬底能够重复使用数次。表面的多孔化结合 1 000～1 100℃的 $H_2$退火有助于外延生长和进一步的移除。大多数从事层转移工艺的研究团队运用气相外延法 VPE 作为生长工艺。只有澳大利亚国立大学 ANU(参见 9.8 节)、日本佳能(Canon)[47]和法国里昂纳米技术研究所 INL[48]使用 LPE 生长 Si 有源层。重新构造 Si 多孔层是层转移工艺的关键。需要精确地调节温度和时间，以控制 Si 多孔层的表面粗糙度，并且避免 Si 多孔层的碎裂[49]。如果起始温度 1 050℃，使用 Sn/Ga 熔体，得到外延层的电学特性有利于制备晶体硅薄膜太阳能电池：p 型掺杂水平 $7.1\times 10^{16}$ $cm^{-3}$，迁移率为 192 $cm^2 s^{-1} V^{-1}$，扩散长度 124 μm。

## 9.8 外延横向过度生长

液相外延法 LPE 的一个优势是选择性生长(selectivity of growth)。这意味着，外延生长可以只发生在 Si 籽晶晶核处。如果硅片可以部分地用掩膜(mask)覆盖，外延生长只发生在暴露在外的“籽晶窗口”(seeding window)处，而不会发生在掩膜处。掩膜层可以是金属薄膜或者介质薄膜(如 $SiO_2$或 $SiN_x$)。通过使用这样的特性，可以在掩膜上实现 Si 的外延横向过度生长(Epitaxial Lateral Overgrowth，ELO)。外延生长从籽晶窗口开始，进行垂直生长和在掩膜上的横向生长。在合适的条件下，相邻条状 Si 会合并形成连续外延层，从而完全覆盖掩膜[10,50~53]，形成绝缘体上硅(silicon on insulator，SOI)结构。这种结构的特性也特别适合于光伏应用。首先，掩膜可以作为缺陷过滤层(defect filter)，防止缺陷从衬底扩散进入有源层，这对冶金级硅 MG－Si 上生长 Si 薄膜特别有益。其次，掩膜可以作为反射镜层改善太阳能电池内部的陷光作用。因为制备晶体硅薄膜太阳能电池的最终目的是减小有源层厚度，介质掩膜的存在可以降低要求的有源层厚度，并且增加光吸收[52]。最后，掩膜能够最终被蚀刻去除，而外延层能够从衬底分离，进行层转移工艺，结合到其他低成本的衬底上[54]。

通过 ELO 技术，外延过度生长层的特征可以用宽度和厚度的比例来描述。对于(111)晶面 Si 衬底，宽度和厚度的比例可以高达 80[55,56]，这依赖于生长条件和籽晶线(seeding line)的方向[57]。Kraiem[58]使用网格形状的籽晶分布，籽晶线 35 μm 宽，方向沿着＜112＞晶向和＜110＞晶向，$SiO_2$掩膜覆盖在 90 μm×90 μm 面积上，使用 Sn 熔体，起始温度为 1 050℃，经过 1 h 以内的生长，获得平整的连续层薄膜。而且，得到的外延层比普通 LPE 薄膜的缺陷密度小 10 倍。

Kinoshita[59]将 ELO 技术应用于非平面结构(111)Si 衬底，使用 Sn 熔体，起始温度 900℃。尽管衬底的形貌不规则，总能够生产出顶部表面平整的外延层，这要归因于外延层薄膜中(111)小平面的形成。

当使用(100)取向衬底,垂直生长速率远高于横向生长速率时,外延层的生长方式会完全不同。澳大利亚国立大学 ANU 的外延提拉(Epilift)技术就是一个很好的例子。在网格形式 $SiO_2$层中,籽晶线沿着<110>晶向,能够生长 50～100 μm 厚薄膜,使(111)小平面沿着籽晶线呈现出钻石形状。这就在网格上形成天然的减反射绒面。外延提拉技术的优势是薄膜的进一步分离,使用的方法是湿化学蚀刻(wet chemical etching)或电化学蚀刻(electrochemical etching)。如果掩膜层没有损坏,那么掩膜层和衬底可以投入再次使用。ANU 报道了小面积电池 13%的转换效率,以及 50 $cm^2$ 小组件(minimodule)10.9%的转换效率[60]。

还有报道使用 Cu－Si 熔体实现 ELO 技术生长 Si 外延层[61]。通过衬底向更低温度区域滑动,发生连续的横向生长。薄膜的厚度和均匀度依赖于滑动速度(sliding speed),能够以 1.5 mm/s 的滑动速度生长 Si 薄膜。而且,这样的横向生长技术允许使用陶瓷或玻璃等异质衬底。

## 9.9　高生产速率液相外延法

到目前为止,我们讨论的液相外延法 LPE 技术都只限于实验室尺寸的电池样品,面积小于 5 cm×5 cm。实验室尺寸样品证明了 LPE 技术能够获得高质量的外延层,合适制备高转换效率晶体硅薄膜太阳能电池。

制造低成本晶体硅薄膜太阳能电池要求发展高生产速率 LPE 沉积设备,来生长 20～40 μm厚的外延层,并且实现较大表面的高生长速率[62]。外延层厚度有必要达到 20～40 μm的原因是制绒步骤将去除 10～20 μm 的 Si 薄膜。目前,LPE 和化学气相沉积 CVD 还没有达到这样的要求,但是最近出现了一些值得关注的高生产速率反应腔。虽然这些工作主要专注于 CVD,但是 LPE 也有一些技术优势适合高生产速率的薄膜生长过程。LPE 只需要较低的资本投资和运行成本,不需要高真空,并且不会消耗或产生有毒气体。唯一需要关注的安全问题是使用 $H_2$,但是也可以运用混合气体[7]。LPE 技术向大规模生产转移的限制因素是:

(1) 温度控制,这会影响薄膜均匀度;

(2) 硅片表面和熔体体积之间采用的比例;

(3) 厚度和掺杂浓度的再现性。

垂直滑动技术通常用于生长Ⅲ－Ⅴ族材料,对于多层薄膜这是必要的。自从 20 世纪 70 年代早期,很多系统发展了这种 LPE 应用[63]。

对于太阳能电池生产,垂直浸涂系统(vertical dipping system)似乎是一种合适的技术,因为分批式工艺能够同时生产大量满足一定要求的硅片。得益于欧洲的 TREASURE 项目,德国康斯坦茨大学设计了一种分批式反应腔,能够同时制备 54 片 10 cm×10 cm 的硅片[28]。石墨比石英更加适合作为坩埚材料,石墨坩埚表面也需要通过高温分解(pyrolysis)处理。在每次从高纯冶金级硅 UMG－Si 向熔体加料的过程前都要使用回熔步骤。这种大面积硅片生产的主要问题是在生长的外延层中出现针孔(pinhole)。通过使用微过饱和以及 4 次连续回熔步骤,能够获得无针孔的 LPE 层,覆盖 100$cm^2$ 面积的硅片。使用 In/Ga 溶剂以及合适参数，能够形成载流子浓度的梯度分布，从衬底界面处的 $3\times10^{18}$ $cm^{-3}$ 到表面的 $3\times10^{16}$ $cm^{-3}$。在漂移场和电化学宏观孔隙绒面的帮助下，使用 LPE 在低成本 UMG - Si 硅片上生长的晶体硅薄膜太阳能电池转换效率最高达到 14%。

德国莱布尼茨晶体生长研究所提出在大面积(10 cm×10 cm)多晶衬底上使用温度差法(temperature difference method，TDM)，实现高生产速率 LPE[64]。垂直于衬底表面的温度梯度会产生热力学驱动力，使溶剂从熔体向衬底方向扩散。在 980℃以 10 K/cm 的温度梯度，用 In/Ga 熔体生长出 30 μm 厚的薄膜。生长速率为 0.3 μm/min，掺杂浓度被调节到 $10^{16}\sim2\times10^{18}$ $cm^{-3}$ 范围，测得的少数载流子寿命为 5～10 μs。在 TDM 生长的薄膜中，晶界对少数载流子寿命没有明显的影响。所以，TDM 是一种前景光明的晶体硅薄膜太阳能电池技术。

日本佳能提出一种高生产速率 LPE 浸涂的专利技术[65]，衬底为面积 5 $in^2$ ($in^2=6.452\times10^{-4}$ $m^2$)的冶金级硅 MG - Si 硅片。如 9.5 节所述，生长过程中会在晶界形成凹槽，出现太阳能电池的短路电流。佳能的专利技术具有优化的时间-温度程序，用溜溜球技术结合两个独立的加热器，以减小晶界对太阳能电池性能的影响。其最重要的技术突破是通过调节周期性回熔加热和冷却的温度范围，控制凹槽深度和外延层厚度的比例。将这一比例限制在低于 0.25，使用 In 熔体和 865～950℃温度范围，佳能实现了具有 15%转换效率的晶体硅薄膜太阳能电池，但是其有效面积没有公布。

佳能[66]还在带有多孔硅的 5 $in^2$ 硅片上演示了 LPE 生长，并且进一步分离外延层。使用盛有 In 溶剂(4N)的石英载体，形成垂直浸涂系统。生长速率在 0.1～1 μm/min 范围，并且依赖于饱和温度、冷却速率和衬底在溶剂中的位置和方向。

## 9.10 小结

液相外延法 LPE 能够生产高质量 Si 外延层用于晶体硅薄膜太阳能电池。虽然 LPE 还没有用于商业化生产，硅材料短缺将进一步促进在低成本 Si 衬底或异质衬底上外延生长 Si 薄膜技术的研究。LPE 的设备投资成本和运营成本较低，生长速率较高，充分地发挥这样的优势可能会推动其大规模产业化。为了进一步了解 LPE，可以参考相关的书籍，特别是文献[4]和[67]。

**参考文献**

[1] M.G. Astles [M]. Liquid Phase Epitaxial Growth of Ⅲ-Ⅴ Compound Semiconductor Materials and Their Device Applications. Bristol: Adam Hilger, 1990.

[2] J.C. Maroto, A. Marti, C. Algora, G.L. Araujo [C]. Proceedings of the 13th European Photovoltaic Solar Energy Conference, Nice, 1995: 343.

[3] B.J. Baliga [J]. Journal of the Electrochemical Society, 1986, 133: 5C.

[4] P. Capper, M. Mauk [M]. Liquid Phase Epitaxy of Electronic, Optical, and Optoelectronic Materials. Chichester: Wiley, 2007.

[5] P. Franke, D. Neuschütz [M]. SGTE, Binary Systems, Part 4: Binary Systems from Mn-Mo to Y-Zr, Volume 19 'Thermodynamic Properties of Inorganic Materials' of Landolt-Börnstein — Group Ⅳ 'Physical Chemistry'. Berlin: Springer, 2006.

[ 6 ] J.J. Hsieh, J. Cryst. Growth 27, 49 (1974).
[ 7 ] R. Bergmann, J. Kurianski [J]. Materials Letters, 1993, 17: 137.
[ 8 ] Z. Shi [J]. Journal of Materials Science: Materials in Electronics, 1994, 5: 305.
[ 9 ] F. Abdo, A. Fave, M. Lemiti, A. Laugier, C. Bernard, A. Pish [J]. Physica Status Solidi (C), 2007, 4: 1397.
[10] M. Konuma. Feature and Mechanisms of Layer Growth in Liquid Phase Epitaxy of Semiconductor Materials [M]. Y. Pauleau. Ed., Chemical Physics of Thin Film Deposition Processes for Micro-and Nano-Technologies. Berlin: Springer, 2002: 384.
[11] B.J. Baliga [J]. Journal of The Electrochemical Society, 1977, 124: 1627.
[12] R. Kopecek, K. Peter, J. Hötzel, E. Bucher [J]. Journal of Crystal Growth, 2000, 208: 289.
[13] K. Peter, G. Willeke, E. Bucher [C]. Proceedings of the 13th European Photovoltaic Solar Energy Conference, Nice, 1995: 379.
[14] Z. Shi, W. Zhang, G.F. Zheng, V.L. Chin, A. Stephens, M.A. Green, R. Bergmann [J]. Solar Energy Materials and Solar Cells, 1996, 41-42: 53.
[15] B.J. Baliga [J]. Journal of the Electrochemical Society, 1981, 128: 161.
[16] M.J. McCann, K.J. Weber, M. Petravic, A.W. Blakers [J]. Journal of Crystal Growth, 2002, 241: 45.
[17] G.F. Zheng, W. Zhang, Z. Shi, D. Thorp, R.B. Bergmann, M.A. Green [J]. Solar Energy Materials and Solar Cells, 1998, 51: 95.
[18] T.F. Ciszek, T.H. Wang, X. Wu, R.W. Burrows, J. Alleman, C.R. Schwertfeger, T. Bekkedahl [C]. Proceedings of the 23rd IEEE Photovoltaic Specialist Conference, Louisville, 1993: 65.
[19] T.H. Wang, T.F. Ciszek [C]. Proceedings from the 1st World Conference on Photovoltaic Solar Energy Conversion IEEE, Hawai, USA, 1994: 1250.
[20] G. Wagner, H. Wawra, W. Dorsch, M. Albrecht, R. Krome, H.P. Strunk, S. Reidel, H.J. Möller, W. Appel [J]. Journal of Crystal Growth, 1997, 174: 680.
[21] G. Ballhorn, K.J. Weber, S. Armand, M.J. Stocks, A.W. Blakers [J]. Solar Energy Materials and Solar Cells, 1998, 52: 61.
[22] T. Sukegawa, M. Kimura, A. Tanaka [J]. Journal of Crystal Growth, 1991, 108: 598.
[23] A. Fave, B. Semmache, E. Rauf, A. Laugier [C]. Proceedings from "Matériaux et procédés pour la conversion photovoltaïque de l'énergie solaire", Ademe, Sophia Antipolis, 1998: 35.
[24] A.W. Blakers, J.H.Werner, E. Bauser, H.J. Queisser [J]. Applied Physics Letters, 1992, 60: 2998.
[25] T.H. Wang, T.F. Ciszek, C.R. Schwerdtfeger, H. Moutinho, R. Matson [J]. Solar Energy Materials and Solar Cells, 1996, 41/42: 19.
[26] J.H. Werner, S. Kolodinski, U. Rau, J.K. Arch, E. Bauser [J]. Applied Physics Letters, 1993, 62: 2998.
[27] K. Peter, R. Kopecek, P. Fath, E. Bucher, C. Zahedi [J]. Solar Energy Materials and Solar Cells, 2002, 74: 219.
[28] C. Zahedi, E. Enebakk, M. Mueller, D. Kunz, R. Kopecek, K. Peter, C. Lévy-Clément, S. Bastide, M. Mamor, T.H. Bergstrom [C]. Proceedings of the 19th European Photovoltaic Solar Energy Conference, Paris, 2004: 1273.
[29] E. Sumner, R.T. Foley [J]. Journal of the Electrochemical Society, 1978, 125: 1817.
[30] H. Ogawa, Q. Guo, K. Ohta [J]. Journal of Crystal Growth, 1995, 155: 193.
[31] M. Konuma, G. Cristiana, E. Czech, I. Silier [J]. Journal of Crystal Growth, 1999, 198/199: 1045.

[32] S.H. Lee, M.A. Green [J]. Journal of Electronic Materials, 1991, 20: 635.
[33] Z. Shi, T.L. Young, M.A. Green [J]. Materials Letters, 1991, 12: 339.
[34] B. Girault, F. Chevrier, A. Joullie, G. Bougnot [J]. Journal of Crystal Growth, 1977, 37: 169.
[35] H.J. Kim [J]. Journal of the Electrochemical Society, 1992, 119: 1394.
[36] F. Abdo, PhD thesis [D]. Institut National des Sciences Appliquées de Lyon, 2007.
[37] F. Abdo, A. Fave, M. Lemiti, A. Laugier, C. Bernard, A. Pish [J]. Archives of Metallurgy and Materials, 2006, 51: 533.
[38] A. Fave, S. Bourdais, A. Slaoui, B. Semmache, J.M. Olchowik, A. Laugier, F. Mazel, G. Fantozzi [C]. Proceedings of the 11th International Photovoltaic Science and Engineering Conference, Sapporo, Japan, 1999: 733.
[39] A. Gutjahr, I. Silier, G. Cristiani, M. Konuma, F. Banhart, V. Schöllkopf, H. Frey [C]. Proceedings of the 14th European PV Solar Energy Conference, Barcelona, 1997: 1460.
[40] S.E. Schiermeier, C.J. Tool, J.A. van Roosmalen, L.J. Laas, A. von Keitz, W.C. Sinke [C]. 2nd World Conference on PV Solar Energy Conversion, Vienna, 1998: 1673.
[41] Z. Shi, T.L. Young, M.A. Green [C]. Proceedings of the 1st World Conference on Photovoltaic Solar Energy Conversion, Hawai, 1994: 1579.
[42] T. Yonehara, K. Sakaguchi, N. Sato [J]. Applied Physics Letters, 1994, 64: 2108.
[43] H. Morikawa, Y. Nichimoto, H. Naomoto, Y. Kawama, A. Takami, S. Arimoto, T. Ishihara, K. Namba [J]. Solar Energy Materials and Solar Cells, 1998, 53: 23.
[44] R. Brendel [C]. Proceedings of the 14th European Photovoltaic Solar Energy Conference, Barcelona, Spain, 1997: 1354.
[45] H. Tayanaka, K. Yamauchi, T. Matsushita [C]. Proceedings of the 2nd World Conference and Exhibition on Photovoltaic Solar Energy Conversion, Vienna, Austria, 1998: 1272.
[46] J. Kraiem, S. Amtablian, O. Nichiporuk, P. Papet, J.-F. Lelievre, A. Fave, A. Kaminski, P.-J. Ribeyron, M. Lemiti [C]. Proceedings of the 21st European PVSEC, Dresden, 2006: 1268.
[47] S. Nishida, K. Nakagawa, M. Iwane, Y. Iwasaki, N. Ukijo, M. Mizutani [C]. Technical Digest of the 11th International Photovoltaic Science and Engineering Conference, Kyoto, Japan, 1999: 537.
[48] S. Berger, A. Fave, S. Quoizola, A. Kaminski, A. Laugier, A. OuldAbdes, N.-E. Chabane-Sari [C]. Proceedings from the 17th European Photovoltaic Solar Energy Conference and Exhibition, Munich, 2001: 1772.
[49] J. Kraiem, O. Nichiporuk, E. Tranvouez, S. Quoizola, A. Fave, A. Descamps, G. Bremond, M. Lemiti [C]. Proceedings of the 20th European photovoltaic solar Energy Conference, Barcelona, Spain, 2005.
[50] H. Raidt, R. Köhler, F. Banhart, B. Jenichen, A. Gutjahr, M. Konuma, I. Silier, E. Bauser [J]. Journal of Applied Physics, 1996, 80: 4101.
[51] I. Silier, A. Gutjahr, N. Nagel, P.O. Hansson, E. Czech, M. Konuma, E. Bauser, F. Banhart, R. Köhler, H. Raidt, B. Jenichen [J]. Journal of Crystal Growth, 1996, 166: 727.
[52] M.G. Mauk, P.A. Burch, S.W. Johnson, T.A. Goodwin, A.M. Barnett [C]. Proceedings of the 25th IEEE Photovoltaic Specialists Conference, IEEE, Washington, 1996: 147.
[53] R. Bergmann [J]. Journal of Crystal Growth, 1991, 110: 823.
[54] K.J. Weber, K. Catchpole, M. Stocks, A. W. Blakers [C]. 26th Photovoltaic Solar Conference, Anaheim, 1997: 107.
[55] Y. Suzuki, T. Nishinaga [J]. Japanese Journal of Applied Physics, 1990, 29: 2685.

[56] Y. Suzuki, T. Nishinaga, T. Sanada [J]. Journal of Crystal Growth, 1990, 99: 229.

[57] I. Jozwik, J.M. Olchowik [J]. Journal of Crystal Growth, 2006, 294: 367.

[58] J. Kraiem, A. Fave, A. Kaminski, M. Lemiti, I. Jozwik, J.M. Olchowik [C]. Proceedings of the 19th European Photovoltaic Solar Energy Conference, Paris, 2004: 1158.

[59] S. Kinoshita, Y. Suzuki, T. Nishinaga [J]. Journal of Crystal Growth, 1991, 115: 561.

[60] M.J. Stocks, K.J. Weber, A.W. Blakers [C]. Proceedings from 3rd World Conference of Photovoltaic Solar Energy Conversion, Osaka, 2003: 1268.

[61] K. Kita, C.-J. Wen, J. Otomo, K. Yamada, H. Komiyama, H. Takahashi [J]. Journal of Crystal Growth, 2002, 234: 153.

[62] J. Poortmans, V. Arkipov [M]. Thin Film Solar Cells. New York: Wiley, 2006: 471.

[63] M.G. Mauk, J.B. McNeely. Equipment and Instrumentation for Liquid Phase Epitaxy [M]. P. Capper, M. Mauk, Ed. Liquid Phase Epitaxy of Electronic, Optical, and Optoelectronic Materials. New York: Wiley, 2007: 85.

[64] B. Thomas, G. Muller, P.-M. Wilde, H. Wawra [C]. Proceedings of the 26th IEEE Photovoltaic Specialist Energy Conference, Anaheim, 1997: 771.

[65] K. Nakagawa, S. Ishihara, H. Sato, S. Nishida, Y. Takai [P]. US Patent 6951585.

[66] S. Nishida, K. Nakagawa, M. Iwane, Y. Iwasaki, N. Ukiyo, M. Mizutani, T. Shoji [J]. Solar Energy Materials and Solar Cells, 2001, 65: 525.

[67] S. Dost, B. Lent [M]. Single Crystal Growth of Semiconductors from Metallic Solutions. Amsterdam: Elsevier, 2006.

[68] Z. Shi, T.L. Young, G.F. Zheng, M.A. Green [J]. Solar Energy Materials and Solar Cells, 1993, 31: 51.

[69] A. Fave, S. Quoizola, J. Kraiem, A. Kaminski, M. Lemiti, A. Laugier [J]. Thin Solid Films, 2004, 451-452: 308.

[70] S. Kolodinski, J.H. Werner, U. Rau, J.K. Arch, E. Bauser [C]. Proceedings of the 11th European Photovoltaic Solar Energy Conference, Harwood, Chur, Switzerland, 1992: 53.

[71] A.W. Blakers, K.J. Weber, M.F. Stuckings, S. Armand, G. Matlakowski, A.J. Carr, M.J. Stocks, A. Cuevas, T. Brammer [J]. Progress in Photovoltaics: Research and Applications, 1995, 3: 193.

[72] G.F. Zheng, W. Zhang, Z. Shi, M. Gross, A.B. Sproul, S.R. Wenham, M.A. Green [J]. Solar Energy Materials and Solar Cells, 1996, 40: 231.

[73] A.W. Blakers, K.J. Weber, M.F. Stuckings, S. Armand, G. Matlakowski, M.J. Stocks, A. Cuevas [C]. Proceedings of the 13th European Photovoltaic Solar Energy Conference, Nice, 1995: 33.

# 第10章　气相外延法

Mustapha Lemiti，法国里昂国立应用科学学院INSA，里昂纳米技术研究所INL

气相外延法VPE的主要优势是能够生长非常高质量的外延层，而且较高的生长速率超过μm/min。VPE的原理相对简单，并且能够方便地改变掺杂水平和掺杂类型。而且，VPE能够同时处理数片大面积硅片，特别适合光伏应用。在本章中，我们先介绍VPE的原理，再讨论晶体生长动力学的理论和模型。我们会详细描述$SiH_2Cl_2/H_2$系统，这是一种很适合光伏应用薄膜生长的技术。

## 10.1　概论

所谓外延法技术是在特定的晶体衬底上以规则的晶向生长新的晶体材料。衬底上生长出的外延层具有与衬底相同的结晶取向，所以衬底在生长过程中起到了籽晶的作用。如果衬底表面为非晶或多晶，那么生长出的薄膜也会是非晶或多晶，结晶取向跟随衬底晶粒。

外延层通常比非晶薄膜或多晶薄膜具有更优越的特性。在半导体产业，采用外延法生长的晶体有：Si、Si-Ge合金、Ⅲ-Ⅴ族化合物以及其他二元合金或三元合金。

当外延层生长在相同种类的衬底上时，这样的技术称为同质外延（homoepitaxy）；当外延层生长在不同类型的衬底上时，这样的技术称为异质外延（heteroepitaxy）。

在具有两种不同材料的异质外延情况下，晶格常数（lattice constant）的匹配是一个关键问题。如果晶格常数相差太大，会出现很多以位错为主的缺陷，有价值的晶体生长几乎不可能。允许的晶格常数最大差别为：

$$\frac{a_{\text{epi}} - a_{\text{sub}}}{a_{\text{sub}}} \leqslant 10^{-3} \tag{10.1}$$

式中，$a_{\text{epi}}$是外延层晶格常数（lattice constant of epitaxial layer）；$a_{\text{sub}}$是衬底晶格常数（lattice constant of substrate）。

对于Si，可以使用外延法生长出厚度约1 μm到>100 μm的薄膜。一些类型的技术会要求较高的衬底温度，而另一些技术不需要衬底加热到太高温度。对于光伏应用，生长Si外延层的技术主要分为液相外延法LPE[1~3]和气相外延法（vapor phase epitaxy，VPE）[4~6]，而VPE也可以说是经过改良的化学气相沉积（Chemical Vapor Deposition，CVD）。

VPE技术广泛地应用于微电子产业(microelectronics industry),能够在Si衬底或其他化合物半导体衬底上生长出高质量的薄膜[7]。因此,很多研究工作围绕着VPE技术展开。VPE生长的薄膜不但质量好,而且生长速率很高,超过了μm/min。VPE的原理相对简单,并且可以方便地改变掺杂水平和掺杂类型。另外,VPE技术能够同时处理数片大面积硅片,这是其光伏应用的又一大优势。

VPE的前驱物(precursor)是气体形式。需要提供足够的能量,在衬底上方分解气体成分,可以引起原子在衬底表面的排列,实现薄膜的沉积。有数种类型的VPE反应腔,它们的区别主要在于供应能量的方式和腔体内的压力。常压化学气相沉积(Atmospheric Pressure Chemical Vapor Deposition,APCVD)的晶体生长发生在大气压强下。APCVD反应腔的气体填充速度高于低压化学气相沉积(Low Pressure Chemical Vapor Deposition,LPCVD)。APCVD和LPCVD的加热都来自磁感应(magnetic induction)或电阻引起的焦耳效应(Joule effect)。在等离子体增强化学气相沉积PECVD反应腔中,外加能量来自等离子体放电,所以可以在较低的温度沉积外延层。最后一种工艺是快速热化学气相沉积RTCVD,热量由卤钨灯(halogen lamp)提供。

VPE的生长速率可以高达每分钟数十微米,这就解释了为什么VPE是产业界使用最广泛的技术。

根据不同的前驱物,VPE包含了不同的化学反应。前驱物气体可以是$SH_4$、$SiCl_4$、$SiHCl_3$或$SiH_2Cl_2$。前驱物的选择必然会决定外延法技术的细节,特别是沉积温度[8]:

$$SiH_4(g) \rightarrow Si(s) + 2H_2(g) \tag{10.2}$$

使用$SH_4$允许最低的生长温度(<700℃),但是生长速率也较低。$SH_4$在空气中是易燃的,需要特别的保护,并且要求反应腔处于低压状态,以避免泄漏。

$$SiCl_4(g) + 2H_2(g) \rightarrow Si(s) + 4HCl(g) \tag{10.3}$$

$SiCl_4$的还原反应产生高质量材料,但是需要发生在较高的温度(1 250℃),引起掺杂剂的重新分布。

$$SiHCl_3(g) + H_2(g) \rightarrow Si(s) + 3HCl(g) \tag{10.4}$$

$SiHCl_3$的还原是最常用的工业方法,沉积温度为1 100℃。而且工艺成本较低,前驱物供应充分。

$$SiH_2Cl_2(g) \rightarrow Si(s) + 2HCl(g) \tag{10.5}$$

$SiH_2Cl_2$分解的沉积温度约1 100℃。$SiH_2Cl_2$的高温分解能够给出较好的晶体质量,生长速率也相对较高。$SiH_2Cl_2$比之前介绍的原材料价格更高,但是在常压下维持在气相。

## 10.2　理论分析

气相外延法VPE技术自然对气体的流体力学(hydrodynamics)相当的敏感。薄膜质量和生长速率依赖于沉积材料的属性。在本节中,我们将首先简要地回顾层流和湍流的概念,然后讨论不同类型的生长动力学。最后,我们将关注于从$SiH_2Cl_2$生长Si的实验方法。以下内容并不是相关理论的综合论述,而仅仅阐述了关于 VPE 机理的基本概念。

### 10.2.1 流体力学

前驱物气体向衬底表面的流动方式对生长动力学很重要,从而在一定程度上决定了晶体薄膜的均匀度和质量。影响前驱物流体动力学的参数主要有:

(1) 温度梯度:气体密度在较冷区域较高,而在较热区域较低;

(2) 气体速度:依赖于对流效应,与黏滞度和摩擦力(force of friction)相关。

还需要分别考虑自然对流(natural convection)和强制对流(forced convection)两种流态(flow regime)。在自然对流情况下,温度梯度和气体浓度会决定气流。尽管存在温度梯度,强制对流会发生在较高气体流动速率的情况下,机械力的作用会决定气流的性质。在强制对流情况下,摩擦力和气压决定了气体颗粒的移动。

雷诺数(Reynolds number,$Re$)可以描述气流的类型:

$$Re = \frac{v_g L}{\nu} = \frac{\rho_g v_g L}{\mu} \tag{10.6}$$

式中,$\nu$ 是气体的运动黏滞度;$\rho_g$是气体密度(gas density);$v_g$是气体速度(gas velocity);$\mu$ 是动态黏滞度;$L$ 是反应腔几何特征(geometrical characteristics of the reactor),即水平反应腔的长度或圆柱形反应腔的直径。

当 $Re<5\,400$,气体流动为层流,出现自然对流,由摩擦力来稳定气流。当 $Re>5\,400$,较大的气体流动速度(flow velocity of gas)会形成湍流,惯性力(force of inertia)取代摩擦力,强制对流取代自然对流。

在侧壁较冷的反应腔中,流态是自然对流和强制对流的混合。一方面,衬底和反应腔侧壁之间的温度梯度趋向于形成层流的自然对流系统。另一方面,较大的气体流动会诱导强制对流,形成湍流。要使外延层薄膜厚度达到一定的均匀度,层流的自然对流是必要的。

### 10.2.2 生长动力学

在气相外延法 VPE 中,生长动力学可以分解为几个步骤:

(1) 前驱物气体通过载气(carrier gas)从反应腔入口处输运到衬底表面,并且分布在衬底表面;

(2) 衬底表面吸收这些成分;

(3) 成分扩散到较合适的位置,发生化学分解;

(4) 分解产物与外延层薄膜的晶格结合;

(5) 二次产物(secondary product)的退吸(desorption);

(6) 二次产物通过扩散远离表面。

这些生长动力学步骤可以分为两类:物质输运的步骤和表面化学反应的步骤。根据这两类步骤,就有两种生长动力学的控制方法:调节材料来控制物质输运,以及调整衬底表面的成分反应。由实验可知,温度和气体流动速率的条件决定了生长机制(growth regime)。

10.2.2.1 气体中气流和衬底上气流

生长动力学的理论框架需要考虑气相中成分分布的物理过程。所以，关键参数为反应成分从气相向衬底表面的气体流动，以及生长过程中反应成分消耗引起的气体流动。

以下公式推导来自 Grove 的研究工作[9]。图 10.1 是外延生长过程中气体流动的图解。$C_g$ 是气体中 Si 浓度(concentration of Si in gas)，依赖于腔体中前驱物气体的分压；$C_s$是存在于气体和晶体界面之间的衬底上 Si 浓度(concentration of Si on substrate)。

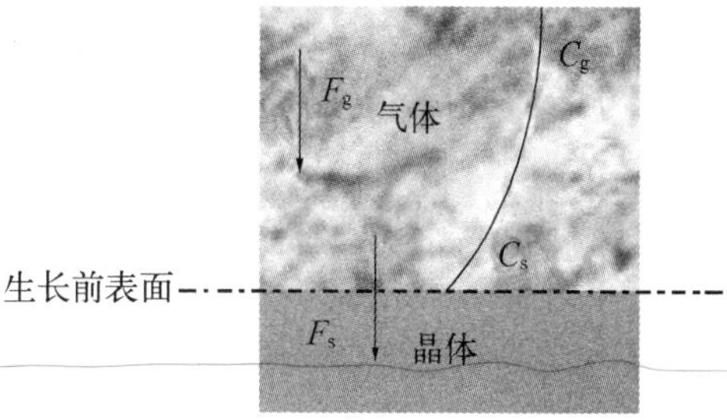

图 10.1 外延生长过程中气体流动的图解

气体中气流(gas flow in gas，$F_g$)代表了从气相向衬底的 Si 原子流动：

$$F_g = h_g(C_g - C_s) \tag{10.7}$$

式中，$h_g$为质量输运系数(mass transport coefficient)。

衬底上气流(gas flow on substrate，$F_s$)代表了晶体生长过程中化学反应消耗的 Si 原子流动：

$$F_s = k_s C_s \tag{10.8}$$

式中，$k_s$是表面动力系数(surface kinetic coefficient)。

在平衡状态，气体中气流 $F_g$和衬底上气流 $F_s$相等：

$$C_s = C_g \frac{h_g}{h_g + k_s} = \frac{C_g}{1 + \frac{k_s}{h_g}} \tag{10.9}$$

生长速率 $v$ 正比于气体中 Si 浓度 $C_g$，并且依赖于质量输运系数 $h_g$和表面动力系数 $k_s$：

$$v = \frac{F_s}{N} = \frac{h_g k_s}{h_g + k_s} \frac{C_g}{N} \tag{10.10}$$

式中，$N = 5 \times 10^{22}\ \mathrm{cm}^{-3}$是单位体积晶体内的 Si 原子数(number of Si atoms per unit volume in crystal)。

由式(10.10)，气相沉积存在两种生长机制。如果 $h_g > k_s$，表面动力系数 $k_s$决定了生长速率 $v$；如果 $k_s > h_g$，Si 从气相输运到衬底表面的质量输运系数 $h_g$决定了生长速率 $v$。

10.2.2.2 生长速率

当质量输运系数 $h_g >$表面动力系数 $k_s$，表面反应动力学决定的表面动力系数 $k_s$是生长速率 $v$ 的主要限制因素：

$$v = k_s \frac{C_g}{N} \tag{10.11}$$

与往常一样,化学反应的激活会遵循阿累尼乌斯型方程(Arrhenius-type equation):

$$k_s = B\exp\left(-\frac{E_A}{k_B T}\right) \tag{10.12}$$

式中,$B$ 是一个常系数;$E_A$是化学反应的激活能。

在较高的温度,生长速率 $v$ 的限制因素不再是表面动力系数$k_s$,而是气相物质分布决定的质量输运系数 $h_g$。

$$v = h_g \frac{C_g}{N} \tag{10.13}$$

质量输运系数 $h_g$对温度 $T$ 的依赖关系相比阿累尼乌斯型方程式(10.12)更慢:

$$h_g \propto T^{3/2} \tag{10.14}$$

由实验可知,对于每一种 Si 前驱物,各有两种生长机理,如图 10.2 所示。

图 10.2 表明,前驱物越富 Cl,生长速率 $v$ 越低。含氯前驱物分解形成 HCl,对 Si 有蚀刻作用可以解释这个现象。在气相中存在 HCl 表明,外延法过程来自生长和蚀刻的平衡。

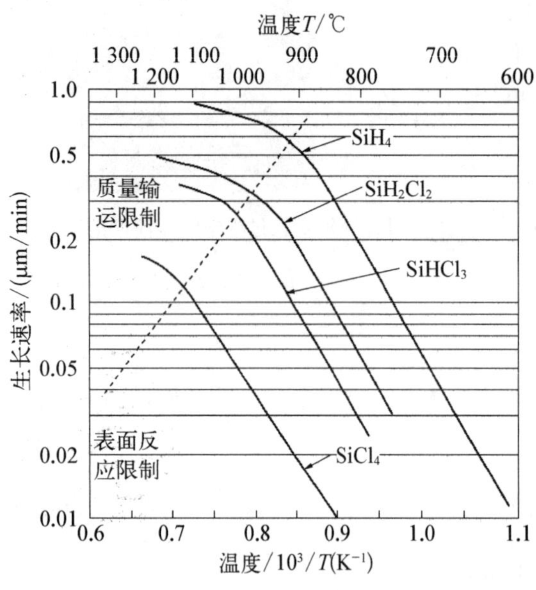


图 10.2 常压下气相外延法 VPE 生长速率对温度的依赖关系[9]

10.2.2.3 边界层模型

根据流体力学,沿着气相外延法 VPE 腔体侧壁的气体流动可以用边界层建立模型,不同的边界层具有不同的温度梯度、反应成分浓度和气体速度,各边界层从侧壁界面堆积起来。与气体流动速度梯度相关的边界层模型中,从衬底表面为 0 的气体速度转变到完全的气体流动速度。由式(10.6),边界层厚度(boundary layer thickness,$\delta$)为:

$$\delta = a\sqrt{\frac{\mu x}{\rho_g v_g}} = a\sqrt{\frac{\mu R T x}{M_g P v_g}} = a\sqrt{x}\sqrt{\frac{L}{Re}} \tag{10.15}$$

$$\rho_g = \frac{n M_g}{V} = \frac{M_g P}{RT} \tag{10.16}$$

式中,$a$ 是比例系数(coefficient of proportionality);$\rho_g$是气体密度;$n$ 是单位体积内气体分子数(number of gas molecules in unit volume);$V$ 是气体体积;$M_g$是气体摩尔质量(molar mass of gas);$P$ 是气体压强(gas pressure);$R$ 是气体常数(gas constant);$v_g$是气体速度;$x$ 是基座上的位置(position on the susceptor);$\mu$ 是动态黏滞度;$L$ 是反应腔几何特征,即水平反应腔的长度或圆柱形反应腔的直径。

反应成分在边界层内的扩散将是质量输运机制的限制因素。假设边界层的平均厚度为一常数,应用扩散规律,生长速率为:

$$v = h_g \frac{C_g}{N} = \frac{D_g}{\delta}\frac{C_g}{N} = \frac{D_g}{a}\sqrt{\frac{\rho v_g}{\mu L}}\frac{C_g}{N} \tag{10.17}$$

式中，$D_g$是气体扩散率(diffusivity of gas)；生长速率 $v$ 依赖于气相反应物浓度，并且与气体速度 $v_g$的平方根成正比。

## 10.3　实验方法

### 10.3.1　$SiH_2Cl_2/H_2$系统

在气相外延法 VPE 中，$SiH_2Cl_2$ 的高温分解会产生各种或多或少的含氯成分。Morosanu[10]的研究表明，在从 $SiH_2Cl_2$形成 Si 的反应中，$SiCl_2$是最重要的中间产物。

Claassen 和 Bloem[11]给出了 $SiH_2Cl_2$的各种分解反应：

(1) 在气相中的反应：

$$SiH_2Cl_2(g) \leftrightarrow SiCl_2(g) + H_2(g) \tag{10.18}$$

$$SiCl_2(g) + HCl(g) \leftrightarrow SiHCl_3(g) \tag{10.19}$$

(2) 表面的吸收，* 代表表面空缺位置(surface free site)，$X^*$ 代表被吸收的成分：

$$SiCl_2(g) + * \leftrightarrow SiCl_2^* \tag{10.20}$$

$$H_2(g) + 2* \leftrightarrow 2H^* \tag{10.21}$$

(3) 表面的化学反应：

$$SiCl_2^* + H^* \leftrightarrow SiCl^* + HCl(g) \tag{10.22}$$

$$SiCl^* + H^* \leftrightarrow Si + HCl(g) \tag{10.23}$$

$$SiCl_2^* + H_2(g) \leftrightarrow Si^* + 2HCl(g) \tag{10.24}$$

$$SiCl_2^* + SiCl_2(g) \leftrightarrow SiCl_4(g) + Si \tag{10.25}$$

$$Si^* \leftrightarrow Si \tag{10.26}$$

从 $SiH_2Cl_2$前驱物高温外延生长 Si 是很多化学反应的综合结果。整个过程可以总结为：

$$SiH_2Cl_2(g) \leftrightarrow Si + 2HCl(g) \tag{10.27}$$

事实上，引入 B 或 P 前驱物成为掺杂剂气体，以修改 Si 的电学特性，会引发其他反应。根据在 Si 衬底上沉积 Si 的生长速率的实验结果[11~13]，存在依赖于温度的两种生长机制：在 1 000℃以下的温度，化学动力学控制的生长机制；在 1 000℃以上的温度，质量输运控制的生长机制，如图 10.3 所示。

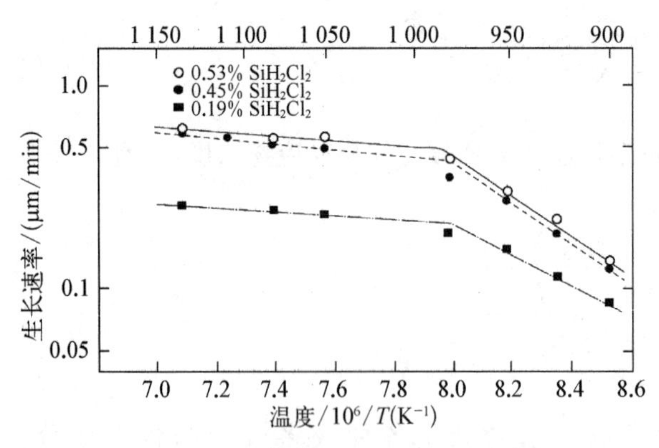


图 10.3　气相外延法 VPE 生长速率作为衬底温度的函数[12]

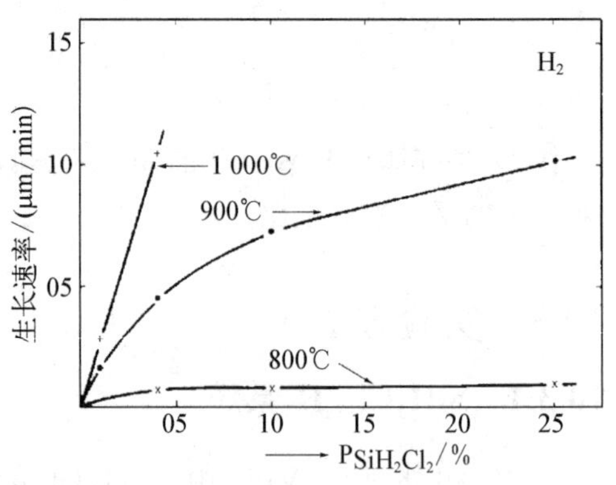


图 10.4　气相外延法 VPE 生长速率作为温度和 $H_2$ 气氛中 $SiH_2Cl_2$ 百分比的函数[11]

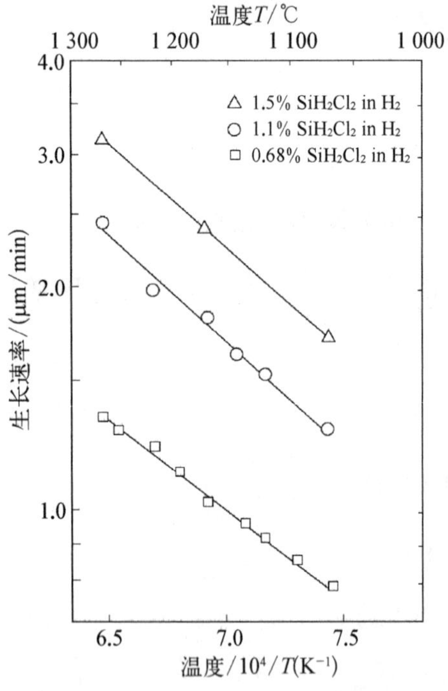


图 10.5　不同 $SiH_2Cl_2$ 浓度的气相外延法 VPE 生长速率[7]

图 10.4 表明，只有当温度超过 1 000℃时，生长速率才会按照 $SiH_2Cl_2$ 浓度呈线性增加。

Baliga[14] 和 Lekholm[15] 的研究表明，生长速率随 $SiH_2Cl_2$ 浓度呈线性变化，如图 10.5 所示。

这样的实验结果与之前的理论模型相符，而且得到的生长速率很高，达到每分钟数微米。根据 Coon 的研究[13]，HCl 的退吸动力学是在 650～900℃低温机制生长 Si 的限制因素。在较低的温度，计算得的 HCl 退吸速度表明，Si 衬底表面出现饱和，必须要通过退吸才能释放出空缺位置来吸收 $SiH_2Cl_2$。但是，在较高的温度，大部分的衬底表面为空缺位置。Claassen 和 Bloem 的研究也探讨了 HCl 的影响[11]，他们观察到将 HCl 加入气相会引起生长速率变化。

### 10.3.2　外延层的掺杂

掺杂过程是在半导体中引入 n 型或 p 型杂质，以达到光伏应用要求的电学特性。这样的操作要求对掺杂水平和外延层中的掺杂分布有理想的控制。对于 Si 的掺杂，$AsH_3$ 和 $PH_3$ 是常用的 n 型掺杂剂，而 $B_2H_6$ 是常用的 p 型掺杂剂。

#### 10.3.2.1　掺杂水平

在气相外延法 VPE 的原位掺杂过程中，少量的掺杂剂气体与 Si 前驱物一起引入反应腔。通过控制掺杂剂气体的分压，掺杂剂浓度能够在较大的范围内变化。最低掺杂水平取决于使用气体的稀释和杂质。最高掺杂水平依赖于 Si 中掺杂剂元素在沉积温度的最大溶解度。

在较高的温度，掺杂剂分子会分解为不同的挥发性成分。能够通过热力学计算出这些成分的平衡分压(equilibrium partial pressure)。Bloem 和 Giling 计算了在 $B_2H_6$ 情况下 Si－

H - Cl - B 系统中气相成分的平衡分压[8]。其中的数据给出了一定分压下主要掺杂剂成分的信息。例如，对于较低的 $PH_3$ 分压，气相的主要成分为 $PH_3$ 和 $PH_2$。对于较高的 $PH_3$ 分压，$P_2$ 成为主要成分。

Si 中的真实掺杂剂加入量决定于有效偏析系数 $k_{eff}$：

$$k_{eff}=\frac{N_d/N}{P_d/P_{Si}} \tag{10.28}$$

式中，$N_d$ 是单位体积晶体内掺杂剂数量(number of dopant atoms per unit volume in crystal)；$N=5\times10^{22}\ cm^{-3}$ 是单位体积晶体内的 Si 原子数；$N_d/N$ 是晶体中的掺杂剂浓度；$P_d$ 是掺杂剂气体分压(partial pressure of dopant gas)；$P_{Si}$ 是 Si 前驱物气体分压(partial pressure of Si precursor gas)。

当有效偏析系数 $k_{eff}<1$ 时，部分加入的掺杂剂被排斥出 Si 外延层；当有效偏析系数 $k_{eff}=1$ 时，掺杂剂气体原子完全地进入 Si 外延层。

Agnello 等[16]和 Lengyel 等[17]研究了引入掺杂剂对生长动力学的影响。对于不同掺杂剂气体 $PH_3$、$AsH_3$ 和 $B_2H_6$，生长速率是关于温度的函数，如图 10.6 所示。对于较高的分压($10^{10}\sim10^5$ atm.)，掺杂水平正比于 $B_2H_6$ 的分压。对于较低的分压($>10^4$ atm.)，由于含 B 成分的凝结，掺杂水平降低。事实上，平衡分压的数值表明，由于 $B_2H_6$ 具有较高的分压，这些成分开始凝结，所以不再参与掺杂过程。

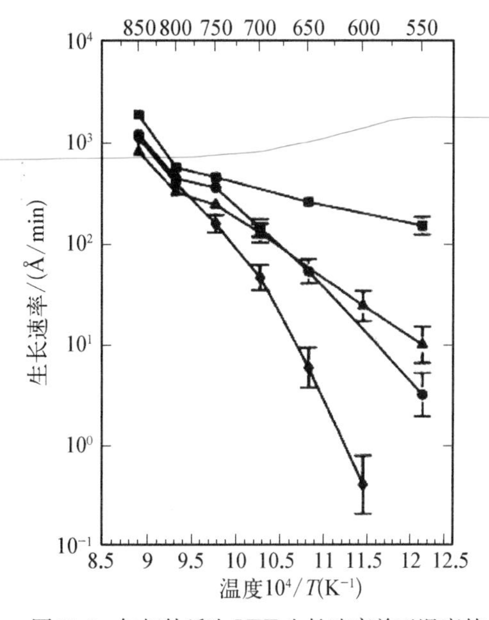


图 10.6 气相外延法 VPE 生长速率关于温度的函数，前驱物为 $H_2$ 中 1% 的 $SiH_2Cl_2$。菱形：没有掺杂剂；圆形：$PH_3$；三角形：$AsH_3$；方形：$B_2H_6$[16]。

受表面动力学限制的生长机制，增加掺杂剂气体引起 n 型或 p 型掺杂会增加生长速率。受质量输运限制的生长机制，反应气体中增加掺杂剂不会影响生长速率[16~18]。

10.3.2.2 掺杂分布

在气相外延法 VPE 技术中，与外延层生长同时发生的掺杂过程可能会使 p - n 结出现掺杂分布(doping profile)的突变。但是，向外扩散(exodiffusion)和自掺杂(autodoping)现象会减弱掺杂分布的突变。

我们先来讨论向外掺杂现象。在较高的温度，掺杂剂原子从气相进入衬底正在生长的外延层的同时，也以相反的方向从衬底和正在生长外延层回到气相环境，这就是掺杂剂的向外扩散现象。从外延层到气体环境的掺杂剂扩散会恢复固相和气相的热力学平衡，增加掺杂剂气体的分压直到饱和值[8]。所以，向外扩散会使衬底表面的掺杂剂浓度减小。

在生长过程中，向外扩散现象还不算明显，因为会故意地使掺杂气体饱和并对外延层掺杂。在生长后的冷却阶段，向外扩散开始变得很明显。而向外扩散的重要性还依赖于掺杂剂成分，随温度变化的扩散系数和气相中饱和压强决定了向外扩散的程度。同时，载气的特性也会影响扩散系数的数值[19]。通过实验，我们了解到，样品表面掺杂剂原子的损失取决于冷却过程中初始掺杂水平冷却的持续时间和温度斜坡等参数。

一种减小表面掺杂剂浓度损失的方法是用一层氧化层覆盖样品表面，起到扩散势垒(diffusion barrier)作用[20]。另一种方法是在掺杂剂气流作用下进行冷却，并且使气相处于B或P的饱和状态。这样就能够使掺杂分布在外延层体内保持均匀。

除了向外扩散现象，自掺杂现象也会降低p－n结的突变。自掺杂是指无意中将掺杂原子引入外延层。引起自掺杂的外部来源可能是：

(1) 之前沉积在基座和侧壁的掺杂剂原子；

(2) 衬底本身，从前表面或背表面发生向外扩散的掺杂剂原子[19,21]。

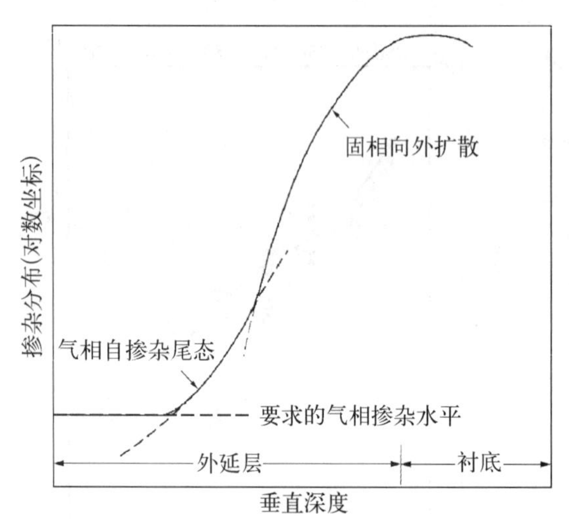

图10.7 外延层和衬底界面区域的掺杂水平

与向外扩散一样，自掺杂也会受到温度和扩散系数的影响。在生长之前的温度升高阶段，自掺杂会结合向外扩散，使外延层和衬底之间的掺杂分布不再突变，使衬底的掺杂分布减小，并且使外延层的掺杂分布增大，如图10.7所示。自掺杂水平也依赖于衬底的初始掺杂水平。在1 100℃温度，B的扩散长度大约0.5 μm。

## 10.4 外延生长设备

现代微电子产业和半导体产业对气相外延法VPE生长的薄膜质量提出了相当严格的要求，并且外延层生长工艺需要满足数个总体要求：

(1) 较高的生长速率；

(2) 较好的外延层厚度均匀度；

(3) 最小的颗粒生长；

(4) 较低的反应腔成本。

基本的VPE反应腔需要包括以下部分：

(1) 隔离外延生长环境的腔体；

(2) 控制不同化学成分分布的系统；

(3) 加热硅片的系统；

(4) 排净反应气体的系统。

VPE反应腔一般为高温的化学气相沉积CVD系统。高温反应腔可以分为热壁反应腔(hot-wall reactor)和冷壁反应腔(cold-wall reactor)。热壁反应腔主要用于排热反应(exothermic reaction)的沉积系统，因为高温的侧壁可以减小甚至避免前驱物在反应腔侧壁的沉积。热壁反应腔通常是管状的，加热由电阻或射频部件与反应腔外围石墨套管(graphite sleeve)耦合实现。冷壁反应腔能够从卤化物(halide)或氢化物(hydride)生长外延层。因为这些反应是吸热反应(endothermic reaction),所以这种生长发生于在系统中温度较高的部位。

最简单的VPE反应腔配置为卧式反应腔(horizontal reactor),最重要部分是一个水平放置的石英管(quartz tube)。在卧式反应腔中,硅片水平地放置在石英管中的石墨基座上,基座通过射频功率的耦合加热硅片。用于外延生长的前驱物气体从石英管的一端进入,并且从另一端排出。气体的流动平行于硅片表面,反应物成分通过表面边界层的扩散供给到生长表面。这类反应腔的建造成本较低,但是控制整个基座上的生长会出现问题,特别是硅片内或硅片间的温度、厚度和掺杂均匀度。

比卧式反应腔更加复杂的垂直锅饼反应腔(vertical pancake reactor)工作在大气压强[22]下,硅片放置在镀有SiC的石墨基座上,基座受到射频线圈加热,如图10.8所示。数kHz~数百kHz高频率射频能够将石墨基座加热到1 000~1 200℃。基座放置石英钟罩的中部,而反应物气体从基座顶部的气体注射器(gas injector)分散到反应腔中,均匀地分布在硅片表面,旋转的基座能够进一步提高气流的均匀度。垂直锅饼反应腔可以运行在大气压强或较低的气压下,以减小自掺杂现象。

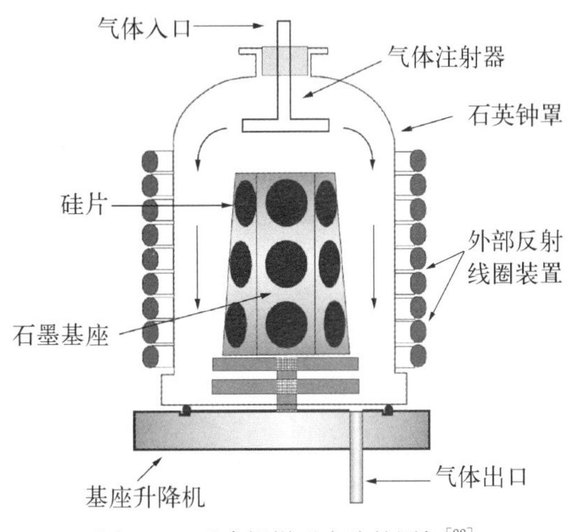


图10.8 垂直锅饼反应腔的图解[22]

对于光伏应用,数篇报道论述了在较大表面上进行的VPE技术,其主要问题是降低制备成本。西班牙马德里大学(University of Madrid)的Rodriguez等[23]设计了一种能够回收气体的反应腔。这样的改进具有相当重大的意义,因为气体消耗效率能够降低到30%以下。将焦耳效应加热与反射镜系统耦合进一步提高了能量利用效率。

在2002~2005年的欧洲SWEET项目中[24],数家研究机构和科技型公司都参与了研究在低成本衬底上制备外延层太阳能电池的工作:比利时校际微电子研究中心(Interuniversity Microelectronics Centre, IMEC)、德国弗劳恩霍夫太阳能系统研究所(Fraunhofer Institute for Solar Energy Systems, FhG-ISE)、西班牙ATERSA、英国PV Crystalox Solar和德国PV Silicon AG。SWEET项目的成果之一是设计出高生产效率的连续化学气相沉积(Continuous Chemical Vapor Deposition, ConCVD)反应腔,达到1.2 $m^2/h$的连续运行速度和2.9 μm/min的生长速率。在ConCVD较大的反应腔内,使用相比$H_2$更安全的Ar作为载气。

德国ZAE Bayern的Kunz等[25]设计了对流辅助化学气相沉积(Convection Assisted Chemical Vapor Deposition, CoCVD)反应腔,使用内部气体对流在较大表面(40 cm×40 cm)上获得均匀外延层,如图10.9所示。热对流控制的气流沿着衬底表面运行,形成均匀的层流。衬底倾角是一个重要的参数,可以通过机械将倾角控制在0~90°的任意角度。CoCVD使用$SiHCl_3$和$BCl_3$作为气体前驱物,加热灯可以达到大于1 100℃的温度,生长速率在0.4~1.2 μm/min范围,缺陷密度小于$5\times10^3$ $cm^{-2}$。为了证实外延层的质量,在$p^+$型单晶硅衬底上制备太阳能电池,8.5~20 μm厚的外延层实现了11.5%~12.8%的转换效率。

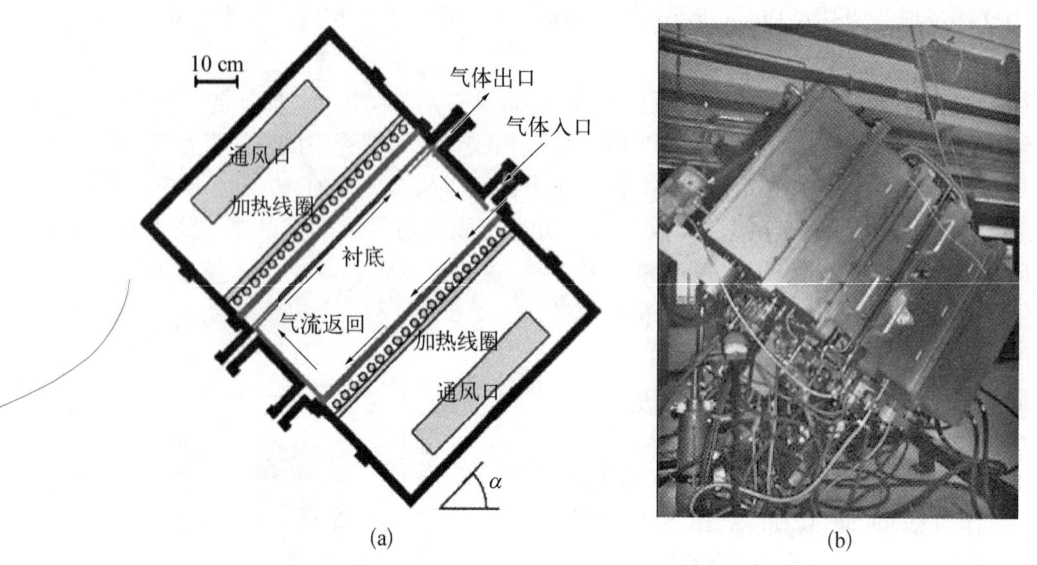


图 10.9 对流辅助化学气相沉积 CoCVD 的反应腔[26]

(a) 系统图解；(b) 实物照片

## 10.5 小结

气相外延法 VPE 往往用于在高度掺杂的衬底上，生长背表面场 BSF 和基极。但是，除此以外，VPE 也能够制备发射极，只需要在标准外延生长工艺中增加几分钟的时间。生长外延发射极的方法特别适合于具有数个连续沉积腔体的在线式连续 VPE 反应腔。所以，VPE 能够设计为原位生长完整的太阳能电池结构。

在大气压强下进行的 VPE 引起了人们较大的兴趣。相应的沉积结果具有较好的材料质量，达到接近传统太阳能电池的转换效率，并且成本得到了一定的降低。事实上，有源层的沉积步骤是整个工艺成本的主要部分。但是，降低 VPE 工艺的热预算将能够进一步发展这种富有前景的太阳能电池技术。

**参考文献**

[1] A.W. Blakers, J.H.Werner, E. Bauser, H.J. Queisser [J]. Applied Physics Letters, 1992, 60: 2752.

[2] J. Kraiem, E. Tranvouez, S. Quoizola, M. Lemiti [C]. Proceedings of the 31st IEEE Photovoltaic Specialists Conference, 2005: 1107.

[3] K. Snoeckx, G. Beaucarne, F. Duerinckx, I. Gordon, J. Poortmans [J]. Semiconductor International, 2007, 30: 45.

[4] A. Fave, S. Quoizola, J. Kraiem, A. Kaminski, M. Lemiti, A. Laugier [J]. Thin Solid Films, 2004, 451 - 452: 308.

[5] G.F. Zheng, W. Zhang, Z. Shi, M. Gross, A.B. Sproul, S.R. Wenham, M.A. Green [J]. Solar Energy Materials and Solar Cells, 1996, 40: 231.

[6] K.J. Weber, A.W. Blakers, M.J. Stocks, M.J. Stuckings, A. Cuevas, A.J. Carr, T. Brammer, G. Matlakowski [C]. 1st WCPEC, Hawaii, 1994: 1391.

[ 7 ] B.J. Baliga. Epitaxial Silicon Technology [M]. London：Academic，1986：328.

[ 8 ] E. Kaldis. Current Topics in Materials Science，Volume 1 [M]. Netherlands：North-Holland，1978：147.

[ 9 ] A.S. Grove，A. Roder，T. Sah [J]. Journal of Applied Physics，1965，36：802.

[10] C.E. Morosanu，D. Iosif，E. Segal [J]. Journal of Crystal Growth，1983，61：102.

[11] W.A.P. Claassen，J. Bloem [J]. Journal of Crystal Growth，1980，50：807.

[12] K.I. Cho，J.W. Yang，C.S. Park，S.C. Park [C]. Proceedings of the 10th International Conference on Chemical Vapor Deposition，vol. 87-88：379.

[13] P.A. Coon，M.L. Wise，S.M. George [J]. Journal of Crystal Growth，1993，130：162.

[14] B.J. Baliga [J]. Journal of The Electrochemical Society，1982，129：1078.

[15] A. Lekholm [J]. Journal of The Electrochemical Society，1972，119：1122.

[16] P.D. Agnello，T.O. Sedgwick [J]. Journal of The Electrochemical Society，1993，140：2703.

[17] I. Lengyel，K.F. Jensen [J]. Thin Solid Films，2000，365：231.

[18] L.J. Giling [J]. Materials Chemistry and Physics，1983，9：117.

[19] K. Suzuki，H. Yamawaki，Y. Tada [J]. Solid-state Electronics，1997，41：1095.

[20] S.P. Murarka [J]. Journal of Applied Physics，1984，56：2225.

[21] G.R. Srinivasan [J]. Journal of The Electrochemical Society，1980，127：1334.

[22] M.C. Nguyen，J.P. Tower，A. Danel [C]. 196th Meeting of the Electrochemical Society，Honolulu，1999：99-16.

[23] H.J. Rodriguez，J.C. Zamorano，I. Tobias [C]. 22nd European Photovoltaic Solar Energy Conference，Milan，Italy，2007：1091.

[24] S. Reber，F. Duerinckx，M. Alvarez，B. Garrard，F.-W. Schulze. EU project SWEET on epitaxial wafers equivalents：Results and future topics of interest [C]. 21st European Photovoltaic Solar Energy Conference，Dresden，Germany，2006.

[25] T. Kunz，I. Burkert，R. Auer，A.A. Lovtsus，R.A. Talalaev，Y.N. Makarov [J]. Journal of Crystal Growth，2008，310：1112.

[26] T. Kunz，I. Burkert，R. Auer，R. Brendel，W. Buss，H.v. Campe，M. Schulz [C]. 19th European Photovoltaic Solar Energy Conference，Paris，France，2004：1241.

# 第 11 章 闪光灯退火

大平圭介，日本北陆先端科学技术大学院大学(Japan Advanced Institute of Science and Technology，JAIST)

受到广泛关注的闪光灯退火 FLA 技术能够在低成本玻璃衬底上将前驱物非晶硅 a-Si 薄膜快速地结晶形成高结晶度的多晶硅薄膜。在本章中，我们首先简要地解释非热平衡退火和利用亚稳态 a-Si 作为前驱物薄膜的基本物理概念。之后，还要介绍 FLA 触发 μm 厚 a-Si 薄膜的结晶和多晶硅薄膜的微结构。

## 11.1 概论

多晶硅太阳能电池中"多晶硅"的英文是 multicrystalline Si，晶粒尺寸为 1 mm～10 cm，而多晶硅薄膜太阳能电池(polycrystalline Si thin film solar cell)中的"多晶硅"是 polycrystalline Si，晶粒尺寸为 1 μm～1 mm。具有高结晶度的多晶硅薄膜(polycrystalline Si thin film)可以通过前驱物非晶硅(amorphous Si，a-Si)薄膜的后结晶(postcrystallization)形成，从而能够制备高转换效率多晶硅薄膜太阳能电池。这样的多晶硅薄膜太阳能电池相比晶体硅太阳能电池使用更少的原材料，相比非晶硅薄膜太阳能电池(amorphous Si thin film solar cell)具有更高的载流子迁移率和更长的载流子扩散长度，而且没有光致衰减效应[1~8]。为了改善结晶工艺的生产速率，需要使用快速结晶技术来取代传统的熔炉退火。闪光灯退火(Flash Lamp Annealing，FLA)是一种微秒量级的快速退火技术，成功地应用于能形成多晶硅薄膜的高生产速率的结晶工艺。在本章中，我们将简要地介绍玻璃衬底上前驱物 a-Si 薄膜的 FLA 结晶及其在太阳能电池上的应用。

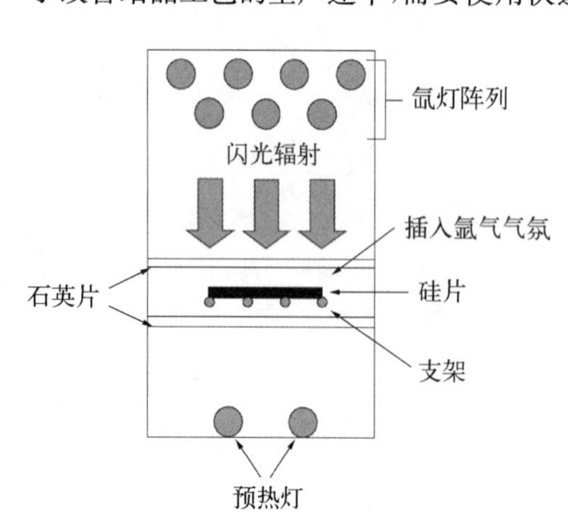


图 11.1 闪光灯退火 FLA 的实验设备图解[9,10]

## 11.2 实验设备

图 11.1 是闪光灯退火 FLA 实验设备的图解[9]。通过电容/电感储存闪光电源供应(capacitor/inductor bank flash power supply)的放电，可以为起到闪光灯作用的氙灯(xenon lamp)提供电源[10],得到的 $\mu s$ 量级辐射照射在硅片上,通过光吸收快速地增加目标材料的温度。典型值为数十 $J/cm^2$ 的闪光灯辐射可以通过改变电容电荷进行系统控制。因为氙灯的辐射在可见光波段具有较宽的光谱[9],前驱物非晶硅 a-Si 薄膜和晶体硅 c-Si 硅片能够通过光吸收有效地加热。在 FLA 过程中,样品通常放置在惰性气体气氛或真空环境中,以防止薄膜与 $O_2$ 等气体反应。还需要预热灯(preheating lamp)来控制硅片或薄膜的温度分布达到一定的深度。虽然原本发展 FLA 技术的目的是激活离子注入掺杂剂(ion-implanted dopant),以保持其浅分布[10~13],但是 FLA 最近作为快速结晶技术重新引起了人们的兴趣[9,14~16]。不像激光退火(laser annealing),FLA 的大面积辐射不需要扫描,只需要一个闪光脉冲就能够实现,这将实现高生产速率的退火工艺。

## 11.3 热扩散长度

热扩散的程度是处理快速退火的重要因素,因为不同的热扩散长度决定了多晶硅薄膜较深处的结晶度和对玻璃衬底的热损伤(thermal damage)。一维的热扩散系数(thermal diffusion coefficient,$D_{th}$)可以通过求解以下偏微分方程得到:

$$\frac{\partial}{\partial t}(\rho h)=\frac{\partial}{\partial x}\left(\kappa\frac{\partial T}{\partial x}\right)+S \tag{11.1}$$

式中,$t$ 是持续时间(duration);$\rho$ 是密度;$h$ 是单位质量的焓(enthalpy per unit weight);$x$ 是进入薄膜的深度;$\kappa$ 是热导率(thermal conductivity);$T$ 是温度;$S$ 是吸收闪光灯光线的光源项(light source term)。为了简化问题,假设密度 $\rho$ 和热导率 $\kappa$ 不依赖于温度 $T$ 和深度 $x$,而且只有薄膜的表面受到加热,处于稳定为常数的表面温度(surface temperature,$T_s$),那么可以求解偏微分方程式(11.1)得到:

$$\frac{T-T_0}{T_s-T_0}=1-\mathrm{erf}\left[\frac{x}{2\sqrt{D_{th}t}}\right]=1-\mathrm{erf}\left(\frac{x}{2L_T}\right) \tag{11.2}$$

$$L_T=\sqrt{D_{th}t} \tag{11.3}$$

式中,$T_0$是在深度 $x=\infty$处的边界温度(boundary temperature);$T_s$是 $x=0$ 处的表面温度;erf 为误差函数(error function);$L_T$是热扩散长度(thermal diffusion length),描述了深入薄膜内部的热扩散长度;$D_{th}$是热扩散系数,可以使用比热容(specific heat capacity,$c$)表达:

$$D_{th}=\frac{\kappa}{c\rho} \tag{11.4}$$

图 11.2 分别表示在石英玻璃(quartz glass)和钠钙玻璃(soda lime glass)上沉积非晶硅 a-Si 的热扩散长度 $L_T$是关于脉冲持续时间 $t$ 的函数[9,17~22]。不同热退火技术实现的退火持续时间 $t$ 和对应的热扩散长度 $L_T$在图中用圆圈特别标明。两个灰色区域分别是前驱物a-Si薄膜和玻璃衬底针对太阳能电池应用的典型厚度。为了使微米量级厚度 a-Si 薄膜结晶,而且避免对整个玻璃衬底产生热损伤,圆圈需要在这两个灰色区域之间闪光灯退火 FLA 满足这样的条件。在传统的快速热退火(Rapid Thermal Annealing,RTA)过程中,脉冲持续时间(pulse

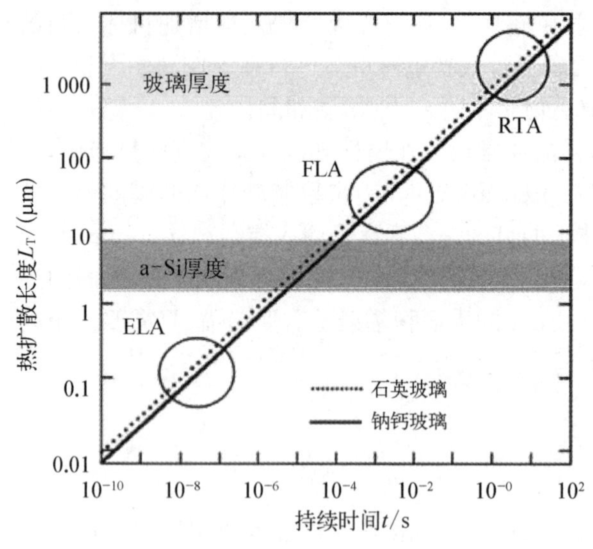


图 11.2 石英玻璃或钠钙玻璃上沉积非晶硅 a-Si 中热扩散长度 $L_T$是关于脉冲持续时间 $t$ 的函数

duration)超过 1 s。结果,即使 RTA 只对 a-Si 薄膜表面加热,玻璃衬底也会受到过度的加热。但是,准分子激光退火(Excimer Laser Annealing,ELA)通常用于形成<100 nm 的较薄多晶硅薄膜[23,24],给出的光线脉冲具有短于 1 μs 的持续时间。ELA 这么短的持续时间 $t$ 对应于 a-Si 中远小于 1 μm 的热扩散长度 $L_T$,这意味着 ELA 不能使微米量级厚 a-Si 薄膜完全结晶。由图 11.2 给出的热扩散长度 $L_T$与持续时间 $t$ 的关系,具有毫米量级持续时间的 FLA 最合适使微米量级厚度 a-Si 薄膜结晶,而不会对整个玻璃衬底产生热损伤,从而可以充分地利用具有低热阻率(thermal resistivity)的低成本玻璃衬底。

使用 RTA、FLA 和 ELA 这 3 种技术的退火特性图解,如图 11.3 所示。RTA 的脉冲持续时间超过 1s,会完全加热玻璃衬底,对整个衬底形成热损伤。由于<1 μs 的脉冲持续时间太短,ELA 不能使微米量级厚 a-Si 薄膜结晶。FLA 的脉冲持续时间在毫米量级,最合适结晶微米量级厚度的 a-Si 薄膜,而不会对整个玻璃衬底形成热损伤。

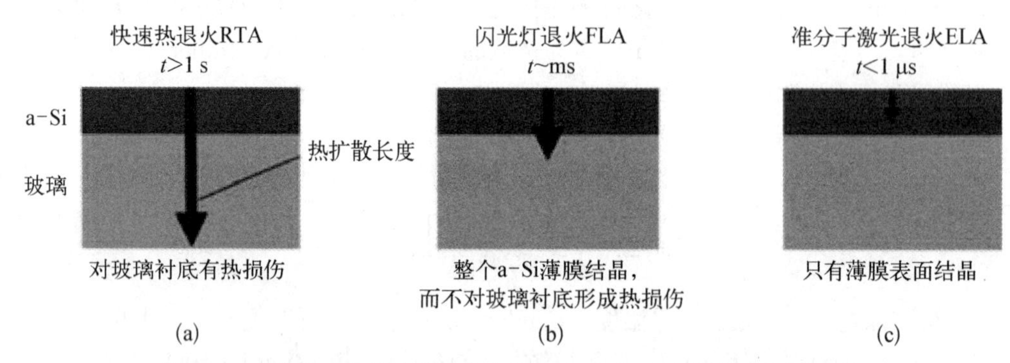


图 11.3 各种快速结晶技术的热扩散长度 $L_T$和对玻璃衬底影响的图解

(a) 快速热退火 RTA;(b) 闪光灯退火 FLA;(c) 准分子激光退火 ELA

## 11.4 相变

真实的闪光灯退火 FLA 系统包含一些更加复杂的因素,来确定深入薄膜的温度分布,而不能再简单地用热扩散长度 $L_T$描述。

(1) 依赖于温度 $T$ 和材料的比热容 $c$、热导率 $\kappa$ 和密度 $\rho$;

(2) 依赖于时间的闪光灯辐照度;

(3) 有限吸收系数和较宽闪光灯光谱形成的光吸收纵深分布。

为了讨论FLA触发结晶，需要考虑非晶硅a-Si和晶体硅c-Si之间的相变（phase transition）。基于有限差分法，偏微分方程式(11.1)可以表达为：

$$h_{i,n+1}=h_{i,n}+\frac{\Delta t}{\rho(\Delta x)^2}\left\{\frac{2\kappa_i}{v_i(1+v_i)}[v_iT_{i+1,n}-(1+v_i)T_{i,n}+T_{i-1,n}]+\frac{1}{2}(\kappa_{i+1}-\kappa_i)(T_{i+1,n}-T_{i,n})+\frac{1}{2v_i^2}(\kappa_i-\kappa_{i-1})(T_{i,n}-T_{i-1,n})\right\}+S_{i,n}\Delta t \tag{11.5}$$

式中，$\Delta x$是电池宽度(cell width)；$i$是深度步长(depth step)；$n$是时间步长(time step)；$v_i$是前一个有限单元和后一个有限单元之间的单元距离比例(ratio of distance between elements)[25]。

图11.4是a-Si和c-Si之间相变的相图，其中温度$T$与单位质量焓$h$的函数关系为：

$$T=\begin{cases}h/c, & h<cT_m\\ T_m, & cT_m<h<cT_m+L\\ (h-L)/c, & cT_m+L<h\end{cases} \tag{11.6}$$

式中，$T_m$是Si的熔点；$L$是熔化潜热[25]。a-Si和c-Si的熔点分别为$T_{ma}=1\,145$℃和$T_{mc}=1\,414$℃，熔化潜热分别为$L_a=1\,148$ J/g和$L_c=1\,803.75$ J/g[9]。

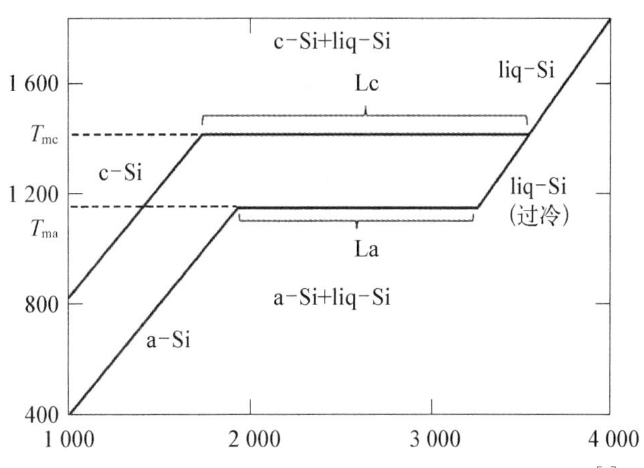


图11.4 非晶硅a-Si和晶体硅c-Si之间相变的相图[9]

对于有限差分法的每一个单元和时间步长应用经典形核理论[26]、过冷却Si熔体的成核速率(nucleation rate)和液相外延法，能够预测通过熔化生长(melting growth)和固相结晶(Solid-Phase Crystallization，SPC)的相变。结果发现，熔化生长和SPC在FLA触发结晶过程中都是可能的[25]。因为前驱物亚稳态a-Si的焓高于稳态的c-Si，a-Si的结晶出现放热现象，这对FLA触发横向结晶具有重要影响(参见11.6节)。

## 11.5 辐照度控制

图11.5是石英玻璃衬底上不同厚度Si薄膜在闪光灯退火FLA后的拉曼光谱(Raman spectrum)，FLA的辐照度(irradiance)相同，脉冲持续时间为5 ms[27]。在厚度小于300 nm薄膜的拉曼光谱中，没有观察到晶体硅c-Si相，中心在480 cm$^{-1}$处的较宽主信号对应于非晶硅a-Si相。但是，峰值中心在520 cm$^{-1}$的信号可以清晰地在更厚的薄膜的拉曼光谱中看到。这些结果表明，更厚的a-Si薄膜相比更薄的薄膜，能够用更低的FLA辐照度结晶。光吸收引起的a-Si薄膜内产生的总热量差别和产生热量的热扩散长度$L_T$差别可以解释这样的现象。5 ms脉冲持续时间在a-Si和石英玻璃中对应的热扩散长度$L_T$为数十微米量

级，如图 11.2 所示。这说明，FLA 过程中在 a - Si 薄膜内产生的热量几乎均匀地扩散到整个 Si 薄膜中，并且扩散进入石英玻璃表面的深度略小于数十微米。因为较宽的光谱闪光灯主要在可见光范围，在较厚的 a - Si 薄膜中产生的总热量比较薄的 a - Si 薄膜中产生的总热量更大。

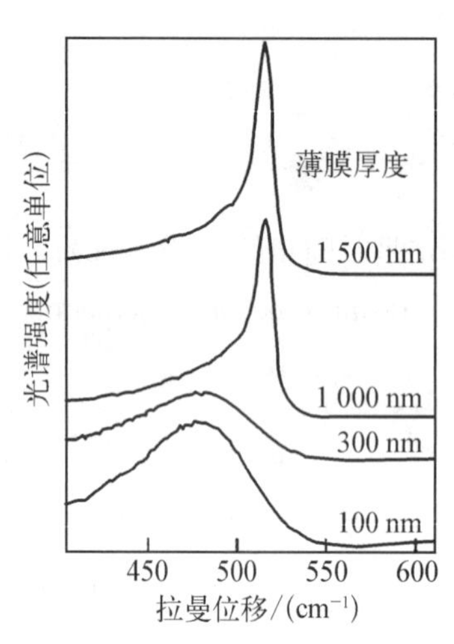


图 11.5　石英玻璃衬垫上形成不同厚度 Si 薄膜在相同辐照度闪光灯退火 FLA 后的拉曼光谱，更厚的 a - Si 薄膜的结晶需要更低的辐照度[27]

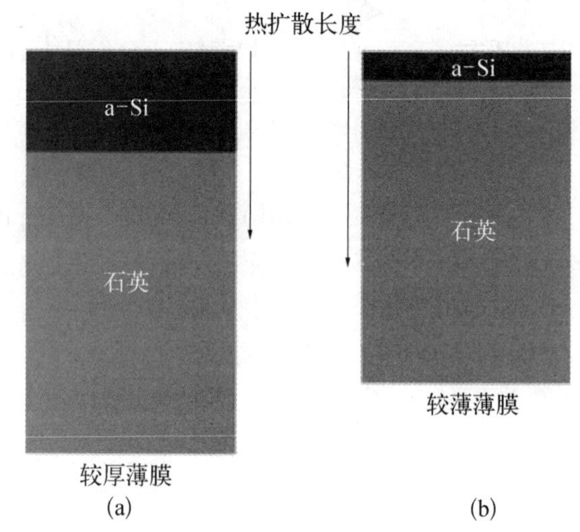


图 11.6　在较厚和较薄 a - Si 薄膜中的热扩散长度 $L_T$[27]

(a) 较厚薄膜；(b) 较薄薄膜

因为 a - Si 的热扩散率比石英玻璃更低，更厚的 a - Si 的热扩散长度 $L_T$相对更小，如图 11.6 所示[27]。所以，更厚的薄膜的单位厚度能够吸收更多的热量，结晶需要的辐照度更低。如前所述，结晶的辐照度阈值也受到衬底热参数的影响。由于 FLA 在钠钙玻璃中的热扩散长度 $L_T$比石英玻璃衬底更短，对于相同厚度 a - Si 薄膜的结晶，钠钙玻璃衬底结构相比石英玻璃衬垫结构需要的辐照度更低[28]。因此，辐照度的控制和调节不但依赖于不同的 a - Si 薄膜厚度，还依赖于衬底材料和器件结构。

## 11.6　制备太阳能电池

闪光灯退火 FLA 过程中 Si 薄膜从玻璃衬底上剥落(peeling)是一个严重的问题，特别是在前驱物非晶硅 a - Si 薄膜厚度大于 1 μm 的情况，所以 Si 和玻璃衬底的黏滞度需要改善。图 11.7分别是 20 mm×20 mm 石英玻璃或钠钙玻璃上，带有或不带有 Cr 插入薄膜(insertion film)的 4.5 μm 厚 Si 薄膜经过 FLA 后的表面图像[28,29]。如果没有 Cr 插入薄膜，Si 薄膜会完全地剥落。不管 FLA 的辐照度怎样系统地变化，在这种结构中不可能存在 a - Si 结晶而不出现剥落的合适条件。但是，Cr 对玻璃或 Si 的高黏滞度使 a - Si 的多晶结晶(polycrystallization)不出现剥落[30~32]。Cr 插入薄膜也能够用于真实太阳能电池结构的背接触和背电极。

在准分子激光退火 ELA 情况下，前驱物 a - Si 薄膜结合更低的 H 含量也可以抑制 Si

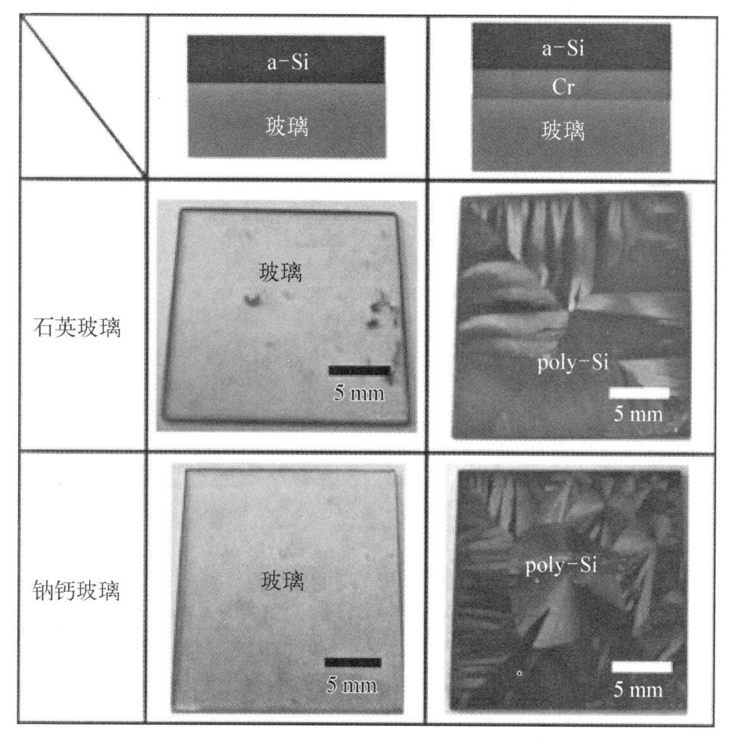


图 11.7 20 mm×20 mm 石英玻璃或钠钙玻璃上,带有或不带有 Cr 插入薄膜的 4.5 μm 厚 Si 薄膜经过闪光灯退火 FLA 后的表面图像[28,29]

薄膜的剥落[33]。根据这个观点,催化剂化学气相沉积(catalytic chemical vapor deposition, Cat-CVD)在形成 a-Si 薄膜的同时,可以容易地将 H 含量维持在大约 3%,从而比传统的等离子体增强化学气相沉积 PECVD 更适合制备前驱物 a-Si 薄膜。

用 FLA 技术应用于制备太阳能电池还需要维持掺杂剂的突变分布(abrupt profile)。图 11.8 是二次离子质谱 SIMS 分别记录的 p-i-n 结堆积 Si 薄膜中底层 Cr 和 P 原子分布和表面 B 掺杂层分布,而对 FLA 之前和之后的分布也进行了比较[34]。表面 B 原子以及底层 Cr 和 P 原子的突变分布在 FLA 后得到维持,那么只需要一次 ms 量级退火的闪光灯照射就能够使 p-i-n 结堆积 a-Si 层立即形成 p-i-n 结多晶硅结构。

## 11.7 多晶硅薄膜的微结构

μm 量级厚度 a-Si 薄膜经过闪光灯退火 FLA 的多晶结晶表现出与<1 μm 薄 a-Si 薄膜结晶情况不同的有趣现象,从而形成具有特征微晶硅的多晶硅薄膜。图 11.9 是经过不同辐照度 FLA 后 Si 薄膜的表面图像[35]。在最低的 FLA 辐照度情况下,只有边缘区域结晶。随着 FLA 辐照度的增加,结晶区域向 Si 薄膜中心扩散,这说明 FLA 对 a-Si 的结晶从边缘到中心横向发展。为了开始结晶,a-Si 的温度需要达到一定的阈值,在熔化生长情况下为 a-Si的熔点,或者在固相结晶 SPC 情况下为足够成核速率要求的温度。实验结果表明,Si 的边缘区域比内部区域的温度更高,这就可以较好地解释一定的辐照度使 Si 薄膜边缘区域

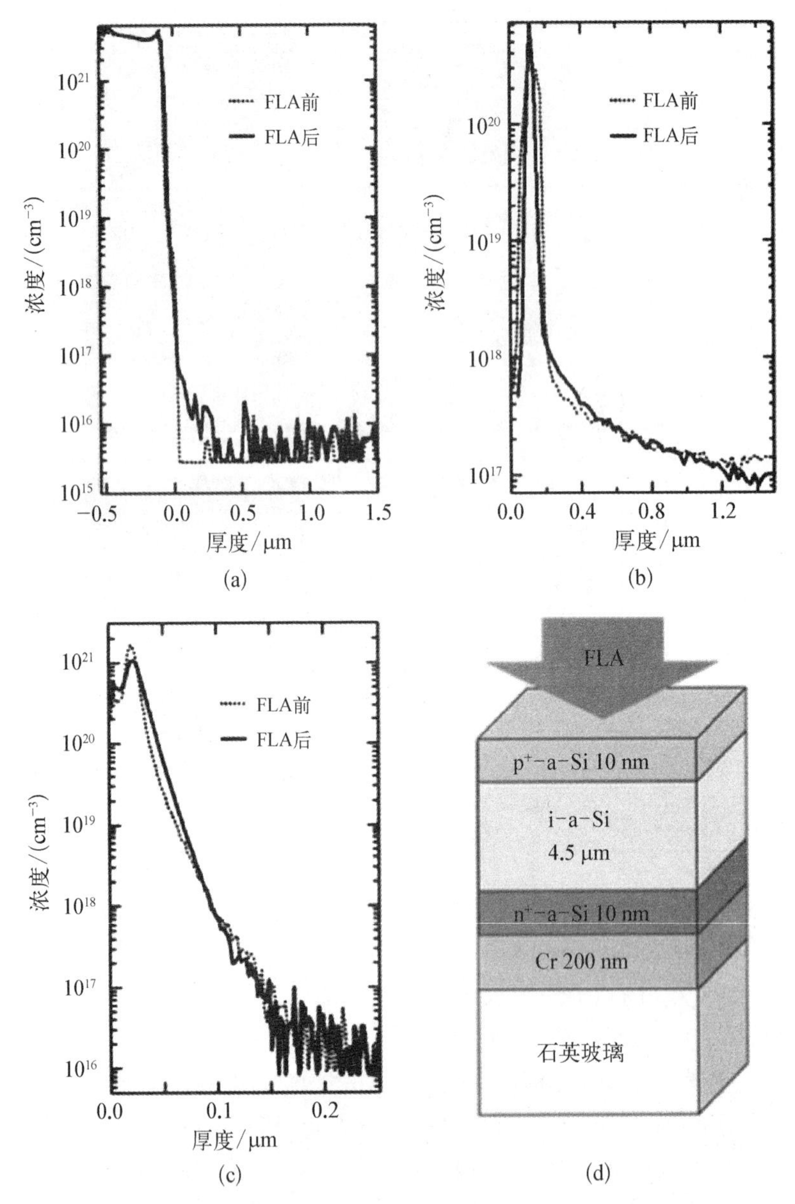


图 11.8 在闪光灯退火 FLA 之前和之后的二次离子质谱 SIMS 分布

(a) 底层的 Cr 原子分布；(b) 底层的 P 原子分布；(c) 表面的 B 原子分布；(d) FLA 形成 p-i-n 结堆积多晶硅薄膜的图解

受到更多的加热。加热 a-Si 薄膜依赖于吸收横向均匀度较高的辐射光线，Si 薄膜的边缘区域吸收更多的热量因为闪光灯光线扩展，并且需要考虑光线的入射角。结果，边缘区域达到较高的温度，成为横向结晶(lateral crystallization)的起始点。

图 11.10 是多晶硅薄膜的原子力显微镜 AFM 图像，间距(pitch)约 1 μm 的条状结构垂直于横向生长方向[36]。估计表面的均方根粗糙度(root mean square roughness)高达 120 nm。这种相对于平面 a-Si 表面的显著结构变化可能来自 Si 表面在 FLA 过程中的熔化。这种较大的表面粗糙度和周期性条纹图形会起到光学光栅(optical grating)的作用，形成彩虹色的多晶硅表面，而自然形成的表面粗糙度也会减小光反射[36]。

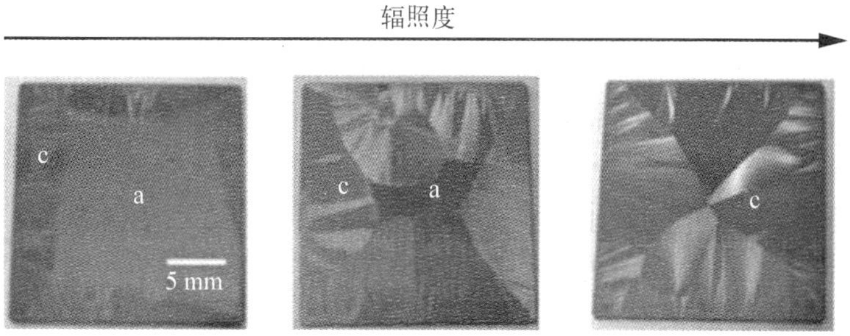

图 11.9　经过不同辐照度闪光灯退火 FLA 后 Si 薄膜的表面图像，a 和 c 区域分别是非晶硅 a - Si 和晶体硅 c - Si[35]

图 11.11 是 FLA 形成多晶硅薄膜横截面的透射电子显微镜 TEM 图像，表明薄膜包含尺寸小于 1 μm 的小晶粒。能够在多晶硅薄膜表面看到周期性突出部分，这与 AFM 图像的结果对应。多晶硅薄膜的横截面可以分辨出两种类型的区域。L 区域：晶粒相对较大，尺寸在数百 nm 量级，TEM 图像中为黑色和浅灰色。F 区域：晶粒比较细小，尺寸为10 nm，TEM 图像中为均匀的深灰色。L 区域与表面突出区域连接，而 F 区域存在于表面平坦区域以下。相对较大的晶粒倾向于在横向结晶方向拉伸，这也是横向结晶的明显标志。

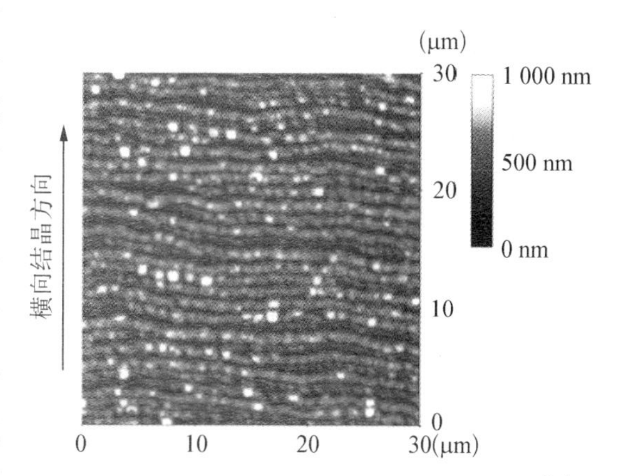


图 11.10　多晶硅表面的原子力显微镜 AFM 图像[36]

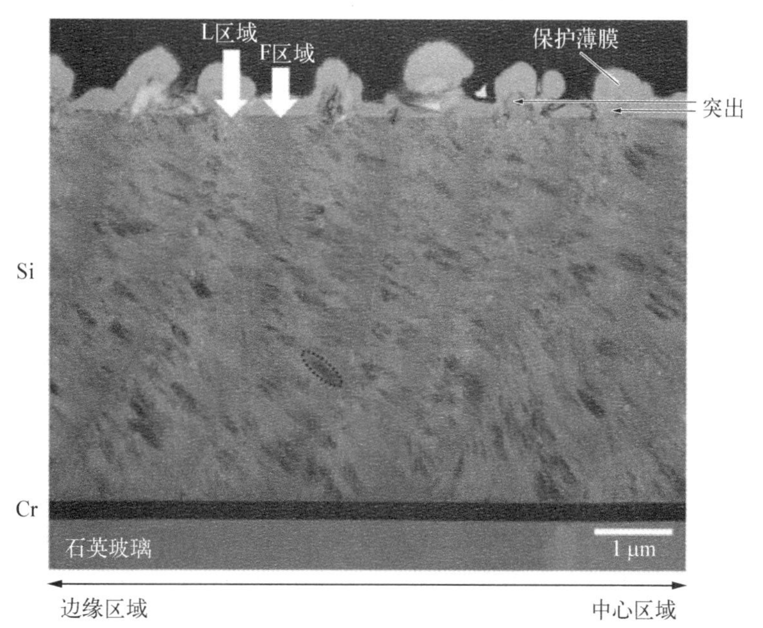


图 11.11　闪光灯退火 FLA 形成多晶硅薄膜横截面的透射电子显微镜 TEM 图像，包含较大尺寸拉伸晶粒的 L 区域和包含 10 nm 尺寸细小晶粒的 F 区域交替出现在横向结晶方向上[35]

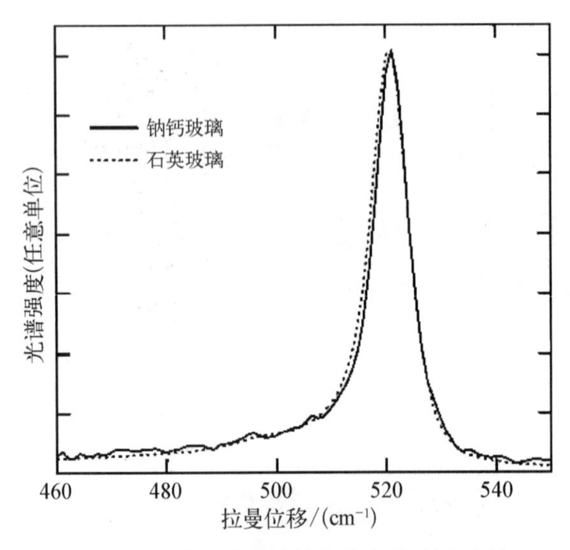


图 11.12 多晶硅薄膜的拉曼光谱，衬底为镀有 Cr 的钠钙玻璃和石英玻璃[28]

图 11.12 是多晶硅薄膜的典型拉曼光谱[28]。能够在 520 $cm^{-1}$ 处清晰地观察到晶体硅c-Si峰值，但是在 480 $cm^{-1}$ 处不能够观察到与非晶硅 a-Si 相关的峰值。520 $cm^{-1}$ 处 c-Si 峰值的半高全宽(Full Width at Half Maximum，FWHM)估计为 7～9 $cm^{-1}$，说明存在尺寸小于 10 nm 的晶粒[37]，这与 TEM 图像相一致。

虽然 Si 表面在 FLA 过程中会熔化，但是整块 Si 薄膜完全熔化之后发生结晶却不可能发生。这是因为 B 和 P 的掺杂剂分布没有在 FLA 之后出现明显的变化，如图 11.8 所示。B 和 P 在 Si 熔体中的扩散系数分别为 $2.4\times10^{-4}$ $cm^2s^{-1}$ 和 $5.1\times10^{-4}$ $cm^2s^{-1}$[38]，在 5 ms 的脉冲持续时间内分别对应 11 μm 和 16 μm。如果整块 Si 薄膜在 5 ms 退火时间内熔化，掺杂剂分布将完全被改变。

一个可以描述横向结晶的加热机理是 a-Si 相和 c-Si 相焓的差别以及产生热量向相邻 a-Si 的扩散。亚稳态的 a-Si 比 c-Si 的焓更高，所以结晶会产生热量。产生的热量会扩散到相邻区域，从而引发进一步的结晶。结晶产生热量引起的横向结晶被称为“爆炸结晶”(Explosive Crystallization，EC)。这里讨论的 m/s 量级横向结晶速度能够充分地用 EC 解释[39]，表面周期性结构也可以理解为 EC 的结果[40,41]。Geiler 等[39]提出了以下 4 种不同的 EC：

(1) 爆炸固相成核(Explosive Solid-Phase Nucleation，ESPN)：直接从 a-Si 相成核为 c-Si 相；

(2) 爆炸固相外延(Explosive Solid-Phase Epitaxy，ESPE)：在固相中的外延生长占主导；

(3) 爆炸液相成核(Explosive Liquid-Phase Nucleation，ELPN)：从 Si 熔体成核占主导；

(4) 爆炸液相外延(Explosive Liquid-Phase Epitaxy，ELPE)：液相外延控制结晶。

在这几种类型的 EC 中，这里出现的结晶可能主要由 ESPN 控制，因为 L 区域和 F 区域都存在大量的小晶粒，其成核速率一定很高，所以不能解释为从过冷 Si 熔体成核[9]。因为表面形貌的明显改变，L 区域伴随着 a-Si 的部分熔化。大尺寸晶粒在横向结晶方向上伸长可以解释为部分熔化 Si 熔体在晶粒上的外延生长。从 Si 熔体形成 c-Si 的体积膨胀可以解释表面突出。使用连续激光结晶，Auvert 等也观察到 EC 的液相和固相混合特征，并且发现通过液相结晶形成的多晶硅具有粗糙表面，而 SPC 区域表现出平整表面[42]。这些结果与这里的现象相一致。即使 Si 表面熔化后，也能够保持 B 原子的突变分布，其原因是估算得到的熔化持续时间小于 0.5 μs。对于 1 cm 长的横向结晶需要 10 000 步的 1 μm 长结晶和热量产生过程。那么，5 ms 的脉冲持续时间分解为 10 000 步意味着每一个熔化持续过程为 0.5 μs，B 原子的扩散长度也小于 0.11 μm。

## 11.8 小结

本章简要地介绍了闪光灯退火FLA对前驱物a-Si的多晶结晶，以及非热平衡退火的物理机理。FLA形成的多晶硅薄膜被认为可以制备太阳能电池。去除缺陷后，多晶硅薄膜的少数载流子寿命能够改善为10 μs[43]，同时结晶p-i-n结a-Si薄膜成功地制备了太阳能电池结构[34]。虽然使用FLA形成的多晶硅薄膜制备薄膜太阳能电池的研究才刚开始，多晶硅薄膜的个别基本特征足够使其成为较好的太阳能电池材料，所以未来把这一技术发展为高生产速率太阳能电池工艺将值得期盼。

### 参考文献

[1] A.G. Aberle [C]. Proceedings of the IEEE 4th WCPEC, Hawaii, 2006: 1481.
[2] A.H. Mahan, S.P. Ahrenkiel, B. Roy, R.E.I. Schropp, H. Li, D.S. Ginley [C]. Proceedings of the IEEE 4th WCPEC, Hawaii, 2006: 1612.
[3] T. Matsuyama, M. Tanaka, S. Tsuda, S. Nakano, Y. Kuwano [J]. Japanese Journal of Applied Physics, 1993, 32: 3720.
[4] R. Morimoto, A. Izumi, A. Masuda, H. Matsumura [J]. Japanese Journal of Applied Physics, 2002, 41: 501.
[5] M.J. Keevers, T.L. Young, U. Schubert, M.A. Green [J]. Proceedings of the 22nd EU PVSEC, Milan, 2007: 1783.
[6] I. Gordon, D. Van Gestel, L. Carnel, G. Beaucarne, J. Poortmans, K.Y. Lee, P. Dogan, B. Gorka, C. Becker, F. Fenske, B. Rau, S. Gall, B. Rech, J. Plentz, F. Falk, D. Le Bellac [C]. Proceedings of the 22nd EU PVSEC, Milan, 2007: 1890.
[7] L. Carnel, I. Gordon, D. Van Gestel, G. Beaucarne, J. Poortmans [C]. Proceedings of the 22nd EU PVSEC, Milan, 2007: 1880.
[8] S. Janz, M. Kuenle, S. Lindekugel, E.J. Mitchell, S. Reber [C]. Proceedings of the 33rd IEEE PVSC, San Diego, 2008: 168.
[9] M. Smith, R. McMahon, M. Voelskow, D. Panknin, W. Skorupa [J]. Journal of Crystal Growth, 2005, 285: 249.
[10] W. Skorupa, R.A. Yankov, W. Anward, M. Voelskow, T. Gebel, D. Downey, E.A. Arevalo [J]. Materials Science and Engineering: B, 2004, 114-115: 358.
[11] R.L. Cohen, J.S. Williams, L.C. Feldman, K.W. West [J]. Applied Physics Letters, 1978, 33: 751.
[12] H.A. Bomke, H.L. Berkowitz, M. Harmatz, S. Kronenberg, R. Lux [J]. Applied Physics Letters, 1978, 33: 955.
[13] L. Correra, L. Pedulli [J]. Applied Physics Letters, 1980, 137: 55.
[14] B. Pécz, L. Dobos, D. Panknin, W. Skorupa, C. Lioutas, N. Vouroutzis [J]. Applied Surface Science, 2005, 242: 185.
[15] M. Smith, R.A. McMahon, M. Voelskow, W. Skorupa, J. Stoemenos [J]. Journal of Crystal Growth, 2005, 277: 162.
[16] M.P. Smith, R.A. McMahon, K.A. Seffen, D. Panknin, M. Voelskow, W. Skorupa [J]. Materials Research Society Symposium Proceedings, 2007, 910: 571.
[17] H. Kiyohashi, N. Hayakawa, S. Aratani, H. Masuda [J]. High Temperatures — High Pressures,

2002, 34: 167.

[18] J. Huang, P.K. Gupta [J]. Journal of Non-Crystalline Solids, 1992, 139: 239.

[19] I. Sawai, S. Inoue [J]. Journal of the Society of Chemical Industry, Japan, 1938, 41: 663.

[20] V.K. Bityukov, V.A. Petrov [J]. High Temperatures — High Pressures, 2000, 38: 293.

[21] S. Inaba, S. Oda, K. Morinaga [J]. Journal of Non-Crystalline Solids, 2003, 325: 258.

[22] Y. Kikuchi, H. Sudo, N. Kuzuu [J]. Journal of Applied Physics, 1997, 82: 4121.

[23] A.A.D.T. Adikaari, N. K. Mudugamuwa, S. R. P. Silva [J]. Applied Physics Letters, 2007, 90: 171912.

[24] I. Steinbach, M. Apel [J]. Materials Science and Engineering: A, 2007, 449-451: 95.

[25] M. Smith, R. A. McMahon, M. Voelskow, W. Skorupa [J]. Journal of Applied Physics, 2004, 96: 4843.

[26] C. Spinella, S. Lombardo [J]. Journal of Applied Physics, 1998, 84: 5383.

[27] K. Ohdaira, S. Nishizaki, Y. Endo, T. Fujiwara, N. Usami, K. Nakajima, H. Matsumura [J]. Japanese Journal of Applied Physics, 2007, 46: 7198.

[28] K. Ohdaira, T. Fujiwara, Y. Endo, S. Nishizaki, H. Matsumura [J]. Japanese Journal of Applied Physics, 2008, 47: 8239.

[29] K. Ohdaira, Y. Endo, T. Fujiwara, S. Nishizaki, H. Matsumura [J]. Japanese Journal of Applied Physics, 2007, 46: 7603.

[30] N.M. Poley, H.L. Whitaker [J]. Journal of Vacuum Science & Technology, 1974, 11: 114.

[31] R. Berriche, D.L. Kohlstedt [C]. Proceedings of 4th Electronic Materials and Processing Congress, 1991: 47.

[32] N. Jiang, J. Silcox [J]. Journal of Applied Physics, 2000, 87: 3768.

[33] K. Ohdaira, K. Shiba, H. Takemoto, T. Fujiwara, Y. Endo, S. Nishizaki, Y.R. Jang, H. Matsumura [J]. Thin Solid Films, 2009, 517: 3472.

[34] K. Ohdaira, T. Fujiwara, Y. Endo, K. Shiba, H. Takemoto, S. Nishizaki, Y.R. Jang, K. Nishioka, H. Matsumura [C]. Proceedings of the 33rd IEEE PVSC, San Diego, 2008: 418.

[35] K. Ohdaira, T. Fujiwara, Y. Endo, S. Nishizaki, H. Matsumura [J]. Journal of Applied Physics, 2009, 106: 044907.

[36] K. Ohdaira, T. Fujiwara, Y. Endo, S. Nishizaki, K. Nishioka, H. Matsumura [C]. Technical Digest of 17th PVSEC, Fukuoka, 2007: 1326.

[37] H. Campbell, P.M. Fauchet [J]. Solid State Communications 1986, 58: 739.

[38] H. Kodera [J]. Japanese Journal of Applied Physics, 1963, 2: 212.

[39] H.D. Geiler, E. Glaser, G. Götz, W. Wagner [J]. Journal of Applied Physics, 1986, 59: 3091.

[40] C. Grigoropoulos, M. Rogers, S.H. Ko, A.A. Golovin, B.J. Matkowsky [J]. Physical Review B, 2006, 73: 184125.

[41] T. Takamori, R. Messier, R. Roy [J]. Applied Physics Letters, 1972, 20: 201.

[42] G. Auvert, D. Bensahel, A. Perio, V.T. Nguyen, G.A. Rozgonyi [J]. Applied Physics Letters, 1981, 39: 724.

[43] K. Ohdaira, Y. Endo, T. Fujiwara, S. Nishizaki, K. Nishioka, H. Matsumura, T. Karasawa, T. Torikai [C]. Proceedings of the 22nd EU PVSEC, Milan, 2007: 1961.

# 第12章　铝诱导层交换

Stefan Gall，德国亥姆霍兹柏林材料与能源研究中心（Helmholtz Zentrum Berlin für Materialien und Energie GmbH）

基于对非晶硅 a－Si 的铝诱导结晶 AIC，铝诱导层交换 ALILE 技术能够在玻璃这样的异质衬底上形成大晶粒的多晶硅薄膜。经过低于 Al/Si 系统共晶温度（577℃）的退火步骤，初始的衬底/Al/a－Si 堆积可以转变为衬底/多晶硅/Al（＋Si）堆积。在本章中，我们将从理论和技术的角度讨论 ALILE 技术和得到的多晶硅薄膜的特性。

## 12.1　概论

在过去 10 年中，太阳能电池的生产规模迅速地扩大。基于硅片的晶体硅太阳能电池仍然占据了主要的市场份额，市场占有率大约为 90％。为了在未来保持较高的成长速率，需要大幅降低成本。减小 Si 薄膜的厚度是降低成本的有效途径，因为有源层厚度相对较薄的晶体硅薄膜太阳能电池仍然具有实现高转换效率的潜力。通过减薄为 47 μm 厚单晶硅硅片制备得到转换效率为 21.5％的太阳能电池，这种潜力得到了证实[1]。但是，这还不是真正的硅基薄膜太阳能电池（Si－based thin film solar cell）技术，而仍然是基于硅片的晶体硅太阳能电池技术。为了大幅降低成本，真正的硅基薄膜太阳能电池技术需要达到较高的转换效率，并且发展大面积低成本异质衬底的生产技术。

如今在市场上可以找到的硅基薄膜太阳能电池主要是基于玻璃衬底上沉积的氢化非晶硅（hydrogenated amorphous Si，a－Si：H）和氢化微晶硅（hydrogenated microcrystalline Si，μc－Si：H），都由等离子体增强化学气相沉积 PECVD 制备，其最大的技术优势是 Si 薄膜可以在非常低的温度（低于 300℃）下沉积。虽然 1 $cm^2$ 实验室尺寸小面积的单结非晶硅薄膜太阳能电池已经达到 9.5％的稳定转换效率[2,3]，但是 a－Si：H 和 μc－Si：H 的结构质量相对较差，可能没有潜力达到很高的单结转换效率。为了实现更高的转换效率，人们发展了a－Si：H/μc－Si：H 叠层太阳能电池。到目前为止，双结叠层结构获得了 10.1％的 64 $cm^2$ 小组件稳定转换效率[4]。

为了克服 a－Si：H 和 μc－Si：H 目前的单结转换效率限制，需要彻底地改善 Si 材料的质量。大晶粒多晶硅薄膜似乎是在玻璃衬底上制备高转换效率晶体硅薄膜太阳能电池的合适材料。这里的大晶粒是指：

（1）晶粒尺寸远大于薄膜厚度；

（2）晶粒内质量与硅片相当。

制备这样的大晶粒多晶硅薄膜会面临一个重大挑战，即玻璃衬底将工艺温度限制在约600℃，更准确的温度限制很大程度上依赖于玻璃衬底的类型。人们已经尝试了数种概念，在玻璃上制备大晶粒多晶硅薄膜。因为用600℃以下的温度在玻璃上直接沉积Si将得到a-Si或晶粒尺寸远小于薄膜厚度的细晶硅(fine crystalline Si)。目前研究的技术通常是基于两个步骤。第一个步骤会先沉积a-Si薄膜，而第二个步骤使a-Si薄膜结晶。例如，大约600℃的加热能够使a-Si层结晶，这就是固相结晶SPC[5]。在这样低的温度下，结晶过程相对较慢，SPC形成的Si薄膜晶粒尺寸约1～2 μm，与薄膜厚度相似。基于SPC获得的小组件转换效率最高达到10.4%[6]。但是，是否SPC制备的Si薄膜适合成为高转换效率晶体硅薄膜太阳能电池仍然是一个问题。除了SPC，激光结晶(Laser Crystallization，LC)[7]和金属诱导结晶(Metal-Induced Crystallization，MIC)[8]技术也被用于在玻璃上制备大晶粒多晶硅薄膜。本章将讨论一种重要的MIC技术，即用于a-Si的铝诱导结晶(Aluminum-Induced Crystallization，AIC)，相关的技术称为铝诱导层交换(Aluminum-Induced Layer Exchange，ALILE)。这里，得到的多晶硅薄膜被称为ALILE薄膜或AIC薄膜。

## 12.2 总体技术

金属能够影响非晶硅a-Si结晶是一个众所周知的现象。裸露a-Si结晶需要的温度约600℃。在金属诱导结晶MIC过程中，将a-Si和金属接触通常会引起结晶温度的降低。金属/Si系统可以分为：

① 化合物系统(compound system)：在热力学平衡状态，形成稳定的金属硅化物(metal silicide)相，如Ni/Si、Pd/Si、Pt/Si；

② 共晶系统(eutectic system)：不会形成稳定的金属硅化物，如Al/Si、Ag/Si、Au/Si。

对于层堆积结构的简单共晶系统，MIC过程发生在共晶温度以下的固相相变，可以分为3个步骤[9]：

① Si原子从a-Si分离到金属；

② Si原子通过金属扩散；

③ 在已经存在Si晶体上，引入的Si原子发生成核。

在本章中，我们专注于a-Si上的铝诱导结晶AIC。因为Al在Si中是浅受主，能级为价带顶以上67 meV[10]，a-Si的AIC一般会形成p型材料。在过去几十年中，人们研究了不同样品结构中的AIC。这里，我们将专注于一些与玻璃衬底上铝诱导层交换ALILE技术相关的重要结论。

在1977年，Majni和Ottaviani研究了硅片/Al/a-Si结构[11]，使用电子束蒸发(electron-beam evaporation)将各为700 nm厚的Al和a-Si层沉积在(100)硅片上。在530℃退火12 h后，观察到2层位置发生对换，从而得到硅片/Si/Al结构。因为Si层外延生长在(100)硅片表面，相关工艺也被称为固相外延(Solid Phase Epitaxy，SPE)。由于用Al掺杂，外延生长p型Si层的空穴浓度(hole concentration)为$2\times10^{18}$ $cm^{-3}$。在1979年，Majni和Ottaviani还报道了在初始Al/a-Si界面使用阻挡层(barrier layer)，对工艺起到相当重要的作用，控制层在交换过程中进行扩散的同时，还将外延生长Si薄膜的厚度限制为初始Al层的厚度[12]。在1981年，Tsaur等使用这一技术制备太阳能电池，发射极为200 nm厚p型SPE生长Si薄膜，基极为n型硅片[13]。在没有使用减反膜ARC和背表面场BSF的情况下，在(100)单晶硅硅片和多晶硅硅片上分别获得了10.4%和8.5%的AM1转换效率。在1988年，证实ALILE不但可以用于硅片衬底，还能够用于异质衬底。Koschier等演示了在氧化物覆盖硅片上的工艺[14]，而Nast等成功地在玻璃衬底上实现了ALILE技术[15]。Nast等证实，利用玻璃衬底形成的多晶硅薄膜是表面连续的，而且具有均匀的厚度。在随后的数年中，人们还从不同方面研究了ALILE技术[16~22]。

在简要地回顾了ALILE技术的发展历史之后，我们需要对玻璃衬底上的ALILE技术做进一步的细节讨论。ALILE技术的开始状态是玻璃/Al/a-Si堆积，如图12.1(a)所示。不同的工艺会使用不同的玻璃衬底。例如，美国康宁(Corning)1737或德国肖特集团(Schott AG)的Borofloat 33。制备初始堆积层通常从清洗玻璃衬底开始。然后，Al和a-Si层用物理气相沉积(Physical Vapor Deposition，PVD)制备，使用的PVD技术可以是热蒸发(thermal evaporation)、电子束蒸发或溅射(sputtering)。对于a-Si层的沉积，也可以使用等离子体增强化学气相沉积PECVD[23]。Al层和a-Si的典型厚度分别为300 nm和375 nm。在玻璃衬底上制备连续多晶硅薄膜要求Si相对Al过量。如前所述，ALILE技术要求Al层和Si层之间存在一层较薄的渗透膜(permeable membrane)，即阻挡层，从而可以控制Al和Si的扩散。通常镀有Al的玻璃衬底在沉积a-Si之前，先暴露在空气中2 h，形成具有渗透膜作用的$Al_2O_3$层。在Al/Si系统共晶温度$T_{eu}$=577℃以下对初始的玻璃/Al/a-Si堆积进行退火，出现层交换的同时还会发生Si的结晶，最后得到玻璃/多晶硅/Al(+Si)堆积，如图12.1(b)所示。在整个ALILE过程中，渗透膜会保持在原来位置，如图12.1中黑线所示。所以，得到多晶硅薄膜的厚度决定于初始Al层的厚度，这里是300 nm。已经证实，非常薄的多晶硅薄膜可以达到10 nm的厚度[24]，而非常厚的多晶硅薄膜可以达到1 μm的厚度[25]。由于形成连续多晶硅薄膜需要过量的Si，在多晶硅薄膜顶部的Al层会包含Si夹杂，也称为“Si岛”(Si island)。虽然晶向之间没有明显的关系，“Si岛”的晶体质量能够与下面的多晶硅薄膜相似[26]。Si在Al(+Si)层中的数量决定于初始a-Si层厚度相对初始Al层厚度的比例。

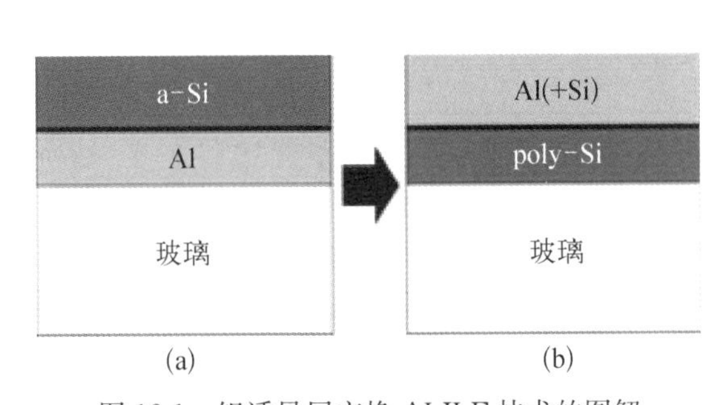


图12.1　铝诱导层交换ALILE技术的图解

(a) 初始的玻璃/Al/a-Si堆积；(b) 最终的玻璃/多晶硅/Al(+Si)堆积

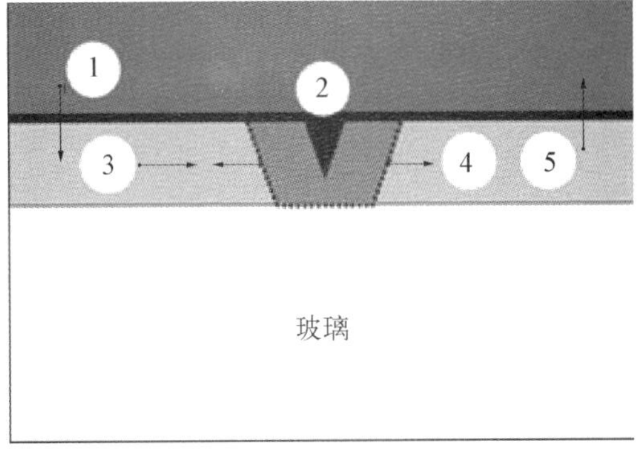


图12.2　铝诱导层交换ALILE的主要步骤

1-a-Si的分解和Si原子向Al层的扩散；2-Al层中Si的成核；3-Si原子在Al层中向着现有Si晶粒横向扩散；4-Si晶粒横向生长；5-Al替代Si层

ALILE 技术中层交换的主要步骤如图 12.2 所示。在这样的玻璃/Al/a－Si 堆积中，初始的 Al 层为浅灰色，初始的 a－Si 层为深灰色，而渗透膜为黑色。首先，a－Si 发生分解，Si 原子通过渗透层扩散到初始 Al 层(第一步)。初始 Al 层中的 Si 浓度(Si concentration，$C_{Si}$)会增加，直到达到成核的临界浓度。然后，初始 Al 层中局域地形成 Si 晶核(第二步)。这些晶核在各个方向上生长，直到在垂直方向上被玻璃衬底和渗透膜限制。Si 生长的供给来自初始 Al 层中 Si 原子向着现有晶粒(existing grain)的横向扩散(第三步)。Si 生长只在横向连续(第四步)，直到相邻晶粒相互结合，并且最终在玻璃衬底上形成连续的多晶硅薄膜。因为 Si 晶粒在初始 Al 层中的生长，Al 替代了初始 a－Si 层(第五步)，从而最终在多晶硅薄膜顶部形成 Al(＋Si)层。但是，Al 原子并没有完全地离开初始 Al 层，一些区域的 Al 夹杂仍然存在于最终多晶硅薄膜的晶界上。更多 ALILE 技术的细节将在下文讨论。

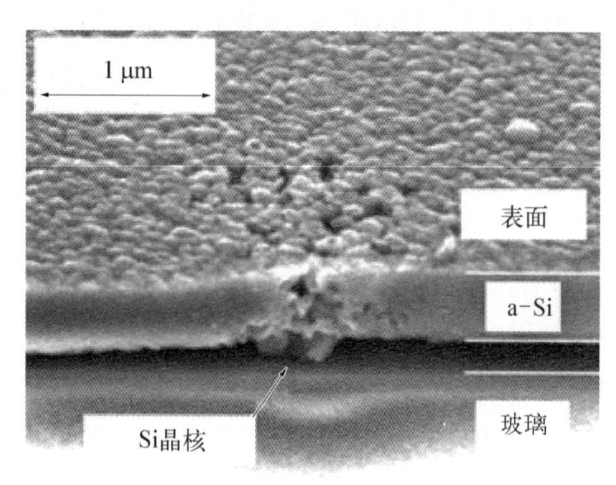


图 12.3　在玻璃/Al 和 Al/a－S 的初始界面形成 Si 晶核的扫描电子显微镜 SEM 图像，Al 被化学蚀刻去除，样品倾斜 30°以同时观察横截面和表面[27]

图 12.3 是在初始 Al 层中局域形成的 Si 晶核(第二步)[27]。被研究的样品经过 3 h的 420℃退火。由于相对较低的退火温度(anealling temperature，$T_a$)，成核才刚刚开始。当然，退火温度越低，形成第一个 Si 晶核需要的时间越长。在 Si 晶核附近，Al 已经偏析进入a－Si层(第五步)。在退火步骤之后，通过化学蚀刻去除了 Al。不但偏析进入 a－Si 层的 Al 被蚀刻去除，Si 成核周围的初始 Al 层部分也被去除。图 12.3是扫描电子显微镜 SEM 对 Si 晶核的图像。限制在玻璃衬底和 a－Si 层之间的 Si 晶核由空洞空间包围，因为在这个区域 Al 已经被蚀刻去除。

为了将技术应用于生产多晶硅薄膜太阳能电池，发展大面积衬底上的 ALILE 技术相当重要。图 12.4 是在 3 in.(1 in＝2.54 cm)玻璃衬底上制备连续多晶硅薄膜的演示[28]。为了获得这张图像，多晶硅薄膜顶部的 Al 被湿化学蚀刻选择性去除。由于连续多晶硅薄膜厚度较小，约 300 nm，样品是透明的。

如果 Al 被蚀刻选择性去除，如图 12.4 所示，“Si 岛”仍然存在于连续多晶硅薄膜顶部。图 12.5 就清楚地说明了这个问题，其主体图片是通过湿化学蚀刻选择性去除 Al 后多晶硅薄膜表面的 SEM 图像[29]。为了在玻璃衬底上得到光滑的连续多晶硅薄膜，再应用化学机械抛光(Chemical Mechanical Polishing，CMP)技术。图 12.5 的插入图片是通过 CMP 去除完整 Al(＋Si)顶层后光滑多晶硅薄膜表面的 SEM 图像。不幸的是，CMP 技术还不能够以低成本升级用于大面积薄膜太阳能电池的大规模生产。一种在蚀刻去除 Al 后再消除“Si 岛”的有效方法是基于 $Al_2O_3$层的湿化学蚀刻，即去除连续多晶硅薄膜和“Si 岛”之间渗透膜的剥离法(lift-off process)[30]。另外，正在研究中的反应离子蚀刻(reactive ion etching)作为一种选择性蚀刻技术能够至少以去除 Al 同样快的速度去除“Si 岛”[31]。

图 12.4　用铝诱导层交换 ALILE 技术在 3 - in.玻璃衬底上形成的连续多晶硅薄膜，图片中多晶硅薄膜顶部的 Al 层被湿化学蚀刻选择性去除[28]

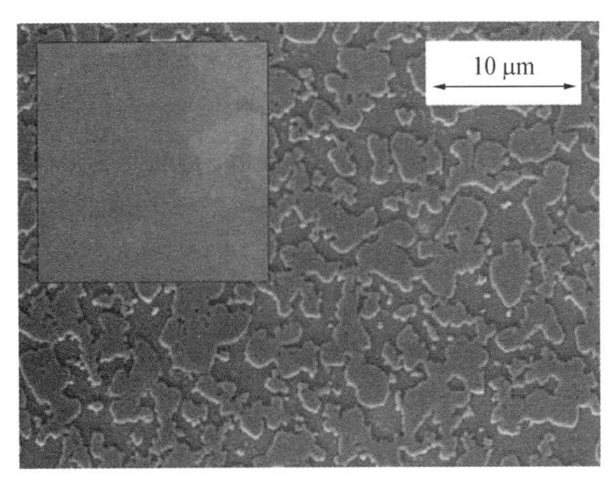


图 12.5　多晶硅薄膜表面的扫描电子显微镜 SEM 图像，主体图片是湿化学蚀刻去除 Al 层后的表面，能够清晰地看到残留的“Si 岛”，而插入图片是化学机械抛光 CMP 去除完整 Al(+Si)层后的表面，比例尺度同时适用于 2 张图片[29]

ALILE 技术可以使用上述顺序的“正常结构”(normal structure)，也可以使用“逆结构”(inverse structure)[32,33]。在“逆结构”中，初始玻璃/a - Si/Al 堆积需要转化为玻璃/Al(+Si)/多晶硅堆积。“逆结构”也要求一层渗透膜，渗透膜同样需要在暴露于空气的条件下制备，但是这里需要形成 $SiO_2$层。相比形成 $Al_2O_3$层，形成 $SiO_2$层会花费长得多的时间，事实上为几天而不是几小时，因为 a - Si 形成氧化物的反应活性远没有 Al 那么大。即使运用完全不同的渗透层，ALILE 技术的层交换也能够进行。在 1996 年，Kim 等用氧化硅片研究了“逆结构”[34]。“逆结构”相对“正常结构”的优势为：

(1) 得到的多晶硅薄膜具有光滑的表面，能够直接用于之后的外延增厚(epitaxial thickening)工艺；

(2) 多晶硅薄膜和玻璃衬底之间的 Al 层能够作为器件配置的接触层。

“逆结构”的主要劣势是所有后续工艺步骤都需要限制在 Si/Al 系统的共晶温度 577℃以下，从而防止形成液相。在下文中，我们只讨论“正常结构”，但是大多数结论或多或少可以应用于“逆结构”。

## 12.3　动力学分析

本节将对铝诱导层交换 ALILE 技术进行一定的动力学分析。使用光学显微镜(optical microscope)结合加热台(heating stage)，可以直接观察层交换的成核和之后的生长过程。进行原位研究的玻璃/Al/a - Si 堆积样品被上下颠倒放置在加热台上。所以，能够透过玻璃衬底研究初始的玻璃/Al 界面。由于 Al 和 Si 的反射率不同，可以清楚地区别这两种材料，暗色区域和亮色区域分别对应于多晶硅和 Al。

图 12.6 是经过不同退火时间(annealing time，$t_a$)后玻璃/Al 界面的光学显微镜图像，ALILE 技术的退火温度为 510℃[35]。图 12.6(a)是初始玻璃/Al 界面，7 min 后用光学显微

镜观察到第一个暗点。出现暗点的成核时间 $t_n$ 为 12 min。在 Al 层中形成第一个稳定晶核的真实 $t_n$ 与这个 $t_n$ 的差别相对较小,所以能够忽略不计。几乎所有在图 12.6(a)中可见的孤立按区域对应的晶粒都在同一时间出现。随着退火时间 $t_a$ 的增加,如图 12.6(a)到(c)所示,Si 晶粒尺寸也增加,但是几乎没有新的晶核。这种成核的自行限制是 ALILE 技术的一个重要特征。Si 晶粒在各横向方向均匀生长,直到它们互相接触。最后,得到连续多晶硅薄膜,整个光学显微镜显示区域为暗色。

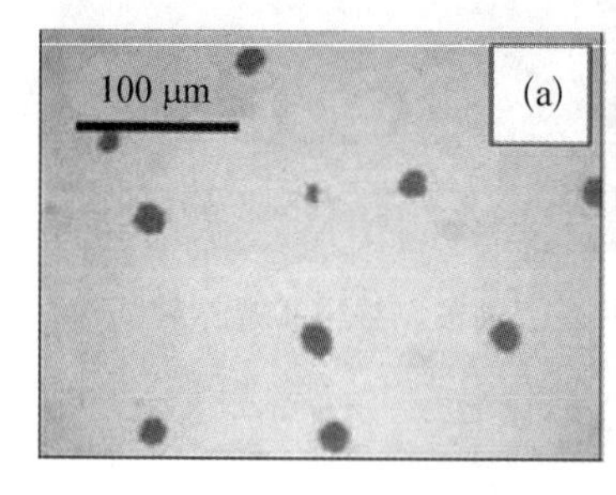

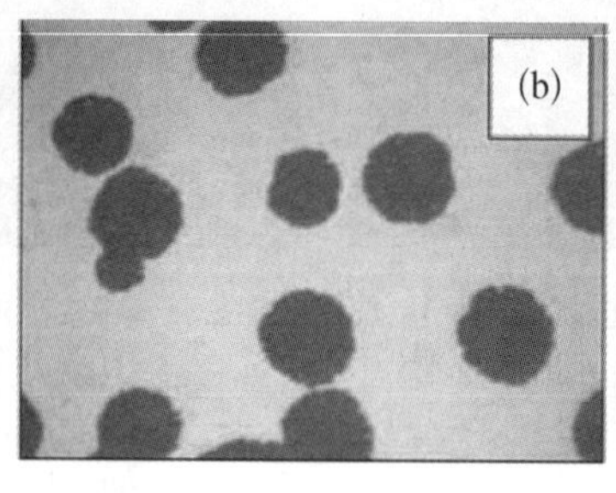

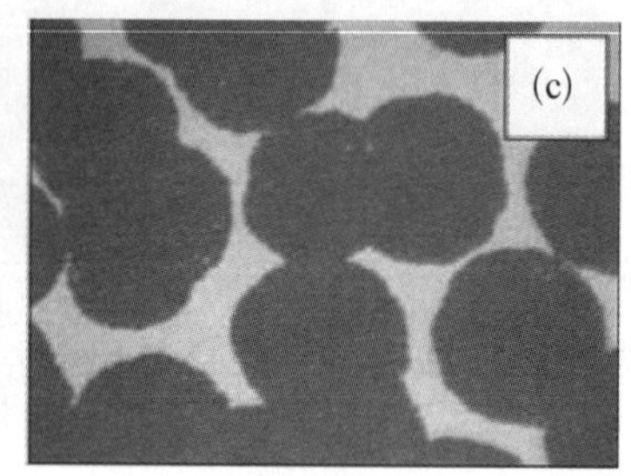


图 12.6 玻璃/Al 界面在 510℃结晶过程中的光学显微镜图像,显示的样品面积为 350 μm×260 μm,暗色和亮色区域分别为多晶硅和 Al[35]

(a) 退火时间 19 min;(b) 退火时间 26 min;(c) 退火时间 33 min

对于 500～530℃不同的退火温度,可以将光学显微镜图像中暗区域面积和总区域面积比例定义的结晶比例(crystallized fraction)表达为退火时间 $t_a$ 的函数。随着退火温度的增加,结晶比例达到 100%,从而形成连续多晶硅薄膜必要的退火时间 $t_a$ 会变短。例如,在 530℃的退火温度,形成连续多晶硅薄膜只需要 19 min。但是,500℃退火温度形成连续多晶硅薄膜需要长达 90 min 的退火时间。完成 ALILE 工艺过程的时间可以区分为上述成核时间 $t_n$ 和生长时间(growth time)$t_g$,生长时间 $t_g$ 定义为成核时间 $t_n$ 后形成连续多晶硅薄膜必要的时间。成核时间 $t_n$ 和生长时间 $t_g$ 都随退火温度 $T_a$ 增加而减小。

使用图 12.7 中成核时间 $t_n$ 对温度的依赖关系,能够确定成核过程的激活能 $E_A$ 约 1.8 eV[35]。对应指数函数的前因子为 $4\times10^{-11}$ min。这里得到激活能远小于通常的非晶硅 a-Si 固相结晶 SPC 约 4.9 eV 的激活能[36]。所以,成核过程的激活能可能决定于初始 Al/a-Si 界面的阻挡层[35]。

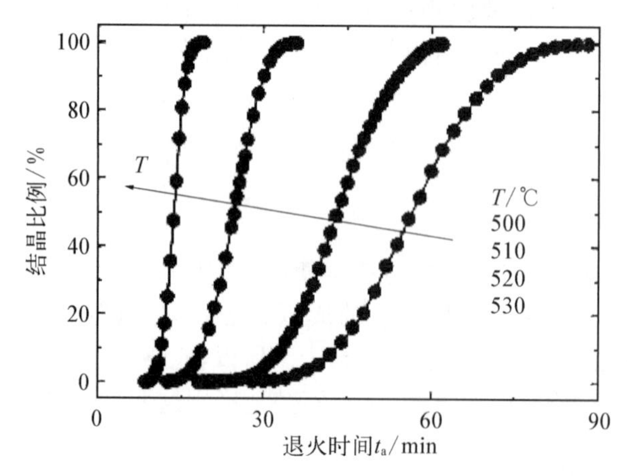


图 12.7 随着退火温度 $T_a$ 从 500℃增加到 530℃,取决于退火时间 $t_a$ 的结晶比例曲线斜率显著增加[35]

如果使用较厚的阻挡层,需要在沉积 a-Si 之前对 Al 表面进行 560℃的热氧化(thermal oxidation),会得到数值相似的成核过程激活能,$E_A=1.9$ eV[37]。除了成核过程,还研究了该样品的晶粒生长过程。为了确定单颗晶粒的晶粒生长速度(grain growth velocity, $v_g$),通过分析光学显微镜图像可以测得晶粒半径(grain radius, $r_g$)关于退火时间 $t_a$ 的函数。

$$v_g = \frac{dr_g}{dt_a} \tag{12.1}$$

在成核时间 $t_n$之后，晶粒生长速度 $v_g$增加，并且最终达到一个常数值，可以用于进一步的分析。通过研究数颗晶粒，能够确定晶粒生长速度 $v_g$的平均值。在 450℃，平均晶粒生长速度为 0.076 μm/min，这一数值与简单暴露在空气中形成阻挡层的样品（0.077 μm/min）相似。这意味着阻挡层不会影响晶粒生长速度 $v_g$。所以，两种样品完全不同的生长时间 $t_g$是基于完全不同的晶粒数量（number of grains）。根据较厚阻挡层样品晶粒生长速度 $v_g$对温度的依赖关系，确定激活能为 1.8 eV。所以，成核的激活能（1.9 eV）与晶粒生长速度 $v_g$的激活能（1.8 eV）几乎是一样的。这样激活能可能依赖于 Si 原子通过阻挡层（渗透膜）的能量势垒（energy barrier）。

在成核时间 $t_n$之后，晶粒数量并不会随退火时间 $t_a$单调变化，而是在生长过程的较早阶段就达到了最终的稳定数值。图 12.8 是一个样品的极端情况，在成核时间 $t_n$后的数分钟内，这一研究面积中的晶粒数量从 0 增加到了最终数值 16（实心圆圈）。再剩下的生长时间 $t_g$内，没有出现新的成核。相比之下，这一样品的结晶比例也在图 12.8 中用空心圆圈标明。这一曲线与图 12.7 中 500℃的曲线相同。显然，抑制成核能够促进生长较大的晶粒，我们会在下文中讨论这个问题。

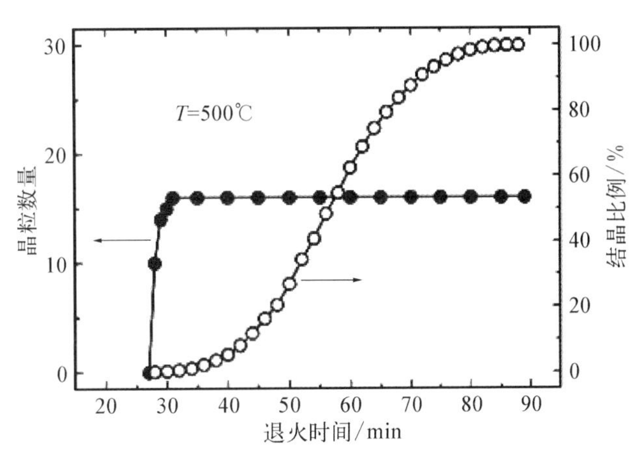


图 12.8　在 500℃退火温度下，晶粒数量（实心圆圈）和结晶比例（空心圆圈）是关于退火时间的函数[35]

## 12.4　结构特性和电学特性

在本节中，我们将讨论铝诱导层交换 ALILE 技术制备多晶硅薄膜的最重要结构特性（晶粒尺寸、晶粒取向和晶粒内缺陷）和电学特性。

根据光学显微镜图像研究的总面积（total area，$A_{total}$）和最终晶粒数量（final number of grains，$N_\infty$），可以得到多晶硅薄膜的平均晶粒尺寸（average grain size，$d$）：

$$d = \sqrt{\frac{A_{total}}{N_\infty}} \tag{12.2}$$

因为每颗晶粒的面积等于样品总面积 $A_{total}$除以最终晶粒数量 $N_\infty$，并且假设晶粒的形状为正方形，就能够计算出正方形的边长 $d$，即平均晶粒尺寸。退火温度 $T_a$越低，最终晶粒数量 $N_\infty$越小，所以估算得到的平均晶粒尺寸 $d$ 越大。对于图 12.7 中的样品，在 530℃和 500℃的退火温度，估算得到的平均晶粒尺寸分别为 51 μm 和 75 μm。尽管这样的分析提供了相对较好的近似，但是也只能提供对晶粒尺寸粗略的估算，不能够取代真实的结晶研究。这里估算得到的平均晶粒尺寸相比通常观察到的结果较大。例如，Nast 等通过电子背散射衍射(Electron BackScatter Diffraction,EBSD)研究晶粒尺寸,发现平均晶粒尺寸为6.2 μm[17]。一些晶粒具有超过10 μm的尺寸,但是还有不少晶粒比平均晶粒尺寸小。51～75 μm和6.2 μm的差别要归因于样品制备方式对最终多晶硅薄膜晶粒尺寸的影响。除了退火温度,晶粒尺寸还受到异质衬底选择、Al和a-Si的沉积、阻挡层等这些初始样品结构制备方法的影响。例如,Pihan等研究了异质衬底的影响,并且用EBSD确定平均晶粒尺寸在8～21 μm范围,晶粒尺寸的分布总是相对较大[38]。因为晶粒尺寸很大地依赖于样品制备,不可能为ALILE技术制备的多晶硅薄膜定义标准的平均晶粒尺寸,但是通常约10 μm的平均晶粒尺寸可以作为较好的估算。总体而言,晶粒尺寸远大于数百nm量级的薄膜厚度,所以这样的材料可以被称为大晶粒多晶硅。

图12.9(a)是玻璃衬底上ALILE技术制备多晶硅表面典型的EBSD图像[39]。被研究的样品面积为80 μm×80 μm。红色、绿色和蓝色区域分别对应于(100)、(110)和(111)晶向。样品经过425℃退火16 h。之后,Al(+Si)顶层用化学机械抛光CMP去除。这里的多晶硅薄膜具有7 μm的平均晶粒尺寸和18 μm的最大晶粒尺寸。根据这样的EBSD测量,不但能够得到晶粒尺寸,还可以确定晶粒的结晶取向。图12.9(b)是图12.9(a)(EBSD图像)的反极图(inverse pole figure)。从中可以观察到,反极图接近(100)角附近聚集了大量EBSD测量点,所以多晶硅薄膜表面具有(100)的择优取向。为了定量地描述择优取向,将研究测量面积内相对于完美(100)取向倾斜20°以内的晶粒百分比称为(100)择优取向的$R_{(100)}$。相应的反极图区域用图12.9(b)的虚线表示。这样的定义也可以应用于(110)和(111)取向。图12.9所示多晶硅薄膜的(100)择优取向百分比(percentage for preferential (100) orientation,$R_{(100)}$)、(110)择优取向百分比(percentage for preferential (100) orientation,$R_{(110)}$)和(110)择优取向百分比(percentage for preferential (111) orientation,$R_{(111)}$)分别为66%、4%和10%。这就清楚地说明多晶硅薄膜表面具有很强的(100)择优取向。最近,也有关于多晶硅薄膜表面(103)择优取向的报道[40]。

图12.9 铝诱导层交换ALILE技术在玻璃衬底上制备多晶硅薄膜的电子背散射衍射EBSD测量结果。红色、绿色和蓝色区域分别对应于(100)、(110)和(111)晶向

(a) 表明晶粒结构的EBSD图像;(b) 表明择优取向百分比的反极图

多晶硅薄膜表面高比例的(100)择优取向非常有利于之后在低温的外延生长[41~43]。由于(100)择优取向，利用 ALILE 技术形成的多晶硅薄膜可以作为模板(籽晶层)，能够有效地帮助之后的低温外延增厚[44]。

Kim 等发现退火温度 $T_a$ 会影响多晶硅表面的(110)择优取向[45]，而且降低退火温度会增加(110)择优取向。图 12.10 中的实心圆圈曲线表明，当退火温度 $T_a$ 从 550℃降低到 450℃时，(100)择优取向百分比 $R_{(100)}$ 从 40%增加到 70%[46]。(100)择优取向不但受到退火温度 $T_a$ 的影响，还取决于渗透膜的形成方式。如果在 560℃熔炉中暴露于 $O_2$ 气氛 2 h 形成阻挡层，样品具有更低的(100)择优取向百分比 $R_{(100)}$。图 12.10 中的空心圆圈曲线表明，$T_a$ = 450℃ 的 $R_{(100)}$ 从 70%降低到 30%，$T_a$ = 550℃的 $R_{(100)}$ 从 40%降低到 10%。

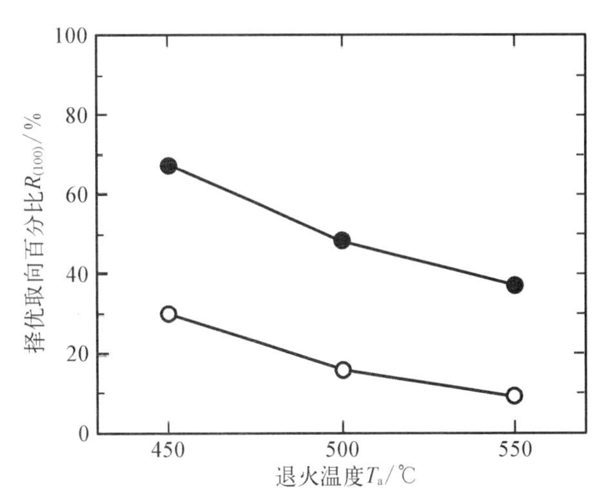


图 12.10　多晶硅表面(100)择优取向百分比 $R_{(100)}$ 对退火温度 $T_a$ 的依赖关系，形成渗透层的方法是在室温下暴露于空气中 2 h(实心圆圈)，或者在 560℃的熔炉中暴露于 $O_2$ 气氛中 2 h(空心圆圈)

根据电子背散射衍射 EBSD 测量，晶界也可以通过相邻晶粒的取向被分类。可以发现重合位置点阵 CSL 晶界，即一级孪晶晶界 Σ3 和二级孪晶晶界 Σ9，以及其他类型的晶界[17]。在小晶粒区域，主要探测到 Σ3 和 Σ9 晶界。这些晶界很可能是在生长个别晶粒的过程中形成的。在 Si 中，Σ3 和 Σ9 晶界被认为没有电活性。

关于 ALILE 多晶硅薄膜的结构特性，研究主要专注于晶粒尺寸和晶粒取向。但是，为了获得高质量的多晶硅薄膜，晶粒内缺陷密度(intragrain defect density)具有相当重要的作用。为了得益于较大的晶粒尺寸，晶粒内缺陷密度必须足够低。Nast 等证实，ALILE 技术制备多晶硅薄膜的晶粒包含较大数量的晶粒内缺陷[17]。Pihan 等发现主要的缺陷为孪晶和低角度晶界，但是在(100)表面取向的晶粒中没有发现孪晶[47]。因为 ALILE 多晶硅薄膜主要用于之后外延增厚的籽晶层，晶粒内缺陷通常可在外延生长薄膜中分析。通过缺陷蚀刻(defect etching)，在(100)取向晶粒中发现很大的晶粒内缺陷密度达到约 $10^9$ $cm^{-2}$，样品为 ALILE 籽晶层通过高温外延增厚获得的 Si 层[48]。这些晶粒内缺陷为形成在籽晶层中或籽晶层和外延层界面上的堆积缺陷(stacking fault)，并且具有电活性。其他研究关注(100)取向晶粒的无缺陷区域，以及(111)取向晶粒的高度缺陷区域，样品为 ALILE 籽晶层经过低温外延增厚得到的 Si 层[49]。在(111)取向晶粒的高度缺陷区域，主要的缺陷是籽晶层中的孪晶，以及来源于籽晶层表面的外延层堆积缺陷。人们对 ALILE 多晶硅薄膜晶粒内缺陷的认识还处于初级阶段。对于这些晶粒内缺陷的形成和影响还需要作进一步的研究。

一般使用霍尔效应(Hall effect)的测量来研究 ALILE 多晶硅薄膜的电学特性。由于加入了 Al，多晶硅薄膜总是 p 型。在室温，确定了 $2.6\times10^{18}$ $cm^{-3}$ 的空穴浓度和 56.3 $cm^2V^{-1}s^{-1}$ 的空穴迁移率(hole mobility)[16]。依赖于温度的霍尔效应测量表明，同时存在价带传导和缺陷带传导(defect band conduction)的两带传导(two-band conduction)。对于这么高掺杂的材料，出现缺陷带传导并不奇怪。多晶硅薄膜中的 Al 浓度由二次离子质谱 SIMS 测量。发现 Al 浓度约为 $3\times10^{19}\ \mathrm{cm^{-3}}$，这几乎比测得的空穴浓度大 10 倍。而 Al 浓度在热力学上决定于 Al 和 Si 的溶解度。

## 12.5 渗透膜的影响

渗透膜(阻挡层)对铝诱导层交换 ALILE 技术的结果起到了关键作用。阻挡层通常的形成方式是将 Al 镀膜玻璃衬底暴露在空气中。$Al_2O_3$阻挡层的厚度为纳米尺度，并且受到暴露时间变化的影响。随着暴露时间的增加，阻挡层的厚度也会增加。而阻挡层越厚，成核密度越低，形成连续多晶硅薄膜必要的工艺时间越长[19]。X 射线光电子能谱(X - ray Photoelectron Spectroscopy，XPS)测量表明，阻挡层在整个 ALILE 过程中不会移动。

为了研究阻挡层对层交换过程的重要性，制备了不带有阻挡层的初始玻璃/Al/a - Si 堆积[50]。为了防止形成阻挡层，非晶硅 a - Si 直接沉积在 Al 层上。图 12.11 的扫描电子显微镜 SEM 图像清楚地表明了阻挡层的影响。图 12.11(a)的样品暴露在空气中 2 h，具有阻挡层，而图 12.11(b)的样品没有阻挡层。两种样品都经过 480℃退火 45 min。在退火步骤之后，Al 被化学蚀刻去除。为了同时显示横截面和表面，进行 SEM 测量的样品倾斜了 30°。图 12.11(a)带有阻挡层的样品具有连续的多晶硅薄膜和顶部的“Si 岛”，这一情况类似于图 12.5 中所示，而图 12.11(b)没有阻挡层的样品没有连续多晶硅薄膜，表现出多孔薄膜结构。之前，Al 层和 a - Si 层的界面已经不可见了。在一些平滑部分，可以识别出初始玻璃/Al/a - Si 堆积的表面。这样的实验清楚地表明，Al 层和 a - Si 层之间的阻挡层对于形成连续多晶硅薄膜是绝对必要的。Kim 等进行了相似的实验，但是制备样品时没有刻意地氧化 Al 表面[45]。与之前的结果相反，这里的实验出现了层交换形成的多晶硅薄膜。这样的结果可能是由于 Al 表面的化学活性很强，以至于初始玻璃/Al/a - Si 堆积的制备过程中出现了无意的氧化。这清楚地说明样品制备的微小差异可能会对 ALILE 技术产生重要的影响。在真空系统中较好控制的氧化实验进一步说明了这个问题。将 Al 表面暴露在约 $6.5\times10^{-3}$ mbar 的 $O_2$气氛中仅仅 2 min 就已经形成了连续的多晶硅薄膜[50]。

图 12.11　为了说明阻挡层作用的多晶硅薄膜扫描电子显微镜 SEM 图像[50]

(a) 带有阻挡层的样品具有连续多晶硅薄膜和顶部的“Si 岛”；(b) 没有阻挡层的样品具有多孔薄膜结构

除了对极薄阻挡层的实验，Schneider 等还研究了相对较厚阻挡层的影响[51]。Al 表面经过 2 h 的 560℃热氧化，可以形成较厚的阻挡层。这种较厚的阻挡层，估计平均晶粒尺寸超过 200 μm。但是，在 450℃的退火温度，需要花费数天才能够完成 ALILE，形成连续的多晶硅薄膜。我们已经描述了热氧化形成阻挡层对多晶硅表面择优取向的影响，如图 12.10 所示。

## 12.6　理论模型

本节将讨论铝诱导层交换 ALILE 技术的理论模型。12.2 节已经介绍了 ALILE 技术的 5 个主要步骤，如图 12.2 所示。生长现有 Si 晶粒需要的 Si 由 Al 层中 Si 的横向扩散供应(第三步)。这样的扩散限制生长(diffusion-limited growth)过程基于一个事实，固溶的 Si 原子与现有 Si 晶粒结合的过程远快于 Si 原子向现有晶粒扩散的过程。而 Si 原子向现有晶粒的扩散由 Si 浓度 $C_{Si}$的梯度驱动。现有晶粒附近的 Si 浓度 $C_{Si}$比更远处低，这意味着现有晶粒周围存在 Si 耗尽区(depletion region)[18]。

(1) 阶段Ⅰ：在 ALILE 的最初时间段，没有形成稳定的晶核。

(2) 阶段Ⅱ：稳定晶核的形成从成核时间 $t_n$开始，如 12.3 节关于 ALILE 的动力学分析所述，成核通常只在很短的时间周期内发生，如图 12.8 所示。这个较短的时间周期称为成核期(nucleation phase)。

(3) 阶段Ⅲ：在成核期之后，没有新的稳定晶核形成，现有晶粒的生长继续，直到晶粒结合，最终在玻璃衬底上形成连续多晶硅薄膜。

相应的成核自动调节抑制(self-regulated suppression of nucleation)是 ALILE 过程的重要特性，能够帮助大晶粒生长。Nast 等认为，成核自动调节抑制是由于现有晶粒附近 Si 耗尽区的重叠[18]。

关于成核和生长的实验观察结果需要借助 Al/Si 系统的相图讨论[52~54]。图 12.12(a)是

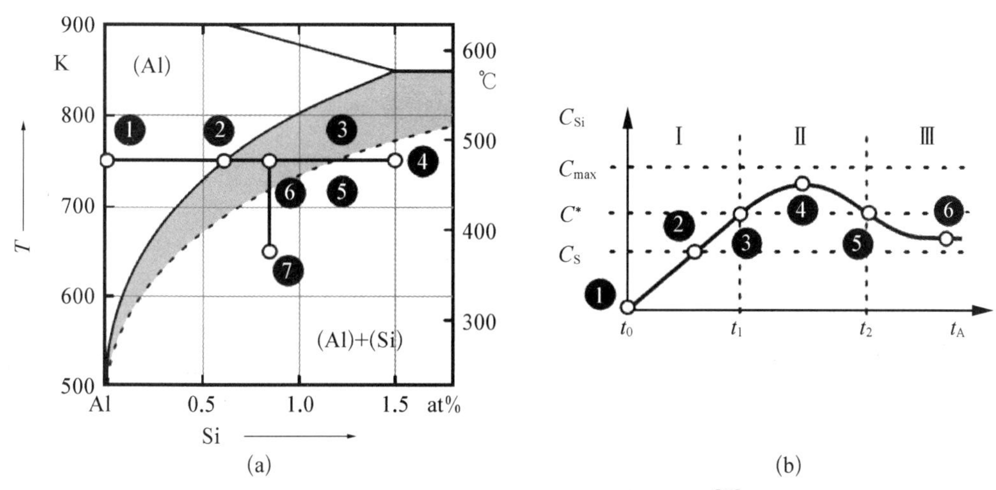


图 12.12　铝诱导层交换 ALILE 的各个步骤[52]

(a) Al/Si 相图的富 Al 部分，虚线表示临界浓度 $C^*$，实线表示饱和浓度 $C_s$，之间的灰色区域表示没有成核发生，现有晶粒继续生长；(b) Al 层中的 Si 浓度 $C_{Si}$关于退火时间 $t_a$的函数，标明了饱和浓度 $C_s$、临界浓度 $C^*$ 和最大浓度 $C_{max}$

相图的富 Al 部分。在相图中，Si 浓度 $C_{Si}$是温度 $T$ 的函数，实线为平衡曲线。在 Al/Si 系统的共晶温度（$T_{eu}=577℃=850$ K），固相 Al 中可以溶解的最大 Si 浓度为 $C_{Si}=1.5$at.%。ALILE 过程发生在低于共晶温度的 750 K。这意味着，可以发生从（Al）相到（Al）+（Si）相的直接转变。

为了进行下面的讨论，需要定义 3 个重要的 Al 中 Si 浓度 $C_{Si}$：

（1）饱和浓度（saturation concentration，$C_s$）：在一定温度下，Al 中的平衡 Si 浓度，即溶解度，就是饱和浓度 $C_s$。当 Al 和晶体硅 c－Si 接触，并且 Al 中的 Si 浓度 $C_{Si}$低于饱和浓度 $C_s$，那么 Si 原子会流向 Al。例如，750 K 的饱和浓度 $C_s$约为 0.6at.%。

（2）最大浓度（maximum concentration，$C_{max}$）：非晶硅 a－Si 和 c－Si 之间吉布斯能变化 $\Delta G^0$是 ALILE 过程的驱动力（大约为 0.1 eV/原子）。即使 Al 中的 Si 已经过饱和，a－Si 相比 c－Si 具有更高的化学势（chemical potential），也会使 Si 原子从 a－Si 向 Al 扩散。饱和浓度 $C_s$描述了 Al 与 c－Si 的平衡，而最大浓度 $C_{max}$描述了 Al 与 a－Si 的平衡。由于 a－Si 更高的化学势，最大浓度 $C_{max}$大于饱和浓度 $C_s$。在 ALILE 过程中，最大浓度 $C_{max}$代表了 Al 层中 Si 浓度 $C_{Si}$的上限。由于 Si 浓度 $C_{Si}$小于最大浓度 $C_{max}$，有稳定的 Si 原子从 a－Si 流向 Al 层。最大浓度 $C_{max}$没有能够在图 12.12(a)的相图中表示出来。

（3）临界浓度（critical concentration，$C^*$）：对于成核和生长，要求 Si 在 Al 层中的过饱和浓度（supersaturation，$S$）应满足：

$$S=\frac{C_{Si}}{C_s}>1 \tag{12.3}$$

由于现有晶粒的扩散限制生长，生长速率 $\nu$ 正比于过饱和 $S$：

$$\nu=C_{Si}-C_s=C_s(S-1) \tag{12.4}$$

在均匀成核情况下，形成一个稳定晶核的条件是通过体内晶核获得的能量超过形成表面晶核必要的能量。这意味着，稳定晶核不能够在 $C_{Si}=C_s$条件下形成。形成一个稳定晶核要求 Al 层中的 Si 浓度 $C_{Si}$超过临界浓度 $C^*$：

$$C_{Si}>C^* \tag{12.5}$$

这意味着，过饱和 $S$ 超过临界过饱和（critical supersaturation，$S^*$）：

$$S>S^*=\frac{C^*}{C_s} \tag{12.6}$$

为了形成稳定晶核，最大浓度 $C_{max}$要大于临界浓度 $C^*$：

$$C_{max}>C^* \tag{12.7}$$

在图 12.12 的相图中，虚线表示临界浓度 $C^*$，而实线表示饱和浓度 $C_s$。这是人为的定义，其目的是使临界浓度 $C^*$在相图中可见，从而简化 ALILE 过程的定性解释。

Al 层中 Si 浓度 $C_{Si}$的时间演化对于理解 ALILE 过程非常重要，如图 12.12 所示。图 12.12(a)表明了退火温度 $T_a=750$ K 相图中 Si 浓度 $C_{Si}$的时间演化，而图 12.12(b)是 Si 浓度 $C_{Si}$关于退火时间 $t_a$的函数。

（1）在 ALILE 过程刚开始时，Al 层中没有 Si。如果从室温加热到退火温度 $T_a$，相比 Si

从 a-Si 层扩散到 Al 层已足够快了，那么，在 $t_0$ 时，达到退火温度 $T_a=750$ K，Si 浓度 $C_{Si}$ 仍然为 0。

(2) 随着退火时间 $t_a$ 的增加，Si 向 Al 层的扩散使 Si 浓度 $C_{Si}$ 增加。在某个时间，Si 浓度 $C_{Si}$ 达到饱和浓度 $C_s$。

(3) 因为 a-Si 相比 c-Si 有更高的化学势，Si 浓度 $C_{Si}$ 进一步增加。当达到临界浓度 $C^*$，即退火时间 $t_a$ 达到 $t_1$ 时，出现成核作用，并且新形成的晶粒开始生长。

(4) 晶核数量的增加和相应的晶粒生长会降低 Al 层中 Si 浓度 $C_{Si}$ 的增加速度。在某一时间，Si 浓度 $C_{Si}$ 达到最大值(4)。Si 浓度 $C_{Si}$ 的最大值对应于成核速率的最大值，成核和生长消耗的 Si 等于从 a-Si 层扩散供应的 Si。

(5) 因为 Si 消耗的增加，Si 浓度 $C_{Si}$ 降低。当 $t_2$ 时，Si 浓度 $C_{Si}$ 再一次达到临界浓度 $C^*$，成核作用停止。

(6) 因为 Si 浓度 $C_{Si}$ 仍然大于饱和浓度 $C_s$，现有晶粒的生长继续。不断生长的晶粒不能够将 Si 浓度 $C_{Si}$ 降低到饱和浓度 $C_s$ 以下，因为晶粒的生长要求过饱和浓度 $S>1$。所以，在余下的过程中，Si 浓度 $C_{Si}$ 始终在饱和浓度 $C_s$ 和临界浓度 $C^*$ 之间。

总而言之，可以定义 3 个浓度区域：

(1) $C_{Si}\leqslant C_s$，没有成核，也没有生长；

(2) $C_s<C_{Si}\leqslant C^*$，没有成核，现有晶粒发生生长，如图 12.12(a)灰色区域所示；

(3) $C^*<C_{Si}\leqslant C_{max}$，同时发生成核和生长。

根据这样的理论模型，可以解释形成上述 3 个阶段的机理。阶段Ⅰ、阶段Ⅱ和阶段Ⅲ在图 12.12(b)中标明。在 $t_1$ 和 $t_2$ 之间的成核期，即阶段Ⅱ，通常只是整个 ALILE 过程中较短的部分。

这样的理论模型得到一些实验的支持[52~55]。在实验中，阶段Ⅲ的样品在很短的时间内被突然冷却，随后又被再次加热。除了现有晶粒，还出现了很多新的晶粒，因为突然的冷却使饱和浓度 $C_s$ 和临界浓度 $C^*$ 同时降低，而 Si 浓度 $C_{Si}$ 仍然保持原来的数值，如图 12.12 的(7)所示。所以，Al 处于很强的过饱和状态($C_{Si}>C^*$)，从而形成大量新的晶核。在这样的冷却和再加热实验中，可能使现有晶粒周围的耗尽区可见[53~55]。图 12.13(a)是冷却和再加热后 ALILE 样品初始玻璃/Al 界面的光学显微镜图像。在数颗现有大晶粒之间，观察到很多新形成的小晶粒。但是，所有现有晶粒周围都没有新增的晶粒，这些区域就是前述的耗尽区。在这些耗尽区中，成核几乎完全被抑制了。图 12.13(a)中的耗尽区宽度(depletion region width，$L$)约 9 μm。这样的实验现象可以通过图 12.13(b)中现有晶粒附近 Si 浓度 $C_{Si}$ 分布的图解解释。现有晶粒在纵坐标的左侧，$x$ 是到晶粒表面的距离。Si/Al 界面附近 Al 一侧的 Si 浓度 $C_{Si}$ 决定于冷却前的饱和浓度(saturation concentration before cool down，$C_{s,a}$)。远离现有晶粒处，Si 浓度 $C_{Si}$ 为冷却前临界浓度(critical concentration before cool down，$C_a^*$)以下一定数值，因为样品处于阶段Ⅲ(现有晶粒生长，没有新的成核作用)。冷却前饱和浓度 $C_{s,a}$ 和冷却前临界浓度 $C_a^*$ 的数值在图 12.13(b)中用点虚线表示。在这种状态下，Si 浓度 $C_{Si}$ 会向现有晶粒横向扩散。因为样品在很短的时间内突然冷却，Si 浓度 $C_{Si}$ 保持为常数。而更低的温度会使冷却后饱和浓度(saturation concentration after cool down，$C_{s,b}$)和冷却后临界浓度(critical concentration after cool down，$C_b^*$)降低，如图 12.12(a)所示。冷却后饱和浓度 $C_{s,b}$ 和冷却后临界浓度 $C_b^*$ 的数值在图 12.13(b)中用短划虚线表示。在突然冷却后，远离现有晶粒的 Si 浓度 $C_{Si}$ 超过了冷却后临界浓度 $C_b^*$，如图 12.13(b)的Ⅱ区域所示。所以，实验中观察到很多新晶核形成，如图 12.13(a)所示。在距离现有晶粒耗尽区宽度 $L$ 以内，Si 浓度 $C_{Si}$ 仍然低于冷却后临界浓度 $C_b^*$，所以不会形成新的晶核，如图 12.13(b) 中区域Ⅰ所示。这就是前述抑制成核作用的耗尽区。实验观察到耗尽区宽度 $L$ 的数值在 9～30 μm[53~55]。根据图 12.13(b)的图解可以看出，Si 浓度 $C_{Si}$ 降低的真实耗尽区应该比实验观察到的耗尽区宽度 $L$ 更大。

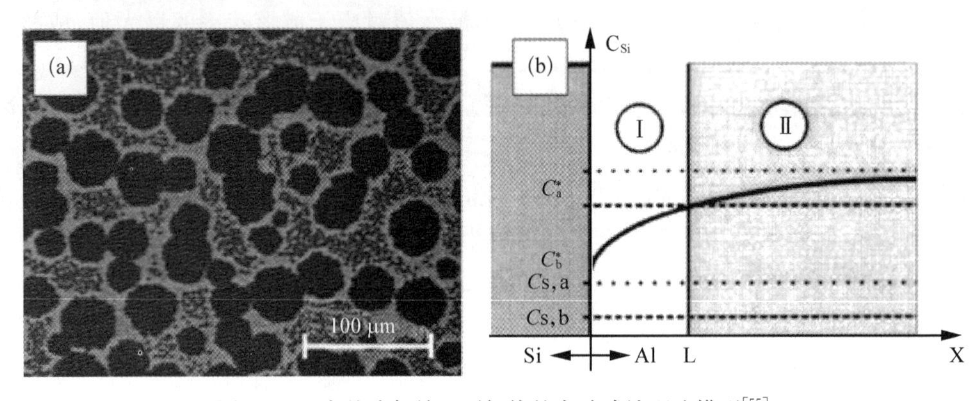


图 12.13　突然冷却并且再加热的实验确认理论模型[55]

(a) 光学显微镜图像，暗区域和亮区域分别对应 Si 和 Al；(b) Al 层中现有晶粒附近 Si 浓度 $C_{Si}$ 随距离 $x$ 的分布

Sarikov 等计算了在 Al 层中 Si 浓度 $C_{Si}$ 的时间演变，以验证上述 ALILE 过程理论模型[56,57]。研究了实验观察到的 3 个阶段：阶段Ⅰ(没有成核，没有生长)、阶段Ⅱ(同时有成核和生长)和阶段Ⅲ(没有成核，有生长)。计算得到的结果与上述讨论的理论模型相一致。

Wang 等基于初始层之间没有阻挡层的实验，认为 Al 层中的 Si 扩散主要沿着 Al 晶粒的边界发生[58,59]。所以，a－Si 层会浸润 Al 晶粒边界。当 a－Si 层厚度达到临界值时，会发生成核。之后，Si 晶核的横向生长由沿着 Si 晶核和周围 Al 界面的 Si 扩散供给。

在描述了 ALILE 技术的总体生长理论模型之后，实验中观察到的多晶硅表面(100)择优取向也需要一定的理论模型进行解释。12.4 节已经讨论了关于(100)择优取向的主要实验结果。使用光学显微镜的原位研究表明，不同晶粒的生长速率没有差别[37]。所以，择优生长被解释为择优取向的来源。可以提出基于择优成核的模型，就能够解释(100)择优取向的实验现象[60,61]。这样的理论模型还可以描述退火温度 $T_a$ 和渗透膜制备条件对表面结晶取向的影响。

择优取向理论模型基于以下考虑：因为 c－Si 的{111}晶面具有最低的比表面能量(specific surface energy)，这些晶面最容易生成[62,63]。在 a－Si 的固相结晶 SPC 情况下，这就形成了双金字塔(double-pyramid)结构，即形成八面体(octahedral)形状的 Si 晶核，如图 12.14(a)所示[5]。这样的双金字塔结构具有 8 个{111}晶面和两个<100>晶向顶端。但是，形成这样的双金字塔结构还不能够解释(100)择优取向的实验现象。所以，需要另外假设晶核形成在初始 Al 层和阻挡层的界面。当然，这样的假设也是基于一定的实验结果[18]。通过对吉布斯能 $\Delta G^0$ 变化的计算，可以得到相对晶粒团尺寸的吉布斯能 $\Delta G^0$ 变化最大值，即成核激活能(activation energy for nucleation，$\Delta G^*$)，并且获得 $\Delta G^0$ 和 $\Delta G^*$ 关于在界面晶核倾角的函数，从而确认晶核具有与垂直于界面的<100>晶向顶端对齐的倾向，如图 12.14(b)所示[60,61]。这就解释了实验观察到多晶硅表面(100)择优取向百分比 $R_{(100)}$ 较高的机理。退火温度 $T_a$ 和阻挡层制备条件对(100)择优取向百分比 $R_{(100)}$ 的影响也可以用这一理论模型解释。根据这一理论模型的观点，通过在样品制备过程中选择合适的阻挡层，以及之后在极低温度下的退火步骤，甚至可以达到几乎 100%的(100)择优取向百分比 $R_{(100)}$。

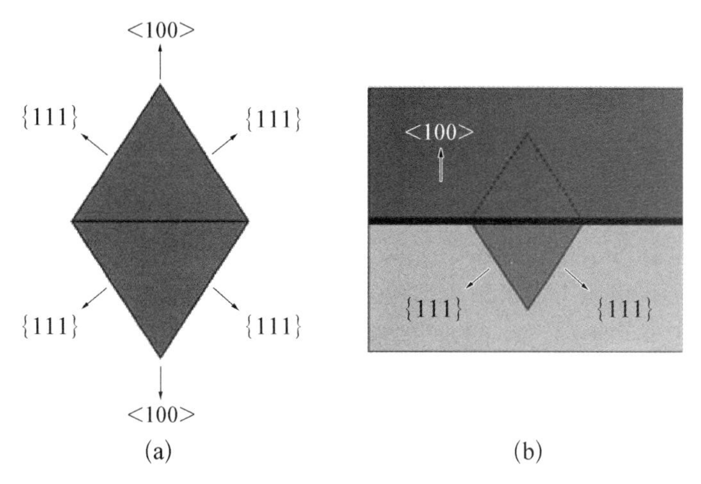


图 12.14　双金字塔结构的择优取向理论模型

(a) Si 晶核双金字塔结构的侧视图；(b) 在初始 Al 层中形成的 Si 晶核，上部为初始 a-Si 层，下侧为初始 Al 层，阻挡层为中间粗黑线

## 12.7　光伏应用

用铝诱导层交换 ALILE 技术在异质衬底上制备的多晶硅薄膜通常会作为后续吸收层外延生长的籽晶层，即模板(template)，从而实现最终的多晶硅薄膜太阳能电池。通过异质衬底上 ALILE 籽晶层获得的最高转换效率为 8%[64]。相应多晶硅薄膜太阳能电池的结构为：Al 衬底/溅射氧化物/$p^+$ 型、ALILE 籽晶层/$p^+$ 型、Si 背表面场 BSF(外延生长)/p 型、Si 吸收层(外延生长)/i 型、层/$n^+$ 型 a-Si：H 发射极(PECVD 生长)/氧化铟锡(indium tin oxide，ITO)。使用溅射氧化物的目的是减小 Al 衬底的粗糙度，从而增加 ALILE 技术形成多晶硅籽晶层的晶粒尺寸[65,66]。在这样的实验中，ALILE 籽晶层的外延层增厚使用 1 130℃ 的高温化学气相沉积 CVD。这样的高温过程不能够再使用玻璃衬底。对于玻璃衬底适合的温度(最高约 600℃)，ALILE 多晶硅薄膜太阳能电池的转换效率要低得多。例如，在约 600℃使用高速电子束蒸发在玻璃衬底上对 ALILE 籽晶层外延增厚得到的多晶硅薄膜太阳能电池转换效率为 3.2%[67]。目前，限制 ALILE 籽晶层上多晶硅薄膜太阳能电池转换效率的因素不是晶粒尺寸，而是晶粒内缺陷。所以，进一步的研究需要专注于这些晶粒内缺陷。

ALILE 技术获得的多晶硅薄膜总是表现出 p 型特性。在耐高温异质衬底上，p 型多晶硅能够通过过度掺杂(overdoping)转变为 n 型多晶硅，950℃的 P 扩散就是一种有效的过度掺杂方法[68]。这就可以形成其他的太阳能电池配置，例如衬底/$n^+$ 型 ALILE 籽晶层/n 型吸收层/$p^+$型发射极。

到目前为止,我们讨论的 ALILE 技术只限于玻璃等绝缘异质衬底。对于光伏应用,在导体异质衬底上形成多晶硅薄膜具有重要的意义。实验证实,ALILE 技术对一些金属镀膜玻璃衬底[28,69]和掺铝氧化锌(Al-doped zinc oxide,ZnO:Al)镀膜玻璃[39,70,71]也非常有效。因为 ZnO:Al 作为透明导电氧化物(Transparent Conductive Oxide,TCO)是一种完善的薄膜太阳能电池材料,所以 ALILE 技术在 ZnO:Al 镀膜玻璃上的实验结果特别重要。在 ZnO:Al 镀膜玻璃上的多晶硅薄膜晶粒尺寸略微降低,而(100)择优取向相比玻璃表面比较相似[39]。另一方面,ZnO:Al 层并没有在 ALILE 过程中退化,而电导率甚至由于增加的载流子浓度有所改善[71]。这些关于 ZnO:Al 镀膜玻璃上使用 ALILE 技术的实验结果打开了一个制备多晶硅薄膜太阳能电池全新的研究方向。

ALILE 技术不但能够用于形成多晶硅薄膜,还可以在整个组分范围($x=0\sim1$)制备 $Si_{1-x}Ge_x$ 多晶薄膜[72~75]。为此,需要在氧化的 Al 层上沉积 $Si_{1-x}Ge_x$ 非晶合金,以形成 ALILE 技术的初始层堆积。为了防止熔化,退火需要在相对较低的温度进行,低于 Al/Ge 系统的共晶温度 $T_{eu}=420$℃。由于较低的退火温度 $T_a$,工艺时间相对较长。随着 Ge 浓度的增加,成核密度会减小,晶体生长会形成更多的枝晶,并且没有发现相分离(phase separation)。通过与 Ge 的合金,光学吸收会增加。所以,利用 $Si_{1-x}Ge_x$ 多晶薄膜可以制备具有较好特性的薄膜太阳能电池。

本章介绍的层交换技术基于 a-Si 的铝诱导结晶 AIC。最近,Scholz 等发展了基于银诱导结晶的层交换技术[76],相关技术称为银诱导层交换(silver-induced layer exchange,AgILE)。除了用 Ag 替代 Al,AgILE 技术与 ALILE 技术非常相似。Ag/Si 系统的共晶温度为 836℃。使用 AgILE 技术,可以形成连续的本征多晶硅薄膜。相关工艺时间较长,例如在 530℃的退火温度,形成连续多晶硅薄膜需要花费 1 350 min。在这种情况下,Si 晶粒的平均直径约 30 μm。

$Si_{1-x}Ge_x$ 多晶薄膜和 AgILE 技术是标准 ALILE 技术的演变,并且可以给出有意义的结果。当然,标准 ALILE 技术还可以在其他方面进行修正。所以,需要用进一步的研究来充分地开发 ALILE 技术。

## 12.8 小结

本章讨论了铝诱导层交换 ALILE 形成多晶硅薄膜的技术。在 ALILE 技术中,衬底/Al/a-Si 堆积通过简单的退火步骤转变为衬底/多晶硅/Al(+Si)堆积,退火温度要低于 Al/Si 系统的共晶温度(577℃)。在层交换过程之后,多晶硅薄膜顶部的 Al(+Si)层需要去除。如果退火温度 $T_a$ 更高,在衬底上形成连续多晶硅薄膜的时间越短。在 ALILE 过程中,初始 Al 层中会形成 Si 晶核。退火温度 $T_a$ 越低,Si 晶核密度越低,最终的晶粒尺寸越大。成核通常只发生在很短的时间周期以内。随后,新晶核的形成受到抑制,直到 ALILE 过程结束。这就为生长较大的晶粒创造了条件。得到的多晶硅薄膜的晶粒尺寸典型值约为 10 μm,远大于数百 nm 的薄膜厚度。所以,这样的材料也被称为大晶粒多晶硅。由于较大的晶粒尺寸和多晶硅表面的(100)择优取向,得到的薄膜作为籽晶层,成为后续外延生长的模板。由于加入了 Al,ALILE 技术形成的多晶硅薄膜具有较高的 $p^+$ 型掺杂浓度。初始 Al 层和初始

a－Si 层之间的渗透膜(阻挡层)对于 ALILE 技术具有关键作用。阻挡层的形成方法是在沉积 a－Si 之前使 Al 表面氧化,而整个层交换过程中阻挡层会保持在原来位置。阻挡层会影响退火时间、晶粒尺寸和(100)择优取向等重要特性。我们还讨论了 ALILE 技术的总体理论模型。使用 Al/Si 系统的相图能够解释整个过程的各个步骤。特别地,成核自动调节抑制作为 ALILE 过程的重要特征,能够解释现有晶粒附近 Si 耗尽层重叠。除了总体理论模型,我们还讨论了解释(100)择优取向来源的模型。基于择优成核的相关模型能够较好地解释观察到的实验现象。

ALILE 技术制备的多晶硅薄膜具有非常优良的特性,特别是较大的晶粒尺寸和多晶硅表面的(100)择优取向。所以,近年来 ALILE 受到了广泛的关注。ALILE 的具体工艺过程对于工艺参数非常敏感。例如,初始层堆积的制备条件。其优势是可以通过多种方法影响工艺过程的,从而改变得到的多晶硅薄膜的特性。但是,其劣势是工艺过程相当不稳定,从而很难定义标准的工艺参数,全世界不同的研究团队不能够使用相似的工艺参数得到相似的多晶硅薄膜特性。这样的问题要求 ALILE 技术不仅需要在研究水平发展,而且需要扩展到多晶硅薄膜太阳能电池的大规模生产。另一个重要问题是目前的研究还主要专注于晶粒尺寸和多晶硅薄膜的结晶表面取向。将来的研究需要更加专注于晶粒内缺陷,这仍然是决定材料质量的主要问题。为了得益于较大的晶粒尺寸,晶粒内缺陷密度需要大幅降低。为此,对这些晶粒内缺陷来源的基础理解非常必要。

人们已经对 ALILE 技术有了相当深刻的理解。但是,很多重要的问题仍然有待解决。需要以持续的研究来为这些现存的问题找到令人满意的解释,从而充分地发挥 ALILE 技术的潜力。未来几年将揭晓 ALILE 这一重要的技术是否能大规模应用于多晶硅薄膜太阳能电池的产业化生产。

## 参考文献


[1] J. Zhao, A. Wang, S.R. Wenham, M.A. Green [C]. Proceedings of the 13th European Photovoltaic Solar Energy Conference, Nice, France, 23－27 October 1995: 1566.

[2] M.A. Green, K. Emery, Y. Hishikawa, W. Warta [J]. Progress in Photovoltaics: Research and Applications, 2009, 17: 85.

[3] J. Meier, J. Spitznagel, U. Kroll, C. Bucher, S. Faÿ, T. Moriarty, A. Shah [J]. Thin Solid Films, 2004, 451－452: 518.

[4] B. Rech, T. Repmann, M.N. van den Donker, M. Berginski, T. Kilper, J. Hüpkes, S. Calnan, H. Stiebig, S. Wieder [J]. Thin Solid Films, 2006, 511－512: 548.

[5] C. Spinella, S. Lombardo, F. Priolo [J]. Journal of Applied Physics, 1998, 84: 5383.

[6] M.J. Keevers, T. L. Young, U. Schubert, M. A. Green [C]. Proceedings of the 22nd European Photovoltaic Solar Energy Conference, Milan, Italy, 3－7 September, 2007: 1783.

[7] N.H. Nickel. Laser Crystallization of Silicon (Semiconductors and Semimetals 75) [M]. Amsterdam: Elsevier, 2003.

[8] S.R. Herd, P. Chaudhari, M.H. Brodsky [J]. Journal of Non-Crystalline Solids, 1972, 7: 309.

[9] G. Ottaviani, D. Sigurd, V. Marrello, J.W. Mayer, J.O. McCaldin [J]. Journal of Applied Physics, 1974, 45: 1730.

[10] S.M. Sze. Physics of Semiconductor Devices [M]. New York: Wiley, 1981: 21.

[11] G. Majni, G. Ottavianiv [J]. Applied Physics Letters, 1977, 31: 125.

[12] G. Ottaviani, G. Majni [J]. Journal of Applied Physics, 1979, 50: 6865.
[13] B.-Y. Tsaur, G.W. Turner, J.C.C. Fan [J]. Applied Physics Letters, 1981, 39: 749.
[14] L.M. Koschier, S.R. Wenham, M. Gross, T. Puzzer, A.B. Sproul [C]. Proceedings of the 2nd World Conference on Photovoltaic Energy Conversion, Vienna, Austria, 6 - 10 July 1998: 1539.
[15] O. Nast, T. Puzzer. L.M. Koschier, A.B. Sproul, S.R. Wenham [J]. Applied Physics Letters, 1998, 73: 3214.
[16] O. Nast, S. Brehme, D.H. Neuhaus, S.R.Wenham [J]. IEEE Transactions on Electron Devices, 1999, 46: 2062.
[17] O. Nast, T. Puzzer, C.T. Chou, M. Birkholz [C]. Proceedings of the 16th European Photovoltaic Solar Energy Conference, Glasgow, UK, 1 - 5 May 2000: 292.
[18] O. Nast, S.R. Wenham [J]. Journal of Applied Physics, 2000, 88: 124.
[19] O. Nast, A.J. Hartmann [J]. Journal of Applied Physics, 2000, 88: 716.
[20] O. Nast [C]. Proceedings of the 28th IEEE Photovoltaic Specialists Conference, Anchorage, USA, 15 - 22 September 2000: 284.
[21] O. Nast, S. Brehme, S. Pritchard, A.G. Aberle, S.R. Wenham [J]. Solar Energy Materials and Solar Cells, 2001, 65: 385.
[22] O. Nast. Doctoral thesis [D]. Philipps-Universität Marburg, Germany, 2000.
[23] E. Pihan, A. Slaoui, P. Roca i Cabarrocas, A. Focsa [J]. Thin Solid Films, 2004, 451 - 452: 328.
[24] T. Antesberger, C. Jaeger, M. Scholz, M. Stutzmann [J]. Applied Physics Letters, 2007, 91: 201909.
[25] P.I. Widenborg, A.G. Aberle [C]. Proceedings of the 29th IEEE Photovoltaic Specialists Conference, New Orleans, LA, USA, 20 - 24 May 2002: 1206.
[26] P.I. Widenborg, A.G. Aberle [J]. Journal of Crystal Growth, 2002, 242: 270.
[27] S. Gall, I. Sieber, M. Muske, O. Nast, W. Fuhs [C]. Proceedings of the 17th European Photovoltaic Solar Energy Conference, Munich, Germany, 22 - 26 October 2001, 1846.
[28] S. Gall, M. Muske, I. Sieber, J. Schneider, O. Nast, W. Fuhs [C]. Proceedings of the 29th IEEE Photovoltaic Specialists Conference, New Orleans, LA, USA, 20 - 24 May 2002: 1202.
[29] S. Gall, J. Schneider, J. Klein, M. Muske, B. Rau, E. Conrad, I. Sieber, W. Fuhs, D. Van Gestel, I. Gordon, K. Van Nieuwenhuysen, L. Carnel, G. Beaucarne, J. Poortmans, M. Stöger-Pollach, P. Schattschneider [C]. Proceedings of the 31st IEEE Photovoltaic Specialists Conference, Lake Buena Vista, FL, USA, 3 - 7 January 2005: 975.
[30] P.I. Widenborg, T. Puzzer, J. Stradal, D.H. Neuhaus, D. Inns, A. Straub, A.G. Aberle [C]. Proceedings of the 31st IEEE Photovoltaic Specialists Conference, Lake Buena Vista, FL, USA, 3 - 7 January 2005: 1031.
[31] D. Van Gestel, I. Gordon, A. Verbist, L. Carnel, G. Beaucarne, J. Poortmans [J]. Thin Solid Films, 2008, 516: 6907.
[32] G. Ekanayake, H.S. Reehal [J]. Vacuum, 2006, 81: 272.
[33] G. Ekanayake, T. Quinn, H.S. Reehal [J]. Journal of Crystal Growth, 2006, 293: 351.
[34] J.H. Kim, J.Y. Lee [J]. Japanese Journal of Applied Physics, 1996, 35: 2052.
[35] S. Gall, M. Muske, I. Sieber, O. Nast, W. Fuhs [J]. Journal of Non-Crystalline Solids, 2002, 299 - 302: 741.
[36] U. Köster [J]. Physica Status Solidi A, 1978, 48: 313.
[37] J. Schneider, J. Klein, M. Muske, S. Gall, W. Fuhs [J]. Journal of Non-Crystalline Solids, 2004,

338－340：127.

[38] E. Pihan, A. Focsa, A. Slaoui, C. Maurice [J]. Thin Solid Films, 2006, 511－512：15.

[39] K.Y. Lee, M. Muske, I. Gordon, M. Berginski, J. D'Haen, J. Hüpkes, S. Gall, B. Rech [J]. Thin Solid Films, 2008, 516：6869.

[40] Ö. Tüzün, J. M. Auger, I. Gordon, A. Focsa, P. C. Montgomery, C. Maurice, A. Slaoui, G. Beaucarne, J. Poortmans [J]. Thin Solid Films, 2008, 516：6882.

[41] B. Rau, I. Sieber, B. Selle, S. Brehme, U. Knipper, S. Gall, W. Fuhs [J]. Thin Solid Films, 2004, 451－452：644.

[42] D.H. Neuhaus, N.P. Harder, S. Oelting, R. Bardos, A.B. Sproul, P. Widenborg, A.G. Aberle [J]. Solar Energy Materials and Solar Cells, 2002, 74：225.

[43] P. Dogan, E. Rudigier, F. Fenske, K.Y. Lee, B. Gorka, B. Rau, E. Conrad, S. Gall [J]. Thin Solid Films, 2008, 516：6989.

[44] W. Fuhs, S. Gall, B. Rau, M. Schmidt, J. Schneider [J]. Solar Energy, 2004, 77：961.

[45] H. Kim, D. Kim, G. Lee, D. Kim, S.H. Lee [J]. Solar Energy Materials and Solar Cells, 2002, 74, 323.

[46] S. Gall, J. Schneider, J. Klein, K. Hübener, M. Muske, B. Rau, E. Conrad, I. Sieber, K. Petter, K. Lips, M. Stöger-Pollach, P. Schattschneider, W. Fuhs [J]. Thin Solid Films, 2006, 511：7.

[47] E. Pihan, A. Slaoui, C. Maurice [J]. Journal of Crystal Growth, 2007, 305：88.

[48] D. Van Gestel, M.J. Romero, I. Gordon, L. Carnel, J. D'Haen, G. Beaucarne, M. Al-Jassim, J. Poortmans [J]. Applied Physics Letters, 2007, 90：092103.

[49] F. Liu, M.J. Romero, K.M. Jones, A.G. Norman, M. Al-Jassim, D. Inns, A.G. Aberle [J]. Thin Solid Films, 2008, 516：6409.

[50] S. Gall, J. Schneider, M. Muske, I. Sieber, O. Nast, W. Fuhs [C]. Proceedings of PV in Europe — From PV Technology to Energy Solutions, Rome, Italy, 7－11 October 2002：87.

[51] J. Schneider, J. Klein, M. Muske, A. Schöpke, S. Gall, W. Fuhs [C]. Proceedings of the 3rd World Conference on Photovoltaic Energy Conversion, Osaka, Japan, 11－18 May 2003：106.

[52] J. Schneider, J. Klein, A. Sarikov, M.Muske, S. Gall, W. Fuhs [C]. Materials Research Society Symposium Proceedings, 2005, 862：A2.2.1.

[53] J. Schneider, A. Schneider, A. Sarikov, J. Klein, M. Muske, S. Gall, W. Fuhs [J]. Journal of Non-Crystalline Solids, 2006, 352：972.

[54] J. Schneider. Doctoral thesis [D]. Technische Universität Berlin, Germany, 2005.

[55] J. Schneider, J. Klein, M. Muske, S. Gall, W. Fuhs [J]. Applied Physics Letters, 2005, 87：031905.

[56] A. Sarikov, J. Schneider, J. Klein, M. Muske, S. Gall [J]. Journal of Crystal Growth, 2006, 287：442.

[57] A. Sarikov, J. Schneider, M. Muske, S. Gall, W. Fuhs [J]. Journal of Non-Crystalline Solids, 2006, 352：980.

[58] D. He, J.Y. Wang, E.J. Mittemeijer [J]. Journal of Applied Physics, 2005, 97：093524.

[59] J.Y. Wang, Z.M. Wang, E.J. Mittemeijer [J]. Journal of Applied Physics, 2007, 102：113523.

[60] J. Schneider, A. Sarikov, J. Klein, M. Muske, I. Sieber, T. Quinn, H.S. Reehal, S. Gall, W. Fuhs [J]. Journal of Crystal Growth, 2006, 287：423.

[61] A. Sarikov, J. Schneider, M. Muske, I. Sieber, S. Gall [J]. Thin Solid Films, 2007, 515：7465.

[62] C. Messmer, J.C. Bilello [J]. Journal of Applied Physics, 1981, 52：4623.

[63] D.J. Eaglesham, A.E. White, L.C. Feldman, N. Moriya, D.C. Jacobson [J]. Physical Review Letters,

1993，70：1643.

[64] I. Gordon，L. Carnel，D. Van Gestel，G. Beaucarne，J. Poortmans [J]. Progress in Photovoltaics：Research and Applications，2007，15：575.

[65] I. Gordon，D. Van Gestel，K. Van Nieuwenhuysen，L. Carnel，G. Beaucarne，J. Poortmans [J]. Thin Solid Films，2005，487：113.

[66] D. Van Gestel，I. Gordon，L. Carnel，K. Van Nieuwenhuysen，G. Beaucarne，J. Poortmans [C]. Technical Digest of the 15th International Photovoltaic Science and Engineering Conference，Shanghai，China，10 - 15 October 2005：853.

[67] S. Gall，C. Becker，E. Conrad，P. Dogan，F. Fenkse，B. Gorka，K.Y. Lee，B. Rau，F. Ruske，B. Rech [J]. Solar Energy Materials and Solar Cells，2009，93：1004.

[68] Ö. Tüzün，A. Slaoui，I. Gordon，A. Focsa，D. Ballutaud，G. Beaucarne，J. Poortmans [J]. Thin Solid Films，2008，516：6892.

[69] P.I. Widenborg，D.H. Neuhaus，P. Campbell，A.B. Sproul，A.G. Aberle [J]. Solar Energy Materials and Solar Cells，2002，74：305.

[70] D. Dimova-Malinovska，O. Angelov，M. Kamenova，A. Vaseashta，J. C. Pivin [J]. Journal of Optoelectronics and Advanced Materials，2007，9：355.

[71] K.Y. Lee，C. Becker，M. Muske，F. Ruske，S. Gall，B. Rech [J]. Applied Physics Letters，2007，91：241911.

[72] D. Dimova-Malinovska，O. Angelov，M. Sendova-Vassileva，M. Kamenova，J.C. Pivin [J]. Thin Solid Films，2004，451 - 452：303.

[73] R. Lechner，M. Buschbeck，M. Gjukic，M. Stutzmann [J]. Physica Status Solidi C，2004，1：1131.

[74] M. Gjukic，M. Buschbeck，R. Lechner，M. Stutzmann [J]. Applied Physics Letters，2004，85：2134.

[75] M. Gjukic，R. Lechner，M. Buschbeck，M. Stutzmann [J]. Applied Physics Letters，2005，86：062115.

[76] M. Scholz，M. Gjukic，M. Stutzmann [J]. Applied Physics Letters，2009，94：012108.

# 第13章 热化学数据库和动力学数据库

Kai Tang 和 Eivind J. Øvrelid
挪威科技工业研究院 SINTEF
Merete Tangstad 和 Gabriella Tranell
挪威科技大学 NTNU

制备太阳能级硅 SoG-Si 原料的技术要求固相和液相之间接近平衡条件的直接接触。Si 基系统中相图和热化学特性的知识能够为分析工艺过程提供边界条件。挪威科技工业研究院 SINTEF 最近发展了 Si-Ag-Al-As-Au-B-Bi-C-Ca-Co-Cr-Cu-Fe-Ga-Ge-In-Li-Mg-Mn-Mo-N-Na-Ni-O-P-Pb-S-Sb-Sn-Te-Ti-V-W-Zn-Zr 系统的自洽热力学描述。设计数据库的目的是用于与 SoG-Si 材料相关的成分空间，动力学数据库与热化学数据库共用相同的系统。固相和液相 Si 中 Ag、Al、As、Au、B、Bi、C、Co、Cu、Fe、Ga、Ge、In、Li、Mg、Mn、N、Na、Ni、O、P、Sb、Te、Ti、Zn 的杂质扩散率和 Si 的自扩散率得到大量研究。数据库能够给出 Si 基多组元系统中的平衡关系。热化学数据库已经进一步扩展，以模拟液相 Si 基熔体的表面张力。很多表面相关特性，例如温度梯度、成分梯度、表面过剩量、甚至表面偏析引起的驱动力，都可以直接从数据库获得。通过耦合兰茂尔-麦克林偏析模型，多晶硅中非掺杂元素的晶界偏析也可能通过被评估的热化学特性进行计算。

## 13.1 概论

冶金级硅 MG-Si，即含量 98%的 Si，主要作为合金元素用于制铝产业、硅胶生产以及电子产业和光伏产业的高纯硅原材料。这些不同的市场具有非常不同的质量要求。太阳能级硅 SoG-Si 要求总杂质水平低于 1 ppm，而普通还原炉生产的 Si 不能够达到这样的要求，除非进行高强度的提纯。为光伏市场供应的高纯硅至今仍然依赖于高能量消耗的西门子法，而西门子法原来的用途是生产电子级硅(electronic grade Si，EG-Si)，EG-Si 的纯度要求比 SoG-Si 高数个数量级。为了扩展光伏市场，人们发展了更廉价的新型冶金法和硫化床技术路线生产 SoG-Si。

生产和提纯硅原料达到很高的纯度非常依赖于 SoG-Si 常见微量元素的热力学、动力学和其他物理数据的可用性和可靠性。例如，对 Si 基系统相图和热化学特性的了解很重要，可以为工艺分析提供边界条件。但是，这些元素在 ppm 和 ppb 范围的热力学和动力学数据很稀少，并且不太可靠。更重要的是，据我们所知，还没有专门的 SoG－Si 数据库存在，所以需要有人收集并且优化关于高纯 Si 合金的现有数据。

在本章中，我们将介绍 Si－Ag－Al－As－Au－B－Bi－C－Ca－Co－Cr－Cu－Fe－Ga－Ge－In－Li－Mg－Mn－Mo－N－Na－Ni－O－P－Pb－S－Sb－Sn－Te－Ti－V－W－Zn－Zr 系统的自洽热力学描述。被估定的数据库设计为在 SoG－Si 相关的成分空间使用。被估定的动力学数据库包含了与热化学数据库相同的体系。固相和液相 Si 中 Ag、Al、As、Au、B、Bi、C、Co、Cu、Fe、Ga、Ge、In、Li、Mg、Mn、N、Na、Ni、O、P、Sb、Te、Ti、Zn 的杂质扩散率和 Si 的自扩散率(self diffusivity)得到大量研究。热化学数据库被进一步扩展，用于模拟液相 Si 基熔体的表面张力。通过耦合兰茂尔-麦克林偏析模型(Langmuir－McLean segregation model)，多晶硅中非掺杂元素的晶界偏析也可能通过被评估的热化学特性进行计算。

## 13.2 热化学数据库

Al、B、C、Fe、N、O、P、S 和 Ti 是太阳能级硅 SoG－Si 原料中常见的杂质。As 和 Sb 是常用的掺杂剂。过渡元素(Co、Cu、Cr、Fe、Mn、Mo、Ni、V、W 和 Zr)，碱和碱土杂质(Li、Mg 和 Na)，以及 Bi、Ga、Ge、In、Pb、Sn、Te 和 Zn 也可能出现在 SoG－Si 原料中。挪威科技工业研究院 SINTEF 最近发展了包含这些元素的热化学数据库，被估定的数据库设计为在 SoG－Si相关的成分空间使用。评估了所有二元子系统和数个关键三元子系统，计算结果已经被文献中可靠的实验结果证实。热化学数据库能够给出 Si 基多组元系统中的平衡关系。

如图 13.1 所示，SoG－Si 材料中杂质的成分空间从 ppb 到数%。热化学数据库包含了所有 33 种 Si -杂质二元系统。在这 33 种 Si 基二元系统中，Si－Al、Si－As、Si－B、Si－C、Si－Fe、Si－N、Si－O、Si－P、Si－S、Si－Sb 和 Si－Te 系统已经基于被评估实验信息，在热力学上被重新优化。因为 SoG－Si 原料中杂质的热力学计算在本质上通常是多维的，其他 36 种二元系统的吉布斯能也被包括在热化学数据库中。这样，其他杂质对 SoG－Si 材料中主要杂质相平衡的作用能够得到可靠的评估。对于 Si 基多组元系统，已经使用实验数据对热化学数据库进行了系统验证。验证的实例将在下文中给出。

### 13.2.1 热力学描述

#### 13.2.1.1 元素和化学计量化合物

元素 $i$ 的吉布斯能(Gibbs energy of element i，${}^{0}G_i^{\phi}$)是关于温度 $T$ 的函数：

$$ {}^{0}G_i^{\phi}(T) = a + bT + c\ln(T) + \mathrm{d}T^2 + fT^{-1} + \cdots \tag{13.1} $$

式中，$\varphi$ 为金刚石固相(solid diamond phase)，液相或体心立方(body-centered cubic，bcc)等；以上表达中的各系数由 Dinsdale 给出[1]。

化学计量化合物 $A_pB_q$ 的吉布斯能(Gibbs energy of stoichiometric compound $A_pB_q$，$G^0_{A_pB_q}$)为：

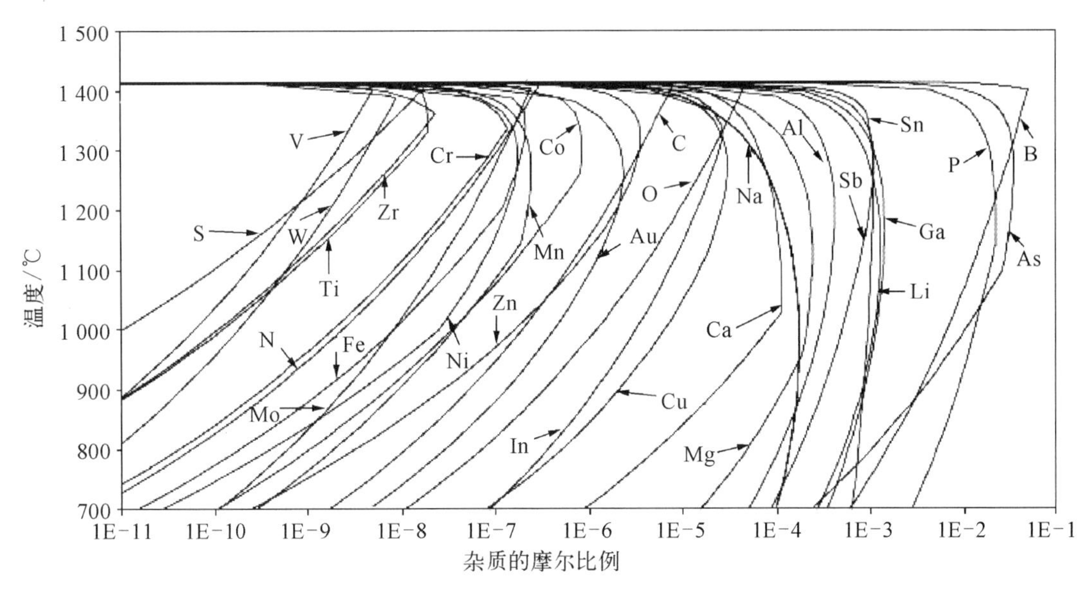


图13.1　计算得到固相Si中的杂质溶解度

$$G_{A_pB_q}(T)=p^0G_A^\phi+q^0G_B^\phi+\Delta_fG_{A_pB_q}^0(T) \tag{13.2}$$

式中，$\Delta_fG_{A_pB_q}^0(T)$是形成化合物的吉布斯能，类似于式(13.1)给出的形式。具有较窄同质性的化合物，例如$SiB_3$和$SiB_6$，在热化学数据库中作为相同化学计量化合物处理。

13.2.1.2　*溶液*

可以用简单的多项式描述液相Si基溶液(这里标记为上角“$l$”)，多项式表达基于随机混合的物质溶液。相同的模型还可以应用于金刚石结构富Si固相，标记为上角“$s$”。Si基液相和固相的吉布斯能可以由以下方程给出：

$$G_m^\phi=x_{Si}^\phi G_{Si}^\phi+\sum_{i\neq Si}x_i^{\phi\,0}G_i^\phi+RT\sum_i x_i^\phi\ln x_i^\phi+{}^{Ex}G_m^\phi(\phi=l,\ s) \tag{13.3}$$

式中，${}^0G_{Si}^\phi$和${}^0G_i^\phi$分别是在非磁性状态下Si和元素“$i$”的$\varphi$相摩尔吉布斯能；$x_{Si}^\phi$和$x_i^\phi$分别是Si的摩尔比例和元素“$i$”的摩尔比例；第二项是理想混合的贡献。过剩吉布斯能(excess Gibbs energy，${}^{Ex}G_i^\phi$)可以表达为瑞德利奇-基斯特多项式(Redlich - Kister polynomial)：

$$L_{ij}^\phi=\sum_{k=0}^{n}{}^kL_{ij}^\phi\ (x_i^\phi-x_j^\phi)^k \tag{13.4}$$

因为太阳能级硅SoG - Si中的杂质浓度在ppb到百分数(%)范围，所以没有必要考虑三元相互作用的参数。具有$n$个元素多组元系统的杂质$i$活度系数$\gamma_i^\phi$由求微分得到：

$$\begin{aligned}RT\ln\gamma_i^\phi={}&{}^0L_{Si-i}^\phi x_{Si}^\phi(1-x_i^\phi)+\sum_{k=1}^{n}{}^kL_{Si-i}^\phi x_{Si}^\phi\ (x_i^\phi-x_{Si}^\phi)^{(k-1)}[(k+1)(1-x_i^\phi)(x_i^\phi-x_{Si}^\phi)+\\&kx_{Si}^\phi]+\sum_{j\neq i,\ Si}\{{}^0L_{ij}^\phi x_j^\phi(1-x_i^\phi)+\sum_{k=1}^{n}{}^kL_{ij}^\phi x_i^\phi\ (x_i^\phi-x_j^\phi)^{(k-1)}\\&[(k+1)(1-x_i^\phi)(x_i^\phi-x_j^\phi)+kx_j^\phi]\}-\\&\sum_{j\neq i}\sum_{l\neq i}x_j^\phi x_l^\phi\left[{}^0L_{jl}^\phi+\sum_{k=1}^{n}{}^kL_{jl}^\phi\ (x_j^\phi-x_l^\phi)^k(k+1)\right]\quad(\phi=l,s)\end{aligned} \tag{13.5}$$

对于 SoG-Si 材料，$x_i^{\phi} \to 0$ 并且 $x_{\mathrm{Si}}^{\phi} \to 1$，杂质 $i$ 活度系数 $\gamma_i^{\phi}$ 可以近似为亨利活度系数(Henry's activity coefficient)：

$$\gamma_i^{\phi} \approx \exp\left(\sum_{k=0}^{n} {}^{k}L_{\mathrm{Si}-i}^{\phi}/RT\right) \quad (\phi = l, s) \tag{13.6}$$

13.2.1.3 溶解度

溶解度需要根据第二种沉淀相来定义。一种杂质的溶解度是能够加入液相或固相而不产生第二种沉淀相的最大浓度。对于高温下固相 Si 中的多数杂质，在相图中液相线控制下与液相达到平衡。固相溶解度是与温度相关的，由相图中的固相线或溶解度曲线表示。在更低的温度，参考相(reference phase)通常是化合物或富杂质合金。当杂质具有挥发性，饱和晶体与气相平衡，杂质溶解度也依赖于蒸汽压。

对于通常发生在低于共晶温度 $T_{\mathrm{eu}}$ 的固相-固相或固相-气相平衡，溶解度能够用阿累尼乌斯型方程描述。对于高于共晶温度 $T_{\mathrm{eu}}$ 的固相-液相平衡，温度依赖关系更加复杂，将在下文中详细讨论。

13.2.1.4 平衡分配系数

液相-固相界面的偏析效应由平衡分配系数 $k_i^{\mathrm{eq}}$ 控制，而平衡分配系数 $k_i^{\mathrm{eq}}$ 是固相线摩尔比例 $x_i^s$ 和液相线摩尔比例的 $x_i^l$ 原子比例的比值：

$$k_i^{\mathrm{eq}} = x_i^s / x_i^l \tag{13.7}$$

接近于熔点的平衡分配系数也称为配分系数。因为配分系数控制了晶体生长和区域提纯过程中晶体的杂质加入量，所以配分系数是可以从热化学数据库获得的最重要参数之一。值得注意的是，体积浓度 $\mathrm{cm}^{-3}$ 比例确定的分配系数也可以表达为液相 Si 密度 $d_{\mathrm{Si}}^{\mathrm{liq}}$ 和固相 Si 密度 $d_{\mathrm{Si}}^{\mathrm{sol}}$ 比例确定的分配系数：

$$k_{\mathrm{eq}}^{\mathrm{V}} = (d_{\mathrm{Si}}^{\mathrm{liq}} / d_{\mathrm{Si}}^{\mathrm{sol}}) k_{\mathrm{eq}} \approx 1.1 k_{\mathrm{eq}} \tag{13.8}$$

在这种情况下应用相平衡规则，得到确定平衡分配系数的公式：

$$k_{\mathrm{eq}} = \frac{\gamma_i^l}{\gamma_i^s} \exp\left(\frac{\Delta^0 G_i^{\mathrm{fus}}}{RT}\right) \tag{13.9}$$

式中，$\Delta^0 G_i^{\mathrm{fus}}$ 是杂质 $i$ 混合吉布斯能。杂质“$i$”在液相和固相中的活度系数 $\gamma_i^l$ 和 $\gamma_i^s$ 分别由式(13.6)确定。

13.2.1.5 退缩性溶解度

退缩性溶解度(retrograde solubility)描述了共晶温度 $T_{\mathrm{eu}}$ 以上固相中杂质浓度的变化，即 Si 的熔点 $T_{\mathrm{m}}$ 以下共晶温度 $T_{\mathrm{eu}}$ 以上最大退缩性温度 $T_{\max}$ 能够观察到的最大溶解度。在这种经常遇到的情况下，杂质倾向于在冷却过程中沉淀。

Weber[2] 提出了一个确定最大退缩性温度 $T_{\max}$ 的公式，假设杂质在液相溶液中表现得理想，在固相中表现得规则，则

$$T_{\max}=\frac{\Delta H_{\mathrm{Si}}^{\mathrm{m}}/k_{i}^{\mathrm{eq}}}{\Delta H_{\mathrm{Si}}^{\mathrm{m}}/k_{i}^{\mathrm{eq}}-\ln\left[\dfrac{\Delta H_{i}^{s,l}}{\Delta H_{i}^{s,l}+\Delta H_{\mathrm{Si}}^{\mathrm{m}}}\right]} \tag{13.10}$$

根据热力学，退缩性溶解度要求固溶体混合焓 $\Delta H_{i}^{s,l}$ 为较大的正值。

退缩性溶解度能够应用于太阳能级硅 SoG－Si 材料中杂质的凝固提纯。Yoshikawa 和 Morita 提出通过加入 Al 和 Ti 去除 B[3,4] 和 P[5] 的方法。Shimpo 等[6] 和 Inoue 等[7] 报道了加入 Ca 的方法从 Si 中去除 B 和 P。

### 13.2.2　典型实例

本节将简要地介绍 Si－Al、Si－As、Si－B、Si－C、Si－Fe、Si－N、Si－O、Si－P、Si－S 和 Si－Sb 系统的评估。图表给出了热化学数据库计算结果的典型实例。

主要基于实验溶解度数据的报道，对 Si－Al 二元系统进行了重新评估。作为数据来源的报道为 Miller 和 Savage[8]、Navon 和 Chernyshov[9]、Lozovskii 和 Udyanskaya[10]、Yoshhikawa 和 Morita[11]。Miki 等[12,13] 和 Ottem[14] 测量的液相 Si 中 Al 的活性也在热力学评估中进行了考虑。图 13.2 是 Si－Al 系统富 Si 部分的相平衡计算结果。

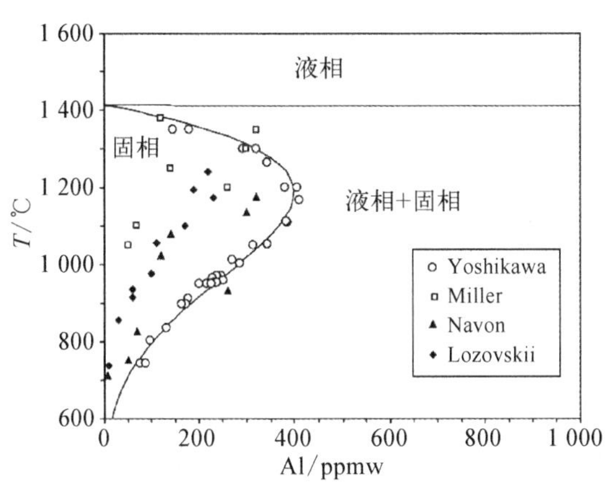


图 13.2　在富 Si 区域被评估 Si－Al 系统的平衡相图以及相关实验数据[8~14]

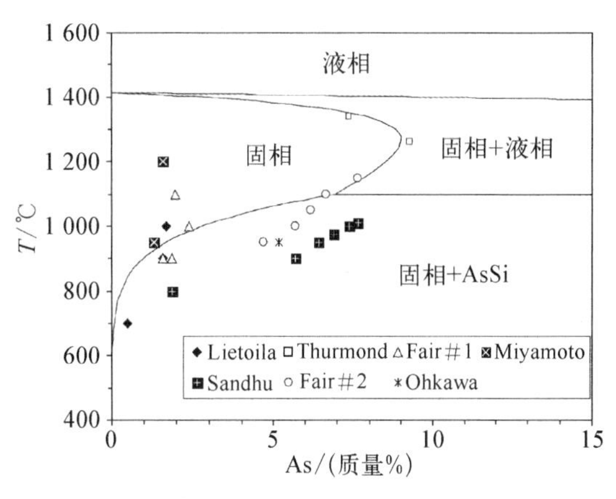


图 13.3　在富 Si 区域被评估 Si－As 系统的平衡相图以及相关实验数据[16~23]

Si－As 系统也被重新评估，使用的相平衡数据来自 Klemm 和 Pirscher[15]、Ugay 和 Miroshnichenko[16] 和 Ugay 等[17] 的报道。As 溶解度数据由 Trumbore[18]、Sandhu 和 Reuter[19]、Fair 和 Weber[20]、Ohkawa 等[21]、Fair 和 Tsai[22] 以及 Miyamoto 等[23] 的测量。活性数据由 Reuter[19]、Ohkawa 等[21] 和 Belousov[24] 给出。这些 As 溶解度数据和活性数据也被用于热力学“优化”。图 13.3 是富 Si 区域 Si－As 相图的计算结果。

Si－B 系统的重新评估主要基于 Fries 和 Lukas[25] 给出的模型参数。液相和金刚石固相热力学特性已经得到修正。用于确定模型参数的数据为 Brosset 和 Magunsson[26]、Armas 等[27] 和 Male 和 Salanoubat[28] 报道的实验液相线数据，Trumbore[18]、Hesse[29]、Samsonov 和 Sleptsov[30]、Taishi 等[52] 报道的固相溶解度数据，以及 Zaitsev 等[32]、Yoshikawa 和 Morita[33]、Inoue 等[7] 以及 Noguchi 等[31] 测量的液相中 B 活性。图 13.4 是在富 Si 的 Si－B 系统中被评估的平衡相图。

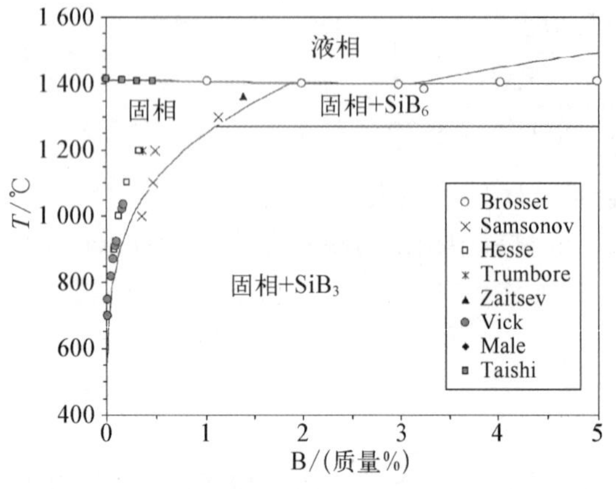


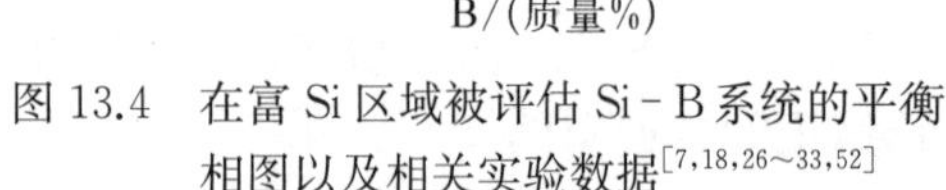

图 13.4　在富 Si 区域被评估 Si－B 系统的平衡相图以及相关实验数据[7,18,26~33,52]

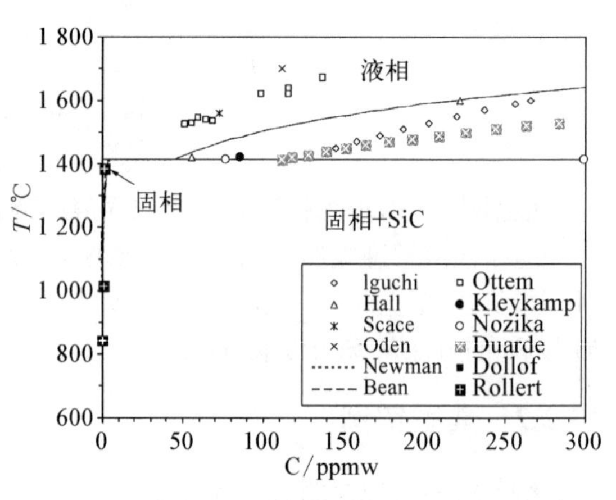


图 13.5　在富 Si 区域被评估 Si－C 系统的平衡相图以及相关实验数据[14,34~41,43]

Si－C 系统的最新评估主要基于 Scace 和 Slack[34]、Hall[35]、Iguchi[36]、Kleykamp 和 Schumacher[37]、Oden 和 McCune[38] 以及 Ottem[14] 给出的液相溶液中 SiC 溶解度实验数据。Nozaki 等[39]、Bean[40] 和 Newman[41] 给出的固相溶解度数据被用于确定固相溶液的特性。Nozaki 等[39] 和 Hall[35] 报道的共晶成分以及 Scace[34] 和 Kleykamp[37] 确定的包晶相变温度(peritectic transformation temperature)也被用于热力学优化。SiC 化合物的热力学描述由早先的评估得到[42]。计算得到液相和固相 Si－C 溶液中的 SiC 溶解度与实验数据进行了比较，如图 13.5 所示。计算得到液相 Si 中的 SiC 溶解度已经被最近 Dakaler 和 Tangstad[43] 的测量所确认。

Istratov 等[44] 回顾了固相 Si 中 Fe 溶解度的实验信息。Trumbore[18]、Feichtinger[45] 和 Lee 等[46] 报道了共晶温度以上 Fe 的退缩性溶解度。Mchugo 等[47]、Colas 和 Weber[48]、Weber[49]、Struthers[50]、Nakashima 等[51]、Lee 等[46] 和 Gills 等[52] 研究了共晶温度以下 Fe 的溶解度。使用以上实验相平衡信息，优化了金刚石固相的热力学描述。Lacaze 和 Sundman[53] 优化了液相Si－Fe过剩吉布斯能的各参数，优化过程主要基于 Chart[54] 的评估。Miki 等[55] 和 Hsu 等[56] 给出了熔化 Si 中 Fe 的热力学特性测量，测量结果可以使用被评估模型参数再现。图 13.6 是最新评估的在感兴趣温度范围内富 Si 的 Si－Fe 系统平衡相图。

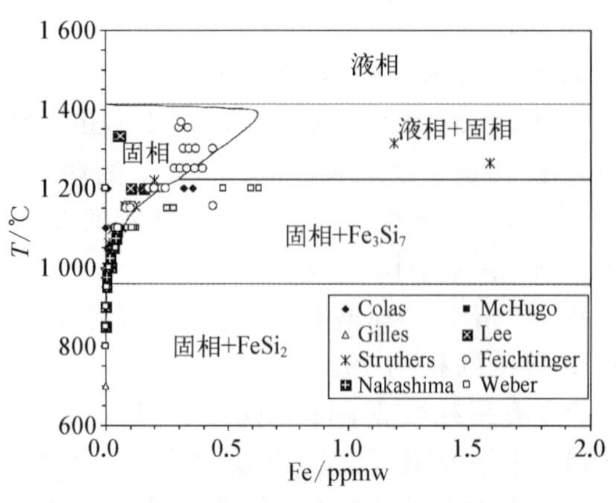


图 13.6　在富 Si 区域被评估 Si－Fe 系统的平衡相图以及相关实验数据[18,33,45~55,57]

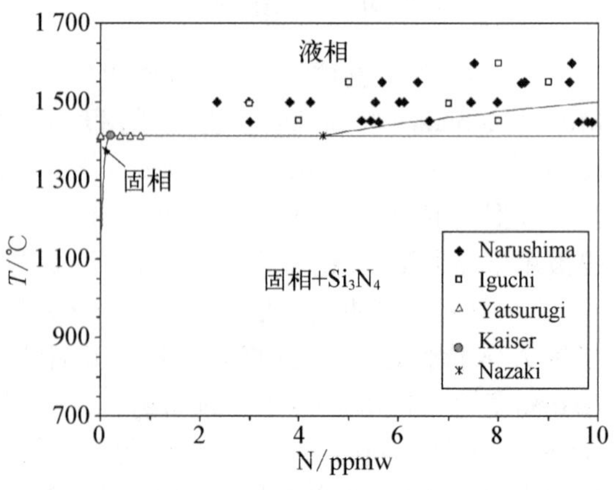


图 13.7　在富 Si 区域被评估 Si－N 系统的平衡相图以及相关实验数据[36,58~60]

图 13.7 是重新评估的 Si - N 相图。评估使用的液相溶解度数据来自 Yatsurugi 等[58]、Narushima 等[59]、Kaiser 和 Thurmond[60]以及 Iguchi 等[36]。Yatsurugi 等[58]确定了固相 Si 中 $Si_3N_4$的溶解度。$Si_3N_4$化合物的热力学特性的评估基于美国国家标准与技术研究院 (National Institute of Standard and Technology, NIST) 的 JANAF 热化学表 (JANAF thermochemical table)[61]。

热化学数据库还包括了 Schnurre 等[62]评估的 Si - O 系统。图 13.8 是 Si - O 系统的稳定平衡相图以及相关实验数据[58,63~68]。$SiO_2$具有晶体、鳞石英 (tridymite) 和石英 3 种状态。

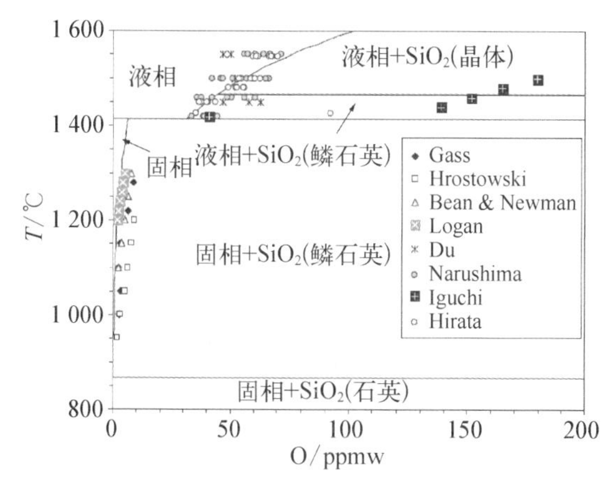


图 13.8　在富 Si 区域被评估 Si - O 系统的平衡相图以及相关实验数据[58,63~68]

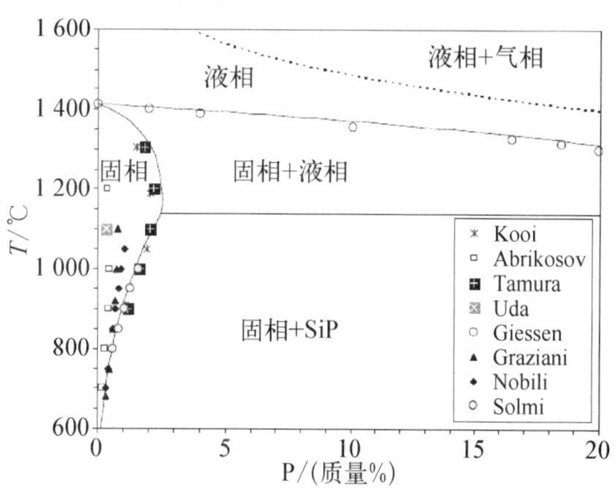


图 13.9　在富 Si 区域被评估 Si - P 系统的平衡相图以及相关实验数据[69~78,80]

Zaitsev 等[69]、Carlsson 等[70]、Giessen 和 Vogel[71]、Korb 和 Hein[72]、Miki 等[73]、Anusionwu 等[74]、Ugai 等[75]、Uda 和 Kamoshida[76]、Kooi[77]、Abrikosov 等[78]、Solmi 等[79]以及 Tamura[80]报道了 P 在液相 Si 和固相 Si 中的溶解度。图 13.9 是用现有热化学数据库计算得到的部分 Si - P 相图。

Si - S 系统的评估主要基于 Carlson 等[81]报道的固相溶解度，还考虑了 Rollert 等[82]和 Migliorato 等[83]报道的溶解度极限。

评估 Si - Sb 系统主要基于 Rohan 等[84]、Thurmond 和 Kowalchik[85]、Song 等[86]、Nobili 等[87]以及 Sato 等[88]的实验工作，如图 13.10 所示。Trumbore 等[89]还给出了平衡分配系数关于 Sb 含量的函数。

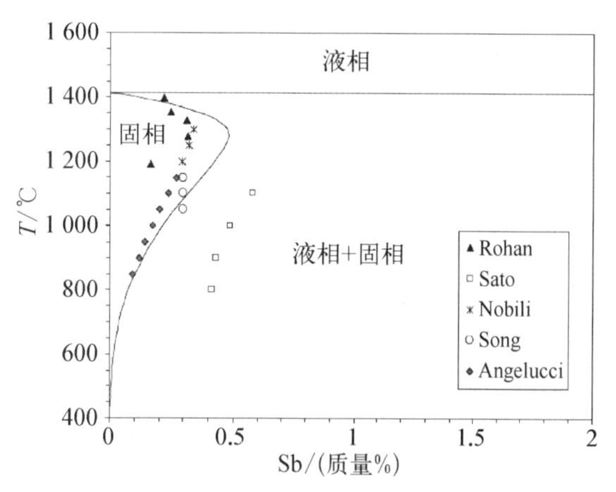


图 13.10　在富 Si 区域被评估 Si - Sb 系统的平衡相图以及相关实验数据[84~88]

## 13.3 动力学数据库

### 13.3.1 杂质扩散率

固相扩散的机理是人们所熟知的。固相 Si 中的杂质扩散率 $D_i$ 通常用阿累尼乌斯型方程描述：

$$D_i = D_0 \exp\left(-\frac{E_A}{k_B T}\right) \tag{13.11}$$

式中，$D_0$ 是杂质扩散率前指数因子；$E_A$ 是激活能，通常以 eV 表示；$k_B$ 是玻尔兹曼常数；$T$ 是绝对温度。

如果是焦耳单位激活能(activation energy in Joule，$Q_A$)，杂质扩散率式(13.11)需要改写为：

$$D_i = D_0 \exp\left(-\frac{Q_A}{RT}\right) \tag{13.12}$$

式中，$R$ 是气体常数。杂质扩散率前指数因子 $D_0$ 和焦耳单位激活能 $Q_A$ 通常能够根据一系列温度的扩散系数的测量确定。

因为液相扩散的机理还没有被完全建立，阿累尼乌斯型方程仍然是液相中杂质扩散率 $D_i$ 的标准描述[90,91]。杂质扩散率前指数因子 $D_0$ 和激活能 $E_A$ 能够从实验数据拟合，或者在没有实验数据时依据第一性原理模拟(first principle simulation)[92~94]和理论估算[95,96]。

在理论处理扩散反应的过程中，我们通常计算由实验测量估算的扩散系数。在多组元系统中，需要估算大量的扩散系数，而这些扩散系数通常是合金成分的相关函数。从而，动力学数据库将变得相当复杂。一种更好的方式是在动力学数据库中保存原子迁移率，而不是扩散系数。因为参数相互独立，多组元系统中需要保存的参数数量将大幅减小。模拟中使用的扩散系数可以通过热力学因子和动力学因子的乘积获得。热力学因子是摩尔吉布斯能关于浓度的二阶导数，可以通过系统的热力学评估得到。动力学因子包含动力学数据库中保持的原子迁移率。

根据绝对反应速率理论的观点，B 元素的迁移率系数(mobility coefficient，$M$)表达为：

$$M = M_0 \exp\left(-\frac{Q_A}{RT}\right)\left(\frac{1}{RT}\right)^{\mathrm{mg}} \Gamma \tag{13.13}$$

式中，$M_0$ 是迁移率系数前指数因子；$M_0$ 和 $Q_A$ 都依赖于成分、温度和压强。

被评估的动力学数据库包含热化学数据库相同的系统，固相 Si 和液相 Si 的杂质扩散率分别如图 13.11 和图 13.12 所示。固相 Si 和液相 Si 中 Al、As、B、C、Fe、N、O、P 和 Sb 的杂质扩散率得到大量的研究。杂质扩散率的评估方法基本上与热力学特性相同。实验数据首先从文献中被收集。然后，对每一份被选择的实验信息给出一个特定的加权因子(weight factor)。最后，改变加权因子，直到大多数被选择实验数据可以再现。

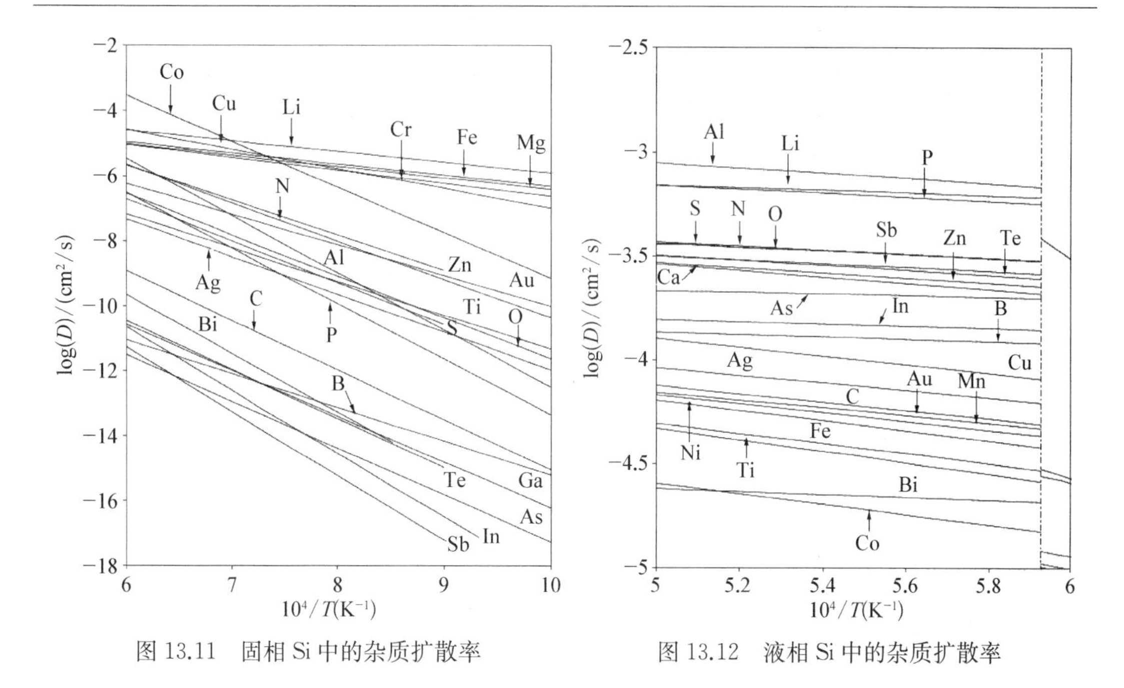


图 13.11　固相 Si 中的杂质扩散率　　　图 13.12　液相 Si 中的杂质扩散率

## 13.3.2　典型实例

本节将简要地介绍固相 Si 和液相 Si 中 Al、As、B、C、Fe、N、O、P 和 Sb 的被评估杂质扩散率。测量得到的液相 Si 中杂质扩散率用误差棒(error bar)表示。

在固相 Si 中 Al 杂质扩散率主要基于相关文献的实验数据[8,97~107]。对于液相 Si 中的 Al 杂质扩散率,数据由 Kodera[107] 估测,之后由 Garandet[106] 进一步修正。Iida 等[96] 使用理论方法估测了温度对液相杂质扩散率的作用。图 13.13 评估的是固体 Si 与液体 Si 中 Al 杂质扩散率。

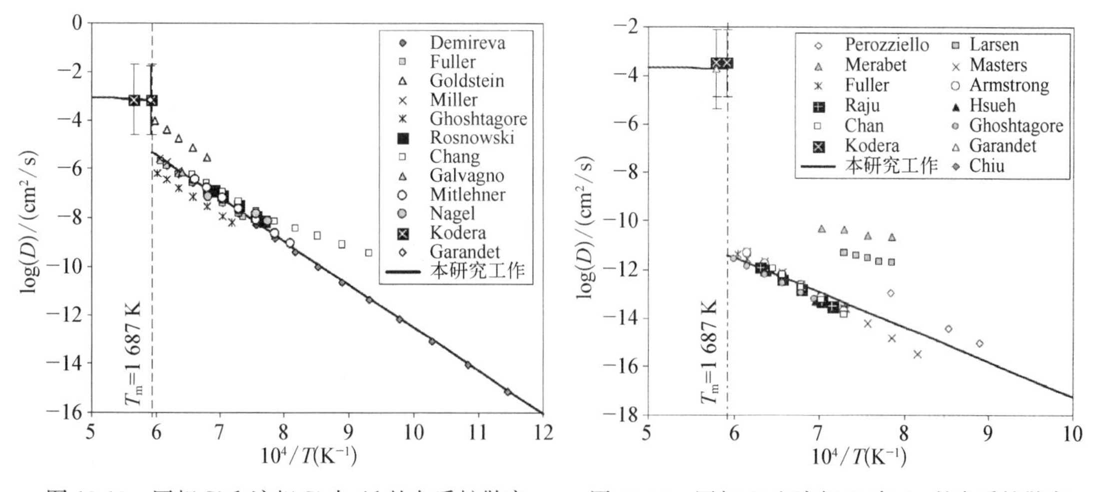


图 13.13　固相 Si 和液相 Si 中 Al 的杂质扩散率以及相关实验数据[8,97~107]

图 13.14　固相 Si 和液相 Si 中 As 的杂质扩散率以及相关实验数据[98,106~116]

图 13.14 和图 13.15 分别是固相 Si 和液相 Si 被评估中 As 的杂质扩散率和 B 杂质的扩散率,添加了文献报道的实验数值[98,106~125]。

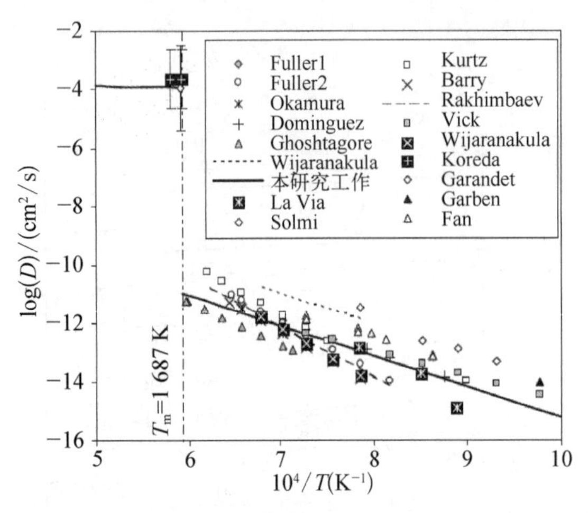


图 13.15　固相 Si 和液相 Si 中 B 的杂质扩散率以及相关实验数据[98,106,107~125]

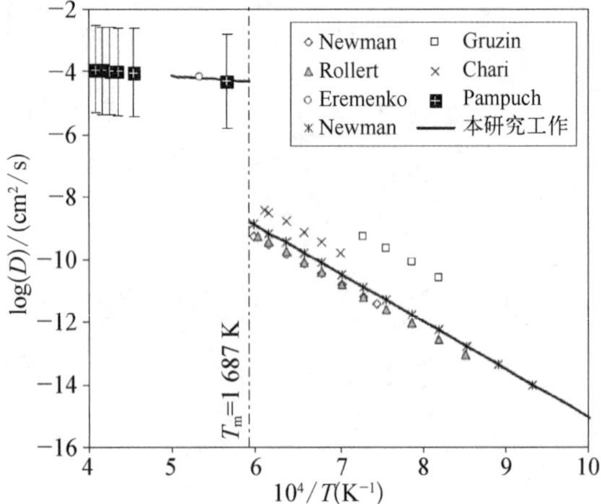


图 13.16　固相 Si 和液相 Si 中 C 的杂质扩散率以及相关实验数据[41,126~128]

C 同时以置换机制和间隙机制在固相 Si 中扩散。已经得到实验确认，C 在高温下会以置换原子的形式在固相 Si 中扩散[41]。Pampuch 等[126]测量的液相 Si 中 C 杂质扩散率被用于现在的动力学数据库中。图 13.16 是固相 Si 和液相 Si 中被评估 C 杂质扩散率。

高温下的 Fe 杂质扩散率测量方法为放射性示踪法得到的 Fe 的扩散分布[50,52,129,130]，或深能级瞬态谱(Deep Level Transient Spectroscopy，DLTS)[131]。Struthers[50]在高温范围(1 100～1 270℃)完成了 Fe 杂质扩散测量。Uskov[132]在 1 200℃从单晶样品中根据 Fe 扩散的动力学测量了 Fe 的杂质扩散率。Antonova 等[133]测量了样品在 1 000～1 200℃退火后的 Fe 扩散深度分布。Isobe 等[131]通过 DLTS 测量，在 800℃，900℃，1 000℃和 1 070℃确定了 Fe 在 Si 中向内扩散深度分布。Gilles[52]使用放射性示踪法，确定了 Mn，Fe 和 Co 的溶剂度和扩散系数对固相 Si 中 B，P 和 As 掺杂的依赖关系。在 920℃测量得到的 Fe 杂质扩散率结果与 Weber[2]给出的被评估数值能够较好地吻合。图 13.17 是 Fe 在固相 Si 和液相 Si 中测得的杂质扩散率。

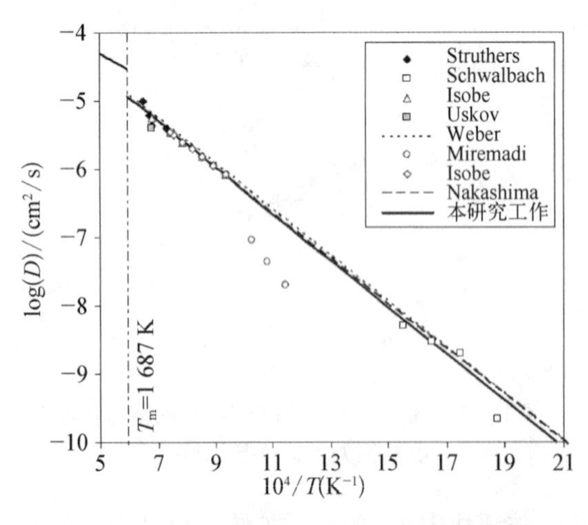


图 13.17　固相 Si 和液相 Si 中 Fe 的杂质扩散率以及相关实验数据[49,50,129,131,132,134,135]

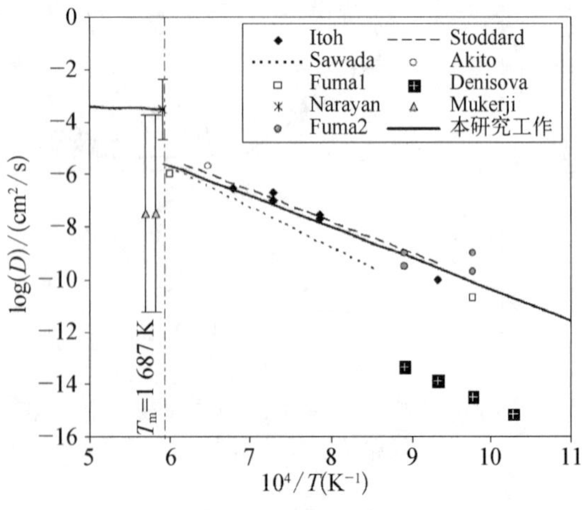


图 13.18　固相 Si 和液相 Si 中 N 的杂质扩散率以及相关实验数据[136~142]

文献中关于固相 Si 和液相 Si 中 N 杂质扩散率的实验数据不多[136~142]。Mukerji 和 Biswas[142] 报道的液相 Si 中 N 杂质扩散率比固相 Si 中 N 杂质扩散率低数个数量级。Narayan 等给出的估算数值也在本研究工作中使用。图 13.18 总结了固相 Si 和液相 Si 中的 N 杂质扩散率的实验数据和评估值。

固相 Si 中 O 的杂质扩散率在近数十年被大量地研究。图 13.19 是固相 Si 和液相 Si 中的 O 杂质扩散率。

最后，固相 Si 和液相 Si 中 P 和 Sb 的杂质扩散率也分别被评估，如图 13.20 和图 13.21 所示。

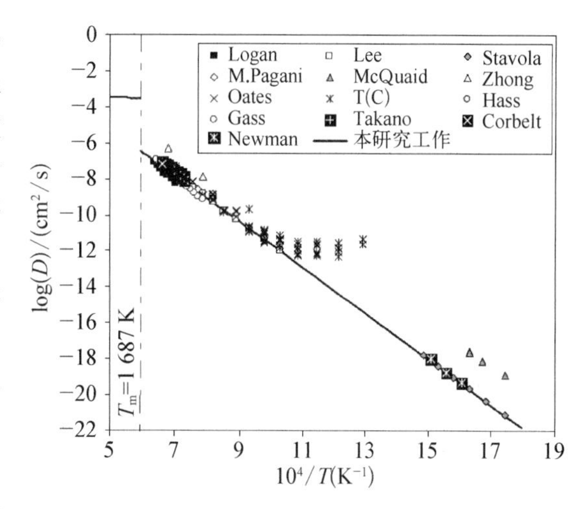


图 13.19　固相 Si 和液相 Si 中 O 的杂质扩散率以及相关实验数据[67,143~152]

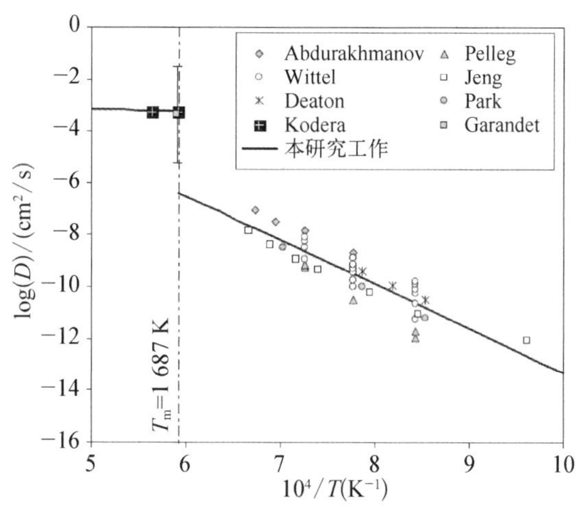


图 13.20　固相 Si 和液相 Si 中 P 的杂质扩散率以及相关实验数据[106,107,143~148]

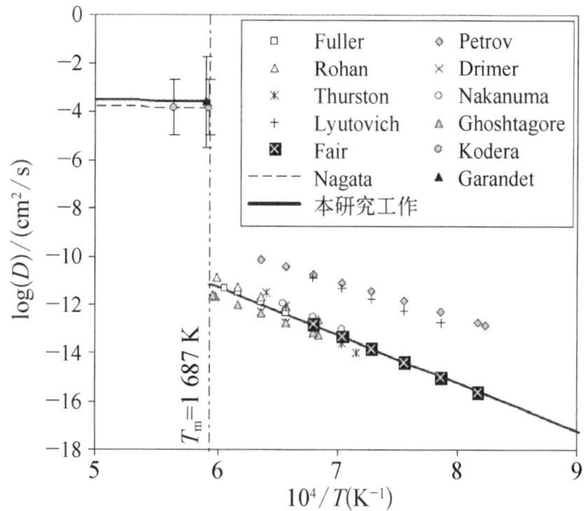


图 13.21　固相 Si 和液相 Si 中 Sb 的杂质扩散率以及相关实验数据[84,106,107,116,149~154]

## 13.4　应用热化学数据库和动力学数据库

### 13.4.1　溶解度和分配系数

液相和固相 Si 基溶液预测的估热力学特性能够直接应用于估算第三种元素对 Si 熔体中主要杂质溶解度的影响。例如，杂质元素 $i$ 对 C 在纯 Si 熔体中溶解度的影响能够用以下公式估算：

$$\ln x_{\mathrm{C}}^{l} \cong -\ln K_{\mathrm{SiC}}^{0} - \ln\gamma_{\mathrm{C}}^{l} + \sum_{i} x_{i}(\ln \gamma_{\mathrm{Si-C}}^{l} - \ln\gamma_{i-\mathrm{C}}^{l} + \ln \gamma_{\mathrm{Si}-i}^{l}) \qquad (13.14)$$

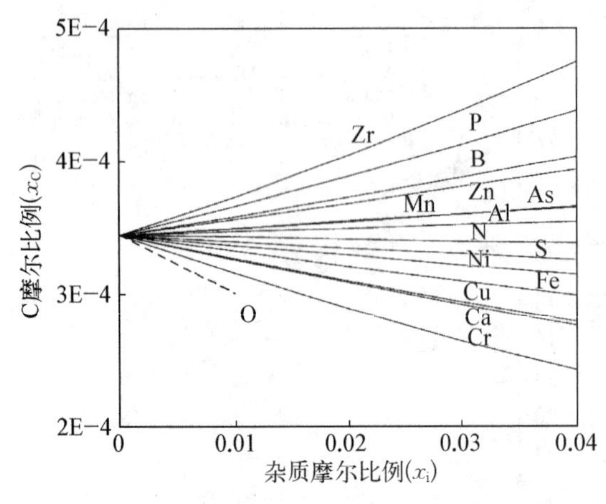


图 13.22　杂质元素对液相 Si 中 C 溶解度的影响

式中，$x_C^l$ 是 C 在液相 Si 中的摩尔比例；$K_{SiC}^0$ 是反应$\underline{C}+\underline{Si}=SiC_\beta$ 的平衡常数；$\gamma_C^l$、$\gamma_{Si-C}^l$、$\gamma_{i-C}^l$和 $\gamma_{Si-i}^l$分别是液相 Si 中 C、Si－C、$i$－C 和 Si－$i$ 的活度系数；$x_i$ 是杂质元素 $i$ 的摩尔比例。图 13.22 是杂质元素对纯 Si 中 C 溶解度的影响估算。加入 Zr，P，B，Zn，As，Mn 和 Al 会增加 C 的溶解度，而加入 O，Cr，Cu，Ca，Fe，Ni，S 和 N 会起到相反的影响。将这些结果与 Yanaba 等[155]报道的实验结果比较，模型计算是令人满意的。

因为太阳能级硅 SoG－Si 原材料中的杂质计算在本质上通常是多维的，非常需要估算其他杂质对纯 Si 中一种杂质的分配系数的影响。如果亨利活度系数 $\gamma_{i-j}^\varphi$ 已知，可以推导出一个简单的关系，来描述第二种杂质“$j$”对纯 Si 中第一种杂质“$i$”分配系数的作用：

$$\ln {}^3k_0^i \cong \ln {}^2k_0^i + x_j^l({}^2k_0^j \ln \gamma_{Si-j}^s - \ln\gamma_{Si-j}^l) = \ln {}^2k_0^i + x_j^l\Delta \tag{13.15}$$

式中，${}^2k_0^i$ 是“$i$”在 Si－$i$ 二元系统中的分配系数；${}^3k_0^i$ 是“$i$”在 Si－$i$－$j$ 三元系统中的分配系数。图 13.23 是纯 Si 中不同杂质的 $\Delta$ 计算值。纯 Si 中大多数常见杂质对于杂质分配系数具有正向贡献，也就是说，第二种杂质的出现会增加纯 Si 中第一种杂质的分配系数。

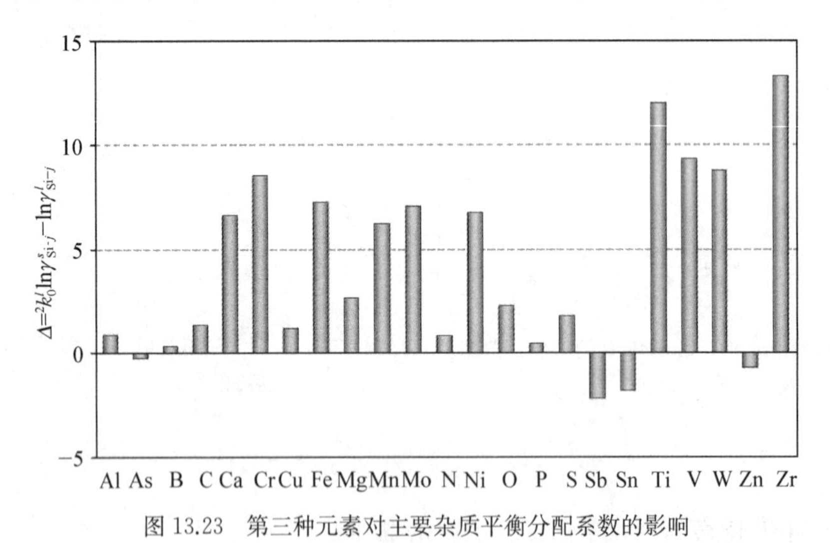


图 13.23　第三种元素对主要杂质平衡分配系数的影响

## 13.4.2　表面张力

单晶硅是现代光伏产业的重要基础材料之一。切克劳斯基法生长单晶硅受到热毛细对流(thermocapillary convection)的影响。在熔体自由表面的温度梯度和浓度梯度会引起表面张力驱动的马里哥尼流(Marangoni flow)。如果马里哥尼流足够大，将形成晶体缺陷。

基于静热力学处理[156,157]，假设体相和单层厚度表面相处于平衡状态。根据 Koukkari 和 Pajarre[158]的方案，在虚构的“表面”相引入虚构成分(fictiotious species)“$A$”，即“面积”“Area”的缩写。表面相的虚构成分为 $SiA_m$、$AlA_n$、$BA_p$、$CA_q$等。表面相成分的化学计量系数能够由纯元素"$i$"的摩尔表面面积(molar surface area, $A_i$)确定。表面相化学势(chemical potential in surface phase, $\mu_i^S$)和体相化学势(chemical potential in bulk phase, $\mu_i^B$)的关系为:

$$\mu_i^S = \mu_i^B + A_i \sigma_i \tag{13.16}$$

式中，$A_i$是纯元素"$i$"的摩尔表面面积；$\sigma_i$是元素"$i$"的表面张力。

根据文献给出的实验数值，并且使用专门的计算机代码，已经估算出亚稳态液相 B、C、O 和 N 的摩尔表面面积和表面张力。虚构成分 $A$ 的化学势(chemical potential of the fictitious component $A$, $\mu_A$)相当于液相熔体的表面张力。这样，多成分熔体的表面张力能够使用商业化热力学软件直接确定。例如，ChemSheet。图 13.24 是计算得到的 Si－B 和Si－C熔体的表面张力。

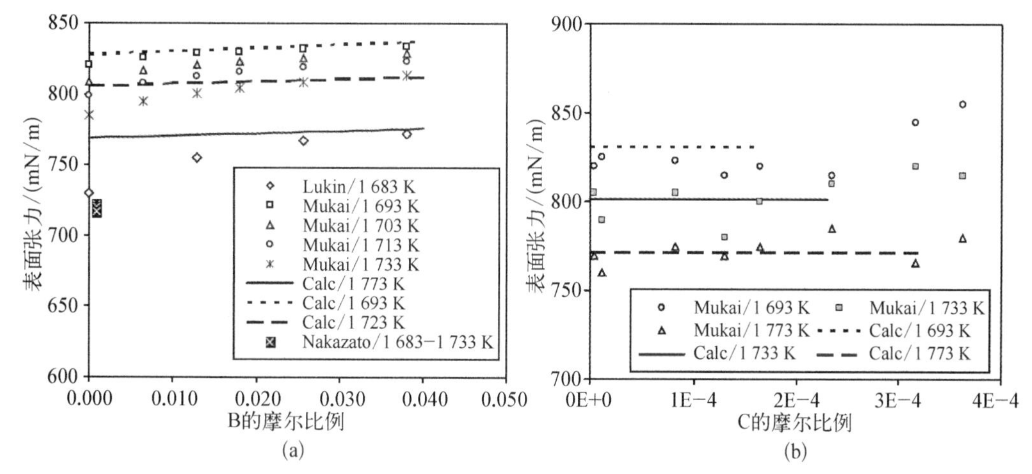


图 13.24　Si－B 系统和 Si－C 系统表面张力的计算结果

(a) Si－B 系统；(b) Si－C 系统

模拟得到 Si－O 熔体表面张力和温度梯度对 $O_2$分压(partial pressure of $O_2$, $P_{O_2}$)的依赖关系，如图 13.25 所示。其计算结果能够在其容限范围内再现实验数据[159～163]。

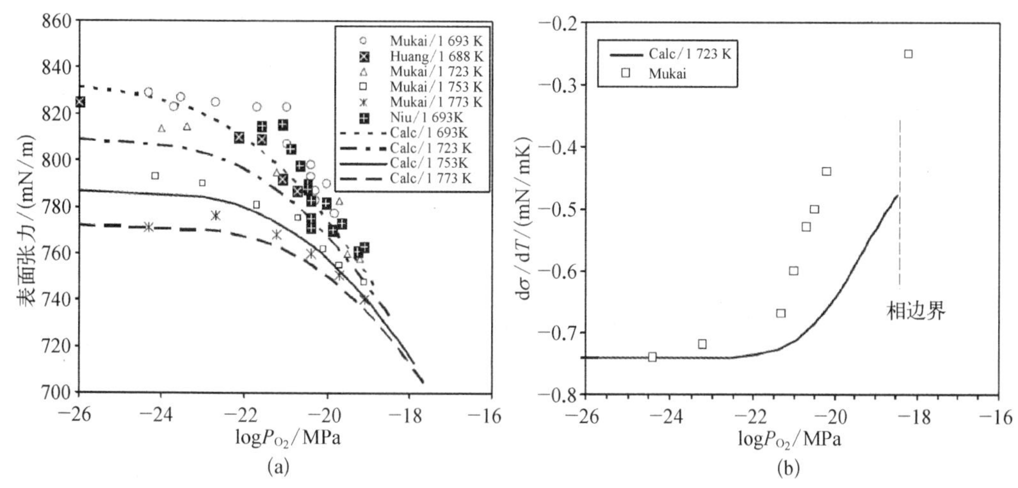


图 13.25　Si－O 熔体的表面张力和温度系数对 $O_2$分压 $P_{O_2}$ 的依赖关系

(a) 表面张力；(b) 温度系数

如果使用实现表面张力的 Si 基热化学数据库，可以获得很多表面相关特性。例如，温度梯度、成分梯度、表面过剩量（surface excess quantity），甚至表面偏析引起的驱动力。图 13.26 和图 13.27 分别是计算得到的 Si 熔体中各种杂质的温度梯度和成分梯度。Keene[164] 估算的成分梯度数值也在图 13.27 中给出，以便比较。除了表面张力，相应系统的相平衡和热化学特性也能够同时在计算中获得。这样可以提供更加有效、更加精确的方法来模拟真实问题。

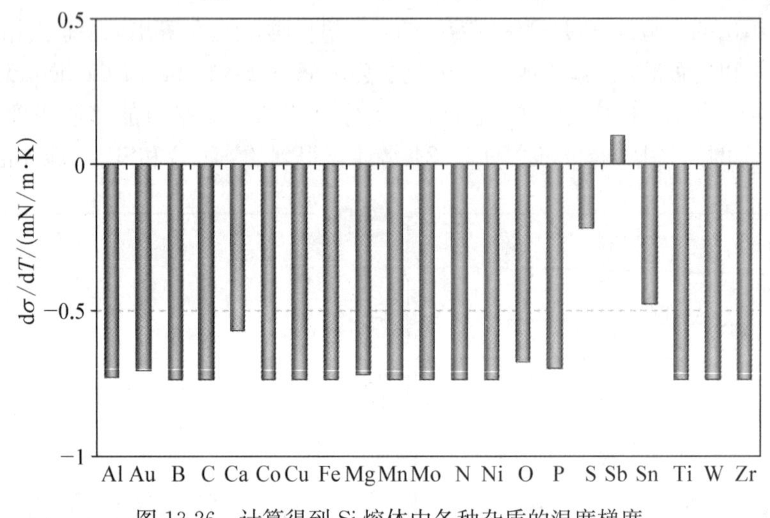


图 13.26　计算得到 Si 熔体中各种杂质的温度梯度

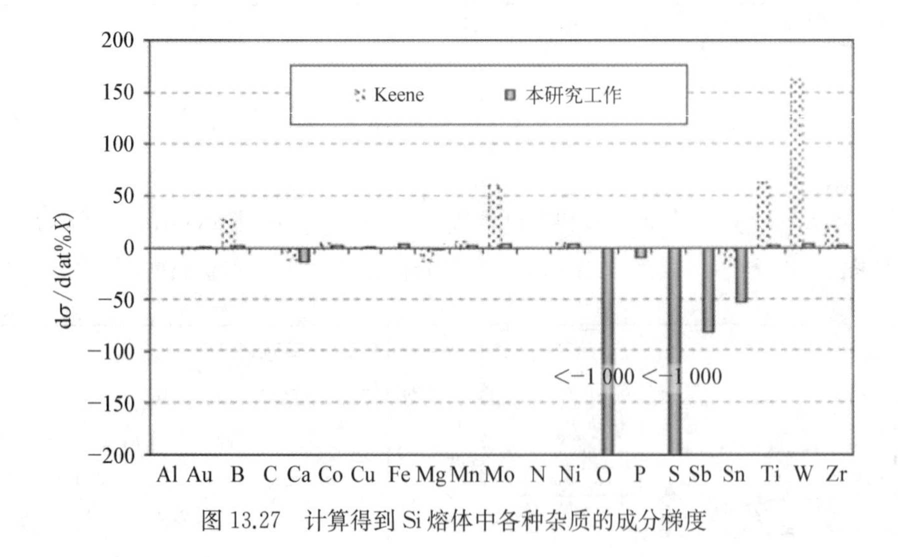


图 13.27　计算得到 Si 熔体中各种杂质的成分梯度

### 13.4.3　多晶硅中杂质的晶界偏析

多晶硅中杂质的晶界偏析对于 O 和其他非掺杂杂质的本征吸杂（intrinsic gettering）、过渡金属元素的俘获以及退火处理具有重大意义。原则上，存在两种主要方法对晶界偏析进行热力学描述：吉布斯吸附等温（Gibbs adsorption isotherm）和兰茂尔-麦克林偏析等温（Langmuir - McLean segregation isotherm）。吉布斯吸附等温基于界面能量随溶质体活性的变化而变化[165]。兰茂尔-麦克林偏析等温理论从吉布斯能最小值的角度描述了偏析平衡[166]。

在 $M-I$ 二元系统中，$I$ 是溶质，$M$ 是基质（matrix）。溶质 $I$ 在基质 $M$ 界面上的偏析能够表示为成分 $M$ 和 $I$ 在界面和晶体内部之间的交换。这种交换能够用以下“平衡反应”式描述：

$$M^{GB}+I=M+I^{GB} \tag{13.17}$$

在平衡状态，终态和初态的化学势应该相同：

$$\Delta G=(\mu_I^{0,GB}+\mu_M^0-\mu_M^{0,GB}+\mu_I^0)+RT\ln\left(\frac{a_I^{GB}a_M}{a_I a_M^{GB}}\right)=0 \tag{13.18}$$

假设标准偏析摩尔吉布斯能 $\Delta G_I^0$ 为

$$\Delta G_I^0=\mu_I^{0,GB}+\mu_M^0-\mu_M^{0,GB}-\mu_I^0 \tag{13.19}$$

那么，偏析方程的总体形式可以表达为

$$\frac{a_I^{GB}}{a_M^{GB}}=\frac{a_I}{a_M}\exp\left(-\frac{\Delta G_I^0}{RT}\right) \tag{13.20}$$

在 $M-I$ 二元系统中，$x_M=1-x_I$，式(13.20)可以重新表达为

$$\frac{x_I^{GB}}{1-x_I^{GB}}=\frac{x_I}{1-x_I}\exp\left(-\frac{\Delta G_I^0+\Delta G_I^E}{RT}\right) \tag{13.21}$$

式中，$\Delta G_I^E$ 是界面偏析过剩摩尔吉布斯能(excess molar Gibbs energy of interfacial segregation)，可以表达为

$$\Delta G_I^E=RT\ln\left(\frac{\gamma_I^{GB}\gamma_M}{\gamma_I\gamma_M^{GB}}\right) \tag{13.22}$$

如果多晶硅是太阳能级硅 SoG-Si，摩尔比例 $x_I^{GB}$ 和 $x_I$ 远小于 1。而且，如果杂质遵循式(13.6)的亨利活度系数规律，过剩摩尔吉布斯能 $\Delta G_I^E$ 对晶界偏析的影响可以忽略，那么式(13.21)可以简化为

$$\beta_I=\frac{x_I^{GB}}{x_I}\cong\exp\left(-\frac{\Delta G_I^0}{RT}\right)=\exp\left(\frac{\Delta S_I^0}{R}-\frac{\Delta H_I^0}{RT}\right) \tag{13.23}$$

式中，$\beta_I$ 是偏析比例；$\Delta H_I^0$ 是偏析焓（enthalpy of segregation）；$\Delta S_I^0$ 是偏析熵（entropy of segregation）。

Pizzlni 等[167]报道了多晶硅中 C、O 和 Si 的成分分布，使用二次离子质谱 SMIS 确定了界面偏析，估算了多晶硅中 C 和 O 的偏析焓 $\Delta H_I^0$ 和偏析熵 $\Delta S_I^0$，见表 13.1。

**表 13.1　多晶硅中 C 和 O 的偏析焓和偏析熵**

| 杂质 | 偏析焓 $\Delta H_I^0$ /(J/mol) | 偏析熵 $\Delta S_I^0$ /(J mol/K) |
|---|---|---|
| C | 1 500 | 0.5 |
| O | 46 500 | 52.0 |

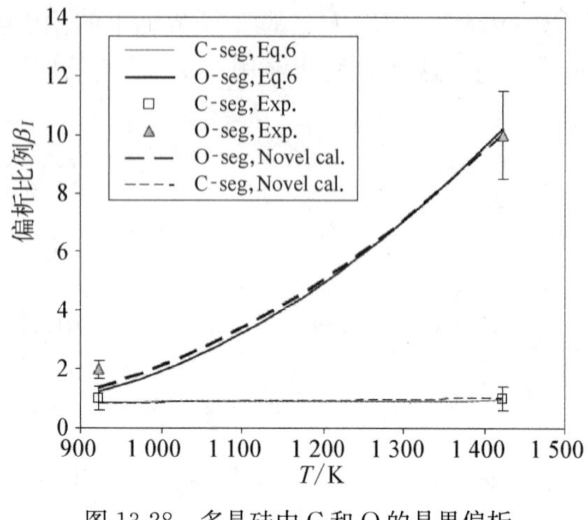


图 13.28　多晶硅中 C 和 O 的晶界偏析

图 13.28 是 C 和 O 偏析比例 $\beta_I$ 对温度的依赖关系，计算值和测量值相当吻合

确定晶界偏析更加复杂的方法类似于确定 Si 熔体的表面张力。表面张力模拟的新颖方法已经成功地应用于热化学数据库。所以，在固相 Si 中评估杂质偏析的各参数可以大幅扩展热化学数据库的应用。C 和 O 偏析的计算结果在图 13.28 中用虚线表示。使用类似于表面张力模拟的方法可以再现兰茂尔-麦克林偏析等温。

### 13.4.4　确定洁净区宽度

对于缺陷，半导体行业的技术能够引入太阳能电池硅片的工艺。作为一个例子，本征吸杂退火(intrinsic gettering annealing)的洁净区宽度(Denuded Zone Width，DZW)主要取决于高温的退火条件和微缺陷密度。从实际观点考虑，人们特别有兴趣检验间隙 O 浓度(interstitial oxygen concentration，$C_O$)的深度分布与向外扩散和的沉淀关系。Isomae 等[168]提出了以下公式来估算 DZW：

$$C_O(x, t) = C_s + (C_i - C_s)\mathrm{erf}\left(\frac{x}{2\sqrt{D_O t_a}}\right) \tag{13.24}$$

式中，$C_i$ 是初始 O 浓度(initial oxygen concentration)，假设 $C_i$ 不依赖于深度；$C_s$ 是 O 溶解度；$D_O$ 是 O 扩散率；$t_a$ 是退火时间。在不同退火温度 $T_a$ 下，DZW 的分布如图 13.29 所示。O 溶解度 $C_s$ 和 O 扩散率 $D_O$ 由目前的被评估数据库得到。在不同退火条件下计算得到的 DZW 与实验数据有相当好的匹配[168]。

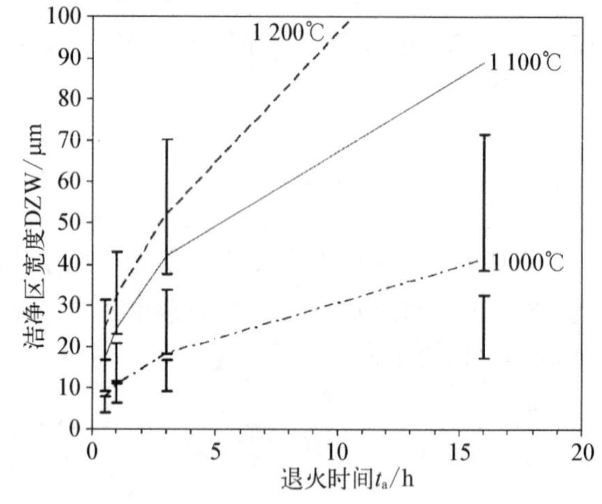


图 13.29　洁净区宽度 DZW 依赖于退火时间 $t_a$ 和退火温度 $T_a$

## 13.5　小结

挪威科技工业研究院 SINTEF 最近发展了 Si-Ag-Al-As-Au-B-Bi-C-Ca-Co-Cr-Cu-Fe-Ga-Ge-In-Li-Mg-Mn-Mo-N-Na-Ni-O-P-Pb-S-Sb-Sn-Te-Ti-V-W-Zn-Zr 系统的自洽热力学描述。被评估数据库的设计目的是用于太阳能级硅 SoG-Si 材料相关的成分空间。在 35 个含有 Si 的二元系统中，Si-Al、Si-As、Si-B、Si-C、Si-Fe、Si-N、Si-O、Si-P、Si-S、Si-Sb 和 Si-Te 系统是基于被评估实验信息，受到热

力学重复优化的。因为 SoG－Si 原材料中杂质的热力学计算在本质上是多维的，其他 36 种二元系统的吉布斯能也包括在数据库中。

被评估动力学数据库包含了与热化学数据库相同的系统。固相和液相 Si 中 Ag、Al、As、Au、B、Bi、C、Co、Cu、Fe、Ga、Ge、In、Li、Mg、Mn、N、Na、Ni、O、P、Sb、Te、Ti、Zn 的杂质扩散率和 Si 的自扩散率受到大量研究。数据库能够给出 Si 基多组元系统中的平衡关系。

热化学数据库已经进一步扩展，以模拟液相 Si 基熔体的表面张力。很多表面相关特性，例如温度梯度、成分梯度、表面过剩量、甚至表面偏析引起的驱动力，都可以直接从数据库获得。通过耦合兰茂尔-麦克林偏析等温模型，多晶硅中非掺杂元素的晶界偏析也可能通过被评估的热化学特性进行计算。最后，应用热化学数据库和动力学数据库，可以确定本征吸杂退火的洁净区宽度。

**参考文献**


[1] A.T. Dinsdale [J]. CALPHAD, 1991, 15: 317.

[2] E.R. Weber [J]. Applied Physics A: Materials Science & Processing, 1983, 30: 1.

[3] T. Yoshikawa, K. Arimura, K. Morita [J]. Metallurgical and Materials Transactions B, 2005, 36: 837.

[4] T. Yoshikawa, K. Morita [J]. Metallurgical and Materials Transactions B, 2005, 36: 731.

[5] T. Yoshikawa, K. Morita [J]. Science and Technology of Advanced Materials, 2003, 4: 531.

[6] T. Shimpo, T. Yoshikawa, K. Morita [J]. Metallurgical and Materials Transactions B, 2004, 35: 277.

[7] G. Inoue, T. Yoshikawa, K. Morita [J]. High Temperature Material Processes, 2003, 22: 221.

[8] R.C. Miller, A. Savage [J]. Journal of Applied Physics, 1956, 27: 1430.

[9] D. Navon, V. Chernyshov [J]. Journal of Applied Physics, 1957, 28: 823.

[10] V.N. Lozovskii, A.I. Udyanskaya [J]. Izvestiya Akademii Nauk SSSR, Neorganicheskie Materialy (Translate: Inorganic Materials), 1968, 1174: 4.

[11] T. Yoshikawa, K. Morita [J]. Journal of the Electrochemical Society, 2003, 150: G465.

[12] T. Miki, K. Morita, N. Sano [J]. Materials Transactions, Japan Institute of Metals, 1999, 40: 1108.

[13] T. Miki, K. Morita, N. Sano [J]. Metallurgical and Materials Transactions B, 1998, 29(5): 1043－1049.

[14] L. Ottem. Löselighet og termodynamiske data for oksygen og karbon i flytende legeringer av silisium og ferrosilisium [C]. SINTEF Metallurgy, Trondheim, Norway, 1993: 1.

[15] W. Klemm, P. Pirscher [J]. Zeitschrift für anorganische und allgemeine Chemie, 1941, 247: 211.

[16] Y.A. Ugay, S.N. Miroshnichenko [J]. Izn. Akad. Nauk SSSR Neorg. Mat., 1973, 9: 2051.

[17] Y.A. Ugay et al. [J] Fiz. Kh. im. Prots. Polyprouod Pouerk. h, 1981: 138.

[18] F.A. Trumbore [J]. Bell System Technical Journal, 1960, 39: 205.

[19] J.S. Sandhu, J.L. Reuter [J]. IBM Journal of Research and Development, 1971, 15: 464.

[20] R.B. Fair, G.R. Weber [J]. Journal of Applied Physics, 1973, 44: 273.

[21] S. Ohkawa, Y. Nakajima, Y. Fukukawa [J]. Japanese Journal of Applied Physics, 1975, 14: 458.

[22] F.B. Fair, J.C.C. Tsai [J]. Journal of the Electrochemical Society, 1975, 122: 1689.

[23] N. Miyamoto, E. Kuroda, S. Yoshida [J]. SAE Preprints, 1973: 408.

[24] V.I. Belousov [J]. Russian Journal of Physical Chemistry, 1979, 53: 1266.

[25] S. Fries, H.L. Lukas. COST 507: Thermodynamic Assessment of the Si－B system [R]. 1998: 77.

[26] C. Brosset, B. Magnusson [J]. Nature, 1960, 187: 54.

[27] B. Armas et al. [J] Journal of the Less Common Metals, 1981, 82: 245.
[28] G. Male, D. Salanoubat [J]. Refractaires et des Hautes Temperatures Refractory Fractaires, 1981, 18: 109.
[29] J. Hesse [J]. Zeitschrift für Metallkunde, 1968, 59: 499.
[30] G. V. Samsonov, V. M. Sleptsov [J]. Russian Journal of Inorganic Chemistry, 1963, 8: 1047.
[31] R. Noguchi et al. [J] Metallurgical and Materials Transactions B, 1994, 25: 903.
[32] A.I. Zaitsev, A.A. Kodentsov [J]. Journal of Phase Equilibria, 2001, 22: 126.
[33] T. Yoshikawa, K. Morita [J]. Materials Transactions, 2005, 46: 1335.
[34] R.I. Scace, G.A. Slack [J]. Journal of Chemical Physics, 1959, 30: 1551.
[35] R.N. Hall [J]. Journal of Applied Physics, 1958, 29: 914.
[36] Y. Iguchi, T. Narushima [C]. 1st International Conference on Processing Materials for Properties, 1991.
[37] H. Kleykamp, G. Schumacher [J]. Berichte der Bunsengesellschaft für physikalische Chemie — Physical Chemistry Chemical Physics, 1993, 97: 799.
[38] L.L. Oden, R.A. McCune [J]. Metallurgical and Materials Transactions A, 1987, 18: 2005.
[39] T. Nozaki, Y. Yatsurugi, N. Akiyama [J]. Journal of the Electrochemical Society, 1970, 117: 1566.
[40] A.R. Bean, R.C. Newman [J]. Journal of Physics and Chemistry of Solids, 1971, 32: 1211.
[41] R.C. Newman [J]. Materials Science and Engineering: B, 1996, 36: 1.
[42] J. Grobner, H.L. Lukas, J.C. Anglezio [J]. CALPHAD, 1996, 20: 247.
[43] H. Dalaker, M. Tangstad [C]. 23rd European Photovoltaic Solar Energy Conference, Valencia, Spain, 2008.
[44] A.A. Istratov, H. Hieslmair, E.R. Weber [J]. Applied Physics A: Materials Science & Processing, 1999, 69: 13.
[45] H. Feichtinger [J]. Acta Phys. Aust. 1979, 51: 161.
[46] Y.H. Lee, R.L. Kleinhenz, J.W. Corbett [J]. Applied Physics Letters, 1977, 31: 142.
[47] S.A. McHugo et al. [J]. Applied Physics Letters, 1998, 73: 1424.
[48] E.G. Colas, E.R. Weber [J]. Applied Physics Letters, 1986, 48: 1371.
[49] E. Weber, H.G. Riotte [J]. Journal of Applied Physics, 1980, 51: 1484.
[50] J.D. Struthers [J]. Journal of Applied Physics, 1956, 27: 1560.
[51] H. Nakashima et al. [J] Japanese Journal of Applied Physics, 1988: 27, 1542.
[52] D. Gilles, W. Schröter, W. Bergholz [J]. Physical Review B, 1990, 41: 5770.
[53] J. Lacaze, B. Sundman [J]. Metallurgical and Materials Transactions, 1991, A 22: 2211.
[54] T.G. Chart [J]. High Temperatures — High Pressures, 1970, 2: 461.
[55] T. Miki, K. Morita, N. Sano [J]. Metallurgical and Materials Transactions, 1997, B 28: 861.
[56] C.C. Hsu, A.Y. Polyakov, A.M. Samarin [J]. Izv. Vyssh. Uchebn. Zaved. Chern. Metall. 1961: 12.
[57] T. Taishi et al. [J] Japanese Journal of Applied Physics, 1999, 38: L223.
[58] Y. Yatsurugi et al. [J] Journal of the Electrochemical Society, 1973, 120: 975.
[59] T. Narushima et al. [J]. Materials Transactions, Japan Institute of Metals, 1994, 35: 821.
[60] W. Kaiser, C.D. Thurmond [J]. Journal of Applied Physics, 1959, 30: 427.
[61] M.W. Chase [R]. NIST - JANAF Thermochemical Tables, vol. 2b. Published by the American Chemical Society and the American Institute of Physics for the National Institute of Standards and Technology, Woodbury, N.Y., 1998.
[62] S.M. Schnurre, J. Grobner, R. Schmid-Fetzer [J]. Journal of Non-Crystalline Solids, 2004, 336: 1.

[63] H. Hirata, K. Hoshikawa [J]. Journal of Crystal Growth. 1990, 1990: 657.
[64] H.J. Hrostowski, R.H. Kaiser [J]. Journal of Physics and Chemistry of Solids, 1959, 11: 214.
[65] X.M. Huang et al. [J] Japanese Journal of Applied Physics, 1993, 32: 3671.
[66] R.A. Logan, A.J. Peters [J]. Journal of Applied Physics, 2007, 30: 1627.
[67] J. Gass, et al. [J] Journal of Applied Physics, 1980, 51: 2030.
[68] T. Narushima et al. [J] Materials Transactions, Japan Institute of Metals, 1994, 35: 522.
[69] A.I. Zaitsev, A. D. Litvina, N. E. Shelkova [J]. High Temperatures — High Pressures, 2001, 39: 227.
[70] J.R.A. Carlsson et al. [J] Journal of Vacuum Science & Technology A: Vacuum, Surfaces, and Films, 1997, 15: 8.
[71] V.B. Giessen, R. Vogel [J]. Zeitschrift für Metallkunde, 1959, 50: 274.
[72] J. Korb, K. Hein [J]. Zeitschrift für anorganische und allgemeine Chemie, 1976, 425: 281.
[73] T. Miki, K. Morita, N. Sano [J]. Metallurgical and Materials Transactions B, 1996, 27: 937.
[74] B.C. Anusionwu, F.O. Ogundare, C.E. Orji [J]. Indian Journal of Physics and Proceedings of the Indian Association for the Cultivation of Science A, 2003, 77A: 275.
[75] Y.A. Ugai et al. [J] Izvestiya Akademii Nauk SSSR, Neorganicheskie Materialy, 1981, 17: 1150.
[76] K. Uda, M. Kamoshida [J]. Journal of Applied Physics, 1977, 48: 18.
[77] E. Kooi [J]. Journal of the Electrochemical Society, 1964, 111: 1383.
[78] N.K. Abrikosov, V.M. Glazov, L. Chen-yuan [J]. Russian Journal of Inorganic Chemistry, 1962, 7: 429.
[79] S. Solmi et al. [J] Physical Review B, 1996, 53: 7836.
[80] M. Tamura, Philosophical Magazine, 1977, 35: 663.
[81] R.O. Carlson, R.N. Hall, E.M. Pell [J]. Journal of Physics and Chemistry of Solids, 1959, 8: 81.
[82] F. Rollert, N.A. Stolwijk, H. Mehrer [J]. Applied Physics Letters, 1993, 63: 506.
[83] P. Migliorato, A.W. Vere, C.T. Elliott [J]. Applied Physics, 1976, 11: 295.
[84] J.J. Rohan, N.E. Pickering, J. Kennedy [J]. Journal of the Electrochemical Society, 1959, 106: 705.
[85] C.D. Thurmond, M. Kowalchik [J]. Bell System Technical Journal, 1960, 39: 169.
[86] S.H. Song et al. [J] Journal of the Electrochemical Society, 1982, 129: 841.
[87] D. Nobili et al. [J] Journal of the Electrochemical Society, 1989, 136: 1142.
[88] A. Sato et al. [C] Proceeding of IEEE 1995 International Conference on Microelectronic Test Structures, Volume 8, March 1995, Nara, Japan.
[89] F.A. Trumbore, P.E. Freeland, R.A. Logan [J]. Journal of the Electrochemical Society, 1961, 108: 458.
[90] Y. Du et al. [J] Materials Science and Engineering A, 2003, 363: 140.
[91] J.O. Andersson et al. [J] CALPHAD, 2002, 26: 273.
[92] I. Stich, R. Car, M. Parrinello [J]. Physical Review B, 1991, 44: 4262.
[93] C.Z. Wang, C.T. Chan, K.M. Ho [J]. Physical Review B, 1992, 45: 12227.
[94] W. Yu, Z.Q.Wang, D. Stroud [J]. Physical Review B, 1996, 54: 13946.
[95] Y. Liu et al. [J] Scripta Materialia, 2006, 55: 367.
[96] T. Iida, R. Guthrie, N. Tripathi [J]. Metallurgical and Materials Transactions B, 2006, 37: 559.
[97] D. Demireva, B. Lammel [J]. Journal of Physics D: Applied Physics, 1997, 30: 1972.
[98] G.S. Fuller, J.A. Ditzenberger [J]. Journal of Applied Physics, 1956, 27: 544.
[99] B. Goldstein, Bull [J]. Bulletin of the American Physical Society, 1956, Ⅱ: 145.

[100] R.N. Ghoshtagore [J]. Physical Review B, 1971, 3: 2507.
[101] W. Rosnowski [J]. Journal of the Electrochemical Society, 1978, 125: 957.
[102] M. Chang [J]. Journal of the Electrochemical Society, 1981, 128: 1987.
[103] G. Galvagno et al. [J] Semiconductor Science and Technology, 1993, 8: 488.
[104] D. Nagel, C. Frohne, R. Sittig [J]. Applied Physics A: Materials Science & Processing, 1995, 60: 61.
[105] H. Mitlehner, H-J. Schulze [J]. EPE Journal, 1994, 4: 37.
[106] J.P. Garandet [J]. International Journal of Thermophysics, 2007, 28: 1285.
[107] H. Kodera [J]. Japanese Journal of Applied Physics, 1963, 2: 212.
[108] E.A. Perozziello, P.B. Griffin, J.D. Plummer [J]. Applied Physics Letters, 1992, 61: 303.
[109] A.N. Larsen et al. [J] Methods in Physics Research Section B: Beam Interactions with Materials and Atoms, 1993: 697.
[110] A. Merabet, C. Gontrand [J]. Physica Status Solidi A: Applied Research, 1994, 145: 77.
[111] B.J. Masters, J.M. Fairfield [J]. Journal of Applied Physics, 1969, 40: 2390.
[112] W.J. Armstrong [J]. Journal of the Electrochemical Society, 1962, 109: 1065.
[113] P.S. Raju, N.R.K. Rao, E.V.K. Rao [J]. Indian Journal of Pure and Applied Physics, 1964, 2: 353.
[114] Y.W. Hsueh [J]. Electrochemical Technology, 1968, 6: 361.
[115] T.C. Chan, C.C. Mai [C]. Proceedings of Institute of Electrical and Electronics Engineers, 1970, 58: 588.
[116] R.N. Ghoshtagore [J]. Physical Review B, 1971, 3: 397.
[117] C.S. Fuller, J.A. Ditzenberger [J]. Journal of Applied Physics, 1954, 25: 1439.
[118] E.L. Williams [J]. Journal of the Electrochemical Society, 1961, 108: 795.
[119] M.L. Barry, P. Olofsen [J]. Journal of the Electrochemical Society, 1969, 116: 854.
[120] M. Okamura [J]. Japanese Journal of Applied Physics, 1969, 8: 1440.
[121] D. Rakhimbaev, A. Avezmuradov, M.D. Rakhimbaeva [J]. Inorganic Materials, 1994, 30: 418.
[122] E. Dominguez, M. Jaraiz [J]. Journal of the Electrochemical Society, 1986, 133: 1895.
[123] G.L. Vick, K.M. Whittle [J]. Journal of the Electrochemical Society, 1969, 116: 1142.
[124] R.N. Ghoshtag [J]. Physical Review B, 1971, 3: 389.
[125] W. Wijaranakula [J]. Japanese Journal of Applied Physics, 1993, 32: 3872.
[126] R. Pampuch, E. Walasek, J. Bialoskórski [J]. Ceramics International, 1986, 12: 99.
[127] N.N. Eremenko, G.G. Gnesin, M.M. Churakov [J]. Powder Metallurgy and Metal Ceramics, 1972, 11: 471.
[128] A. Chari, P. de Mierry, M. Aucouturier [J]. Revue de Physique Appliquée, 1987, 22: 655.
[129] P. Schwalbach et al. [J] Physical Review Letters, 1990, 64: 1274.
[130] L.C. Kimerling, J.L. Benton, J.J. RubIn [J]. Institute of Physics Conference Series, 1981, 59: 217.
[131] T. Isobe, H. Nakashima, K. Hashimoto [J]. Japanese Journal of Applied Physics, 1989, 28: 1282.
[132] V.A. Uskov [J]. Soviet Physics — Semiconductors USSR, 1975, 8: 1573.
[133] I. V. Antonova, K.B.K.E.V.N.L.S.S. [J] Physica Status Solidi A, 1983, 76: K213.
[134] B.K. Miremadi, S.R. Morrison [J]. Journal of Applied Physics, 1984, 56: 1728.
[135] H. Nakashima et al. [J] Japanese Journal of Applied Physics, 1984, 23: 776.
[136] Y. Itoh, T. Nozaki [J]. Japanese Journal of Applied Physics, 1985, 24: 279.
[137] N. Stoddard et al. [J] Journal of Applied Physics, 2005: 97.
[138] H. Sawada et al. [J] Physical Review B, 2002, 65: 075201.

[139] H. Akito et al. [J] Applied Physics Letters, 1989, 54: 626.
[140] N. Fuma et al. [J] Materials Science Forum, 1995, 196 - 201: 797.
[141] N. Fuma et al. [J] Japanese Journal of Applied Physics, 1996, 35: 1993.
[142] J. Mukerji, S.K. Brahmachari [J]. Journal of the American Ceramic Society, 1981, 64: 549.
[143] K.P. Abdurakhmanov et al. [J]. Soviet Physics — Semiconductors USSR, 1988, 22: 1324.
[144] J. Pelleg, M. Sinder [J]. Journal of Applied Physics, 1994, 76: 1511.
[145] F. Wittel, S. Dunham [J]. Applied Physics Letters, 1995, 66: 1415.
[146] N. Jeng, S.T. Dunham [J]. Journal of Applied Physics, 1992, 72: 2049.
[147] K. Park et al. [J] Journal of Electronic Materials, 1991, 20: 261.
[148] R. Deaton, U. Gosele, P. Smith [J]. Journal of Applied Physics, 1990, 67: 1793.
[149] C.S. Fuller, J.C. Severiens [J]. Physical Review, 1954, 96: 21.
[150] D.A. Petrov, Y.M. Shaskov, I.P. Akimchenko [J]. Chemical Abstracts, 1960: 17190c.
[151] M.O. Thurston, J.C.C. Tsai [R]. Ohio State University Research Foundation, 1962.
[152] S. Nakanuma, S. Yamagishi [J]. Journal of Electrochemical Society of Japan, 1968, 36: 3.
[153] R.B. Fair, M.L. Manda, J.J. Wortman [J]. Journal of Materials Research, 1986, 1: 705.
[154] K. Nagata et al. Handbook of Physico-Chemical Properties at High Temperatures[M]. ed. by Y. Kawai, Y. Shiraishi. Tokyo: Iron and Steel Institute of Japan, 1988.
[155] K. Yanaba et al. [J] Materials Transactions, Japan Institute of Metals, 1998, 39: 819.
[156] E.A. Guggenheim [J]. Transactions of the Faraday Society, 1945, 41: 150.
[157] J.A.V. Bulter [C]. Proceedings of the Royal Society A, 1932, 135: 348.
[158] P. Koukkari, R. Pajarre [J]. CALPHAD, 2006, 30: 18.
[159] S.V. Lukin, V.I. Zhuchkov, N.A. Vatolin [J]. Journal of the Less Common Metals, 1979, 67: 399.
[160] K. Mukai et al. [J] ISIJ International, 2000, 40: S148.
[161] K. Mukai, Z.F. Yuan [J]. Materials Transactions, Japan Institute of Metals, 2000, 41: 331.
[162] X. Huang et al. [J] Journal of Crystal Growth, 1995, 156: 52.
[163] Z. Niu et al. [J] Journal of the Japanese Association of Crystal Growth, 1996, 23: 374.
[164] B.J. Keene [J]. Surface and Interface Analysis, 1987, 10: 367.
[165] P. Wynblatt, D. Chatain [J]. Metallurgical and Materials Transactions A, 2006, 37: 2595.
[166] D. McLean. Grain Boundaries in Metals [M]. Oxford: Clarendon Press, 1957: 346s.
[167] S. Pizzini et al. [J] Applied Physics Letters, 1987, 51: 676.
[168] S. Isomae, S. Aoki, K. Watanabe [J]. Journal of Applied Physics, 1984, 55: 817.

# 英汉索引

## G

**R**

**Z**



**数字**

# 汉 英 索 引

## Q

**T**

## X

| | | |
|---|---|---|
| O 扩散率 | oxygen diffusivity, $D_O$ | 13.4.4 |
| O 溶解度 | oxygen solubility, $C_s$ | 13.4.4 |
| $O_2$分压 | partial pressure of $O_2$, $P_{O_2}$ | 13.4.2 |
| SiC 颗粒浓度 | concentration of SiC particles, $C_{SiC}$ | 4.3 |
| SiC 颗粒形成速率 | formation rate of SiC particles, $G_{SiC}$ | 4.3 |
| $SiO_2$的活性系数 | activity of $SiO_2$, $a_{SiO_2}$ | 1.4.1 |
| Si 岛 | Si island | 12.2,12.5 |
| Si 的活性系数 | activity of Si, $a_{Si}$ | 1.4.1 |
| Si 的扩散系数 | diffusion coefficient of Si, $D_{Si}$ | 9.2 |
| Si 的摩尔比例 | mole fraction of Si, $x^{\phi}_{Si}$ | 13.2.1.2 |
| Si 浓度 | Si concentration, $C_{Si}$ | 9.1,12.2,12.6 |
| Si 前驱物气体分压 | partial pressure of Si precursor gas, $P_{Si}$ | 10.3.2.1 |
| X 射线光电子能谱 | X-ray photoelectron spectroscopy, XPS | 12.5 |
| X 射线形貌术 | X-ray topography | 6.4 |
| X 射线衍射 | X-ray diffraction, XRD | 6.2,6.4,8.3 |
| X 射线摇摆曲线 | X-ray rocking curve | 6.2,6.3 |
| (100)择优取向百分比 | percentage for preferential (100) orientation, $R_{(100)}$ | 12.4,12.6 |
| (110)择优取向百分比 | percentage for preferential (100) orientation, $R_{(110)}$ | 12.4 |
| (110)择优取向百分比 | percentage for preferential (111) orientation, $R_{(111)}$ | 12.4 |